Gösele/Schüle − Schall · Wärme · Feuchte

Veröffentlichung der
Forschungsgemeinschaft Bauen und Wohnen
Stuttgart
Band 75

FBW

Schall · Wärme · Feuchte

Grundlagen, Erfahrungen und praktische Hinweise für den Hochbau

Professor Dr.-Ing. habil. Karl Gösele
Professor Dr.-Ing. Walter Schüle

9., neubearbeitete Auflage

BAUVERLAG GMBH · WIESBADEN UND BERLIN

CIP-Titelaufnahme der Deutschen Bibliothek

Gösele, Karl:
Schall, Wärme, Feuchte : Grundlagen, Erfahrungen und
praktische Hinweise für den Hochbau / Karl Gösele ; Walter
Schüle. – 9., neubearb. Aufl. – Wiesbaden ; Berlin : Bauverl.,
1989
    (Veröffentlichung der Forschungsgemeinschaft Bauen und Wohnen
    Stuttgart ; Bd. 75)
    ISBN 3–7625–2732–6
NE: Schüle, Walter:; Forschungsgemeinschaft Bauen und Wohnen:
    Veröffentlichung der Forschungsgemeinschaft . . .

1. Auflage 1965
2. Auflage 1972 (Neubearbeitung)
3. Auflage 1973 (Nachdruck)
4. Auflage 1977 (Neubearbeitung)
5. Auflage 1979 (Neubearbeitung)
6. Auflage 1980
7. Auflage 1983 (Neubearbeitung)
8. Auflage 1985 (Neubearbeitung)
9. Auflage 1989 (Neubearbeitung)

© 1965 Bauverlag GmbH, Wiesbaden und Berlin
Druck: Druck- und Verlagshaus Hans Meister KG, Kassel

ISBN 3-7625-2732-6

Vorwort zur 9. Auflage

Vor nahezu 25 Jahren ist dieses Buch zum ersten Mal herausgekommen. Sein Erscheinen war damals von der Forschungsgemeinschaft Bauen und Wohnen initiiert und gefördert worden. Es sollten die Ergebnisse zahlreicher Untersuchungen auf dem Gebiet des Schall-, Wärme- und Feuchteschutzes, die vor allem im Institut für Technische Physik, Stuttgart, mit Unterstützung der Forschungsgemeinschaft gewonnen worden waren, in einer für die Baupraxis verständlichen Weise zusammengefaßt werden. Dabei sollte vor allem das Verständnis der physikalischen Zusammenhänge geweckt werden.

Die Verfasser waren bestrebt, dieses Ziel auch bei der nun vorliegenden 9. Auflage zu erreichen, wobei die neueste Entwicklung auf dem Gebiet der Bauphysik eingearbeitet worden ist.

Die Verfasser danken bei dieser Gelegenheit herzlich für die bisherige langjährige Betreuung des Buches durch die Forschungsgemeinschaft Bauen und Wohnen und dem Verlag.

September 1989

K. Gösele   W. Schüle

Vorwort zur 1. Auflage

Durch die Entwicklung neuer Baustoffe und Bauarten sowie durch erhöhte Ausnutzung ihrer Festigkeitseigenschaften können heute viele Bauteile leichter und dünner ausgeführt werden als dies früher möglich war. Daraus ergibt sich aber zugleich eine Reihe von bauphysikalischen Problemen, deren Lösung eingehende theoretische und experimentelle Studien der Fragen des Schall-, Wärme- und Feuchtigkeitsschutzes erfordert.

Der Schall- und Wärmeschutz eines Hauses ist für seinen Wohn- und Gebrauchswert von erheblicher Bedeutung. Ein Außerachtlassen ausreichender Vorkehrungen kann sich für die Bewohner sehr störend auswirken. Nachträgliche Maßnahmen sind im allgemeinen nicht mehr möglich oder zumindest mit großen Kosten verbunden.

Seit dem Jahre 1948 hat daher das Institut für Technische Physik in Stuttgart-Degerloch im Auftrage der Forschungsgemeinschaft Bauen und Wohnen (FBW) eine große Zahl von Forschungsaufgaben auf dem Gebiete des Schall-, Wärme- und Feuchtigkeitsschutzes bearbeitet. Diese Forschungsarbeiten beschränkten sich nicht auf Untersuchungen im Laboratorium, sondern wurden in weitestem Maße durch umfangreiche Untersuchungen im Bau ergänzt. Dabei ergab sich eine enge Zusammenarbeit mit der FBW, die in den verschiedensten, vielfach vom Bundesministerium für Wohnungswesen, Städtebau und Raumordnung geförderten Versuchsbauten die Voraussetzungen für die erforderlichen Untersuchungen schaffte, die notwendigen Versuchsanordnungen veranlaßte und ihre Ausführung überwachte.

Die Ergebnisse all dieser Untersuchungen, über die in zahlreichen Einzelveröffentlichungen und in vielen Abhandlungen in verschiedenen Fachzeitschriften berichtet wurde und die oftmals die Grundlage für die Aufstellung einschlägiger Normen bildeten, sind in dem vorliegenden Werk zusammengefaßt. Darüber hinaus wurden sie noch vervollständigt durch die Auswertung anderer Forschungsarbeiten und Berichte in der Fachpresse.

Wie bei allen Veröffentlichungen der FBW wurde auch bei der vorliegenden Schrift besonderer Wert darauf gelegt, den in der Praxis stehenden Bauschaffenden durch eine übersichtliche Darstellung der bei Planung und Bauausführung zu beachtenden schall-, wärme- und feuchtigkeitstechnischen Fragen eine nützliche Arbeitsunterlage anhand zu geben. Dabei werden, ausgehend von den Grundlagen und der Erläuterung der Begriffe, die an die Bauteile zu stellenden Anforderungen besprochen und durch Rechenbeispiele erläutert. Eine Gegenüberstellung von schlechten und guten Ausführungen läßt die Probleme beispielhaft erkennen. Schließlich werden im letzten Teil der Schrift Beispiele schall- und wärmetechnisch ausreichender Decken und Wände aufgeführt.

Den Verfassern, mit denen die FBW seit vielen Jahren in bester Zusammenarbeit verbunden ist, sei auch an dieser Stelle für die von ihnen geleistete umfangreiche Arbeit gedankt.

Ebenso sei dem Verlag Dank gesagt für seine verständnisvolle Unterstützung bei der Drucklegung dieser Schrift.

Stuttgart, im März 1965

Forschungsgemeinschaft
Bauen und Wohnen

Inhaltsverzeichnis

A Schallschutz

B Wärmeschutz

C   Feuchteschutz

D Zusammenfassung

Normen über den Schall-, Wärme- und Feuchteschutz im Bauwesen

Karl Gösele

Teil A Schallschutz

1 Allgemeines

Unter dem Schallschutz eines Hauses versteht man seine Eigenschaft, im Freien erzeugte Geräusche gegenüber dem Hausinnern abzuschirmen und in einem seiner Räume entstehende Geräusche nicht oder doch nur in geringer Lautstärke in andere dringen zu lassen. Die in einem Haus auftretenden Geräusche sind sehr vielfältiger Art, ebenso die Formen der Übertragung in andere Räume. Es gibt deshalb kein Allheilmittel, um einen guten Schallschutz zu erreichen. Vielmehr müssen dafür zahlreiche Einzelmaßnahmen angewandt werden. Tafel A 1 gibt einen Überblick über die wichtigsten akustischen Störungen in einem Haus und über die Ursachen einer störenden Übertragung.

Für einen guten Schallschutz müssen bei der Planung und Ausführung eines Hauses Gesichtspunkte des Schallschutzes bei folgenden Teilaufgaben berücksichtigt werden:

1. Wahl der Lage des Hauses und seiner Orientierung (sofern großer Außenlärm)

2. Ausbildung des Grundrisses (vor allem bezüglich der Lage von Bad, WC und Küche, Aufzugsanlage gegenüber Schlafräumen, von Technikräumen gegenüber Krankenzimmern, Hotelräumen u. ä.)

3. Auswahl der Bauart (z. B. schwere oder leichte Bauart)

4. Festlegung der Art der Trennwände, der Trenndecken (einschließlich Fußboden) und der Außenwände (vor allem wegen der Schall-Längsleitung)

5. Ausbildung der Wasserinstallation

6. Ausbildung der Fenster (bei großem Verkehrslärm)

7. Auswahl und Einbau der technischen Ausrüstung (Aufzugsanlage, Müllschlucker, Waschmaschinen, Zentralheizungen usw.)

Die Maßnahmen für den Schallschutz können häufig nicht – wie etwa ein Isolieranstrich gegen Feuchtigkeit – zusätzlich zu der sonst beliebig zu wählenden Hauskonstruktion hinzugefügt werden. Sie berühren vielmehr oft die grundsätzlichen Fragen, wie Grundrißausbildung, Bauart u. ä. So lassen sich Grundrißmängel häufig nicht mehr durch andere akustische Maßnahmen vollständig beheben. Schalltechnische Maßnahmen sollten bei der Planung rechtzeitig berücksichtigt werden. Geschieht dies nicht, dann können sie bei einem späteren Stadium des Baues oft nicht mehr ausgeführt werden. Ein häufig auftretendes Beispiel dafür ist die zu gering bemessene Höhe für den Fußbodenaufbau, so daß wirksame Dämmschichten später nicht mehr untergebracht werden können.

An dieser Stelle sei auch eindringlich davor gewarnt, dem Schallschutz beim Bau eines Hauses nicht die erforderliche Beachtung zu schenken, insbesondere dann, wenn der Bauherr ausdrücklich einen guten Schallschutz gewünscht hat. Stehen finanzielle Schwierigkeiten im Wege, so sollte die Entscheidung des Bauherrn eingeholt werden, mit dem Hinweis, daß eine nachträgliche Korrektur in späteren Jahren nicht mehr möglich ist. (Beispiel: ein- oder doppelschalige Haustrennwand bei Einfamilien-Reihenhäusern)

Schließlich sei noch darauf hingewiesen, daß dem Menschen ein Gefühl dafür, was schalltechnisch vorteilhaft ist oder nicht, zunächst völlig fehlt, im Gegensatz zum Gebiete des Wärmeschutzes, auf dem man von Jugend auf unmittelbar Erfahrungen sammeln konnte. Trotzdem verlassen sich viele

Architekten auch bei Fragen des Schallschutzes auf ihr Gefühl, wodurch dann oft erhebliche, nicht wieder zu behebende Mängel entstehen. Man verwende deshalb nur Ausführungen, von denen eindeutig feststeht, daß sie in der angewandten Form zweckmäßig sind. Notfalls ziehe man den Fachmann zu Rate.

Tafel A 1: In Wohnhäusern auftretende Störgeräusche, die Ursache ihrer Übertragung und Hinweise für Abhilfemaßnahmen

lfd. Nr.	Art der Störung	Ursache der Übertragung	Abhilfemaßnahmen
1	Durchhören von Sprache, Singen, Radio aus benachbarten Räumen	Luftschallübertragung über Trenndecken, Trennwände, sowie durch Längsleitung; möglicherweise auch durch Lüftungsanlagen, Gaskamine o. ä.	Verbesserung der Luftschalldämmung der Trenndecken und -wände (Abschnitt 4) häufig Grenze der Abhilfemaßnahmen wegen Längsleitung (Abschnitt 4.6) in Mehrfamilienhäusern nicht immer völlig vermeidbar
2	Durchhören von Klavierspiel	Luftschallübertragung, meist verbunden mit einer Körperschallübertragung über Decke	wie bei 1 gegebenenfalls verbunden mit einer Erhöhung der Trittschalldämmung der Decke (Abschnitt 5.3) bzw. Körperschalldämmstoffe unter Klavierfüße. In normalen Wohnbauten z. Z. Durchhören nicht vermeidbar, wegen Schall-Längsleitung spezielle Abhilfemaßnahmen (Abschnitt 4.6)
3	Durchhören von Gehgeräuschen, von Geräuschen von Gegenständen, die auf den Fußboden fallen; Knarren von Schränken oder Betten; Schreibmaschinengeräusche vom darüberliegenden Raum	Trittschallübertragung (= Körperschallübertragung über Decken)	Verbesserung des Trittschallschutzes der Decken, z. B. durch Verwenden eines hochwertigen schwimmenden Estrichs oder eines Teppichbelages; nahezu völliger Wegfall dieser Geräusche nur bei besonders guten Decken möglich; jedoch auch dort manchmal Dröhngeräusche beim Begehen hörbar

lfd. Nr.	Art der Störung	Ursache der Übertragung	Abhilfemaßnahmen
4	Gehgeräusche von Treppe	Trittschall-übertragung	nachträglich: nur durch weichfedernden Gehbelag bei Planung: durch geeigneten Grundriß oder körperschallmäßige Trennung der Treppe von der Gebäudestruktur
5	Durchhören von Schalterknipsen, von Schaltautomaten, Türenschlagen	Körperschall-anregung der Wände	Abhilfe nur an der Entstehungsstelle möglich (z. B. leise Schalter, Befestigen über Körperschall-Dämmstoffe) Störungen um so größer, je leichter die Wände
6	Geräusche von Wasserhahn, WC-Spüler, Gas-durchlauferhitzer u. ä.	Strömungsgeräusche, in der Armatur entstehend; über Rohrleitung als Körperschall bzw. Wasserschall fortgeleitet	leise Armaturen, Wasserschalldämpfer, geeignete Grundrißausbildung, körperschallgedämpfte Befestigung von Leitung und Armaturen (Abschnitt 9)
7	Abwassergeräusche Benutzergeräusche von Bad u. WC	Körperschallübertragung auf Decken und Wände	körperschallgedämmte Befestigung der Abwasserleitungen und von Badewanne u. WC
8	Spülgeräusche u. ä. aus Küchen	Körperschallübertragung auf Decken und Wände	Verbesserung des Trittschallschutzes der Küchendecke, keine feste Verbindung der Spüle mit Wand
9	Außengeräusche, z. B. Verkehrslärm	Luftschallübertragung über Fenster	Verbesserung der Luftschalldämmung von Fenstern (Abschnitt 4.5)
10	Lärm wird in dem Raum, in dem er entsteht, zu laut empfunden	zu großer Nachhall im Raum (wegen geringer Schallabsorption)	Anbringen von schallschluckenden Verkleidungen an Decke und Wänden (Abschnitt 11)

2 Einige Grundbegriffe

Im folgenden werden einige Begriffe der Akustik erläutert, soweit sie für das Verständnis der späteren Ausführungen nötig sind.

2.1 Schallpegel, Lautstärke, Frequenz

Unter Schall versteht man mechanische Schwingungen und Wellen eines elastischen Mediums, insbesondere im Frequenzbereich des menschlichen Hörens von etwa 16 bis 20 000 Hz. Pflanzen sich die Schwingungen in Luft fort, spricht man von *Luftschall*. Bei Schwingungen in festen Körpern, z. B. im Mauerwerk eines Hauses, spricht man von *Körperschall*.

Man unterscheidet zwischen Tönen, Klängen und Geräuschen. Bei einem Ton verläuft die Schwingung in Abhängigkeit von der Zeit sinusförmig. Die Zahl der Schwingungen je Sekunde wird als *Frequenz* (Schwingungszahl) bezeichnet. Die Maßeinheit der Schwingungszahl ist das Hertz, abgekürzt Hz. 100 Hz bedeuten somit 100 Schwingungen je Sekunde. Die bei Wohngeräuschen hauptsächlich interessierenden Frequenzen liegen zwischen etwa 100 und 3000 Hz.

Bei Geräuschen liegen mehrere – meist sehr viele – Teiltöne vor, deren Frequenzen in keinem einfachen Zahlenverhältnis zueinander stehen.

Die Stärke des Schalls kann durch den Wechseldruck (Druckschwankung) gekennzeichnet werden, der sich dem atmosphärischen Druck der Luft überlagert. Dieser Wechseldruck wird als Schalldruck bezeichnet. Er kann mit Hilfe von Mikrofonen gemessen werden. Da sich die im täglichen Leben auftretenden Schalldrücke bis zu 5 Zehnerpotenzen unterscheiden können (z. B. 10^{-4} bis 10 N/m²), wird aus Zweckmäßigkeitsgründen ein logarithmisches Maß, der Schallpegel L verwendet:

$$L = 20 \, lg \left(\frac{p}{p_o} \right) dB \qquad \text{(A 1)}$$

Dabei bedeutet p_o einen Bezugswert, nämlich den bei 1000 Hz gerade mit dem Ohr noch wahrnehmbaren Schalldruck von 2.10^{-5} N/m². Die Einheit wird mit Dezibel, abgekürzt dB, bezeichnet, nach dem Erfinder des elektromagnetischen Telefons, Graham Bell. Der Vorsatz „dezi" besagt, daß 1/10 der Einheit „Bel" vorliegt. Das menschliche Ohr empfindet zwei Töne, die denselben Schallpegel besitzen, unter Umständen verschieden laut, wenn sie verschiedene Frequenzen besitzen. Man hat deshalb neben dem physikalischen Maß des Schallpegels noch ein zweites Maß – die Lautstärke – eingeführt, die das Lautstärkeempfinden des menschlichen Ohrs kennzeichnen soll. Die Einheit ist das Phon. Definitionsgemäß ist die Lautstärke eines 1000-Hz-Tones zahlenmäßig gleich groß wie der Schallpegel in dB. Für tiefe Töne ist das Ohr weniger empfindlich als für mittlere Frequenzen; dies gilt vor allem für kleine Lautstärken.

Die Lautstärke eines Geräusches hängt in sehr komplizierter Weise von der Frequenzverteilung des Geräusches und anderen Einflußgrößen ab, so daß eine unmittelbare Messung nur mit größerem Aufwand möglich ist.

Man hat deshalb als Näherungswert für das menschliche Gehörsempfinden einen sog. A-Schallpegel eingeführt, bei dem die verschiedenen Frequenzanteile eines Geräusches nach der sog. A-Frequenzbewertungskurve bewertet werden[1]. Diese Werte können an einem Schallpegelmesser unmittelbar in dB(A) abgelesen werden.

Zusammenfassend: Geräusche werden einigermaßen – jedoch nicht völlig – gehörsrichtig durch den sog. A-Schallpegel in dB(A) gemessen und angegeben[1]. In Tafel A 2 sind einige Richtwerte genannt. Die oben erwähnte Lautstärkeskala (phon) bzw. der A-Schallpegel sind nicht streng proportional dem Lautstärkeempfinden. Ein Geräusch, dessen Schallpegel um 10 dB(A) z. B. von 60 dB(A) auf 70 dB(A) erhöht wird, wird vom Menschen als doppelt so laut empfunden wie das ursprüngliche Geräusch. Bei leisen Geräuschen, wie sie z. B. beim Durchhören von Sprache oder Musik durch Wände oder Decken auftreten, genügen sogar wesentlich geringere Steigerungen des Schallpegels,

---

[1]) Näheres zur Definition siehe DIN 45 633, Blatt 1, „Präzisionsschallpegelmesser".

Tafel A 2:   Richtwerte für den A-Schallpegel verschiedener Geräusche

Fabriksaal einer Spinnerei	90—100 dB(A)
Verkehrslärm in lauter Straße	70— 80 dB(A)
sehr laute Sprache	70 dB(A)
normale Sprache	60 dB(A)
ruhiger Raum, tagsüber	25— 30 dB(A)
ruhiger Raum, nachts (abseits vom Verkehr)	10— 20 dB(A)

um das Gefühl der Verdoppelung hervorzurufen. Nahe der Hörbarkeitsgrenze, z. B. bei einem Geräusch von etwa 10 bis 20 dB(A), genügt eine Steigerung des Schallpegels um etwa 3 dB, damit der Eindruck der doppelt so großen Lautheit auftritt. Werden statt einer Schallquelle zwei Schallquellen von gleicher Einzellautstärke und gleichem Klangcharakter betrieben, dann erhöht sich der Schallpegel um 3 dB(A).

2.2 Luft- und Körperschallanregung

Wird in einem Raum, z. B. durch Sprechen, sogenannter Luftschall erzeugt, dann können die damit verbundenen, periodischen Luftdruckschwankungen die Wände und Decken in Biegeschwingungen (Schwingungen senkrecht zu ihrer Fläche) versetzen, die ihrerseits wieder die Luftteilchen des Nachbarraums zu Schwingungen, d. h. also zu Luftschall, anregen (vgl. Abb. A 1). Bei diesem Übertragungsvorgang von Luftschall von einem Raum zum anderen spricht man von *Luftschall*-Übertragung. Der Widerstand einer Wand oder Decke, diese Übertragung zu hindern, wird als Luftschalldämmung bezeichnet. Man spricht auch von einem Luftschall*schutz* zwischen den Räumen.

Davon zu unterscheiden ist die Körperschall-Anregung. Wird z. B. mit einem Hammer an eine Wand geklopft (vgl. Abb. A 1), so wird diese dadurch ebenfalls in Biegeschwingungen versetzt, die wieder zu entsprechenden Schwingungen der Luftteilchen im Nachbarraum, also zu Luftschall führen. Man spricht in diesem Fall von einer Körperschall-Anregung der Wand und einer Körperschall-Übertragung in den Nachbarraum. Die beiden Anregungsarten sind in Abb. A 1 schematisch dargestellt.

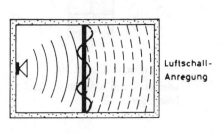

Luftschall-Anregung

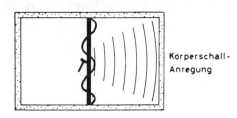

Körperschall-Anregung

Abb. A 1: Bei allen auftretenden akustischen Störungen ist vor dem Ergreifen von Abhilfemaß-nahmen zu klären, ob eine Anregung der Wände oder Decken in Form von Luftschall oder von Körperschall erfolgt.

Anstelle des Schlages eines Hammers können im praktischen Wohnbetrieb viele andere Formen der Körperschallanregung auftreten, z. B. das Schaltgeräusch eines Lichtschalters, das Ticken einer Uhr, das Schließgeräusch einer Tür, das Aufsetzen eines Zahnbechers am Waschbecken. Besonders große praktische Bedeutung haben alle Körperschallanregungen bei Decken. Sie werden unter dem Sammelbegriff „Trittschall" zusammengefaßt, weshalb man von „Trittschall-Übertragung" und „Trittschallschutz" spricht.

Da die Abhilfemaßnahmen für die Unterdrückung der Luft- oder Körperschallübertragung meist unterschiedlich sind, ist es wichtig, bei jeder Störung zunächst zu klären, welche der beiden Anregungsformen bevorzugt vorliegt, d. h. ob der Geräuscherzeuger eine Wand oder Decke unmittelbar oder über den Luftraum hinweg angeregt hat. Die Körperschall-Anregung ist häufig örtlich begrenzt, so daß durch einfache Maßnahmen wie die körperschallgedämmte Lagerung eines Geräts eine Abhilfe möglich ist. Dagegen ist eine Verbesserung der Luftschalldämmung meist viel aufwendiger.

2.3 Schallabsorption

Die Schallschluckung oder Schallabsorption tritt beim Reflexionsvorgang einer Schallwelle an einer Wand- oder Deckenoberfläche auf. Je nach der Oberflächenbeschaffenheit wird dabei ein mehr oder weniger großer Teil der Schallenergie in Wärmeenergie umgewandelt. Kennzeichnend ist der Schallabsorptionsgrad (näheres siehe Abschnitt 11). Die Begriffe „Schalldämmung" und „Schallabsorption" müssen bei der Behandlung von Fragen des Schallschutzes säuberlich voneinander getrennt werden, wie dies Abb. A 2 verdeutlicht. Eine Wand kann gut schalldämmend sein und gleichzeitig eine geringe Schallabsorption besitzen. Ebenso kann das Umgekehrte gelten.

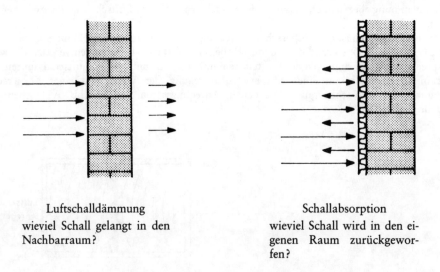

Luftschalldämmung
wieviel Schall gelangt in den Nachbarraum?

Schallabsorption
wieviel Schall wird in den eigenen Raum zurückgeworfen?

Abb. A 2: Der Unterschied zwischen Schalldämmung und Schallabsorption.

3 Die Mindestanforderungen an den Schallschutz von Bauten

Der Schallschutz zwischen verschiedenen Wohnungen eines Mehrfamilienhauses bzw. zwischen Wohnungen und fremden Arbeitsräumen muß nach den baurechtlichen Bestimmungen bestimmten Mindestanforderungen genügen. Diese Vorschriften dienen dem Schutz der Bewohner, aber letztlich auch dem des Bauherrn, um ihn vor Mängeln seines Hauses zu bewahren, die später nicht wieder gutzumachen sind und den Wert seines Hauses erheblich mindern können. Die Bewohner sollen vor störendem Lärm geschützt werden, aber auch davor, daß Gespräche normaler Lautstärke von Dritten außerhalb der Wohnung abgehört und verstanden werden können.

Die Vorschriften sind in DIN 4109 „Schallschutz im Hochbau" (Ausgabe 1989) enthalten. Eine Nichtbeachtung der Vorschriften kann nach vorliegenden Gerichtsurteilen erhebliche juristische Konsequenzen für Architekt (Schadenersatz) und Bauherrn (Mietpreis-Erniedrigung) nach sich ziehen.

Diese Vorschriften beziehen sich im wesentlichen auf die schalltechnischen Eigenschaften der verwendeten Konstruktion für die Wohnungstrennwände und für die Decken eines Hauses. Außerdem werden bestimmte Anforderungen an die Schalldämmung von Fenstern, Türen und Lüftungsschächten gestellt. Außerdem dürfen die Geräusche haustechnischer Anlagen in benachbarten Wohnungen bestimmte Grenzwerte nicht überschreiten. Ausdrücklich sei vermerkt, daß nicht der Mindest-Schallschutz zwischen verschiedenen Wohnungen vorgeschrieben ist, sondern die Verwendung von Trennwänden und -decken, deren auf die Flächeneinheit bezogene Schalldämmung bestimmten Mindestwerten genügt (wegen der Unterschiede zwischen beiden Forderungen siehe Abschnitt 4.1).

Bei den gestellten Anforderungen handelt es sich jeweils um Mindestanforderungen, die noch keinen ausgesprochen guten Schallschutz gewährleisten. Neben diesen unbedingt einzuhaltenden Mindestwerten sind in DIN 4109, Beiblatt 2, auch Richtwerte für einen „erhöhten Schallschutz" genannt, deren Innehaltung empfohlen wird.

3.1 Schallschutz erfordernde Bauteile

3.1.1 In Mehrfamilienhäusern

Im einzelnen werden in DIN 4109, Ausgabe 1989, für folgende Bauteile schalltechnische Forderungen gestellt:

ausreichender *Luftschallschutz* für

> Wohnungstrennwände
> Treppenraumwände
> Wohnungstrenndecken
> Decken unter Dachräumen mit Trockenböden, Waschküchen, Bodenkammern
> Kellerdecken
> Wohnungseingangstüren

ausreichender *Trittschallschutz* für

> Wohnungstrenndecken
> Decken unter Dachräumen mit Waschküchen, Trockenböden, Bodenkammern und ihren Zugängen
> Decken unter Terrassen, Loggien und Laubengängen, wenn sie über einem Wohn- oder Arbeitsraum (Aufenthaltsraum) liegen
> Kellerdecken

Treppen
Trenndecken über Hausfluren, Treppenhäusern oder Durchfahrten werden wie Kellerdecken behandelt.

Der geforderte Luftschallschutz bei Keller- und Dachgeschoßdecken soll in erster Linie dazu dienen, ein unerwünschtes Abhören von Gesprächen durch Dritte unmöglich zu machen.
Bei Decken über Kellern und bei Wohnungstrenndecken zwischen Arbeitsküchen, Aborten und Bädern soll durch die Forderung eines ausreichenden Trittschallschutzes erreicht werden, daß die angrenzenden, fremden Wohn- und Schlafräume nicht durch Trittschall aus den genannten Räumen gestört werden, wie dies Abb. A 3 verdeutlicht. Die Forderungen für die genannten Decken sind jedoch insofern gemildert, als lediglich die Trittschallübertragung zwischen den genannten Räumen und dem nächstgelegenen, fremden Wohnraum – wie es Abb. A 3 zeigt – den später besprochenen Mindestanforderungen genügen muß. Diese Übertragung ist stets geringer als die Direktübertragung in einen unmittelbar darunter gelegenen Raum, so daß die Forderungen leichter als bei Wohnzimmerdecken erfüllt werden können.

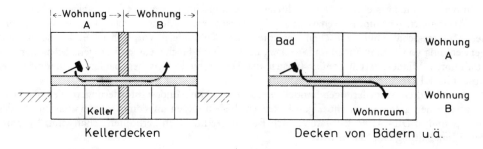

Abb. A 3: Auch bei Kellerdecken (linkes Bild) und bei Decken in Küche und Bad (rechtes Bild) wird ein gewisser Trittschallschutz verlangt, damit die Bewohner der Nachbarwohnungen vor Störungen auf den dargestellten Wegen geschützt werden.

3.1.2 In Einfamilienhäusern

An alleinstehende Einfamilienhäuser werden bisher keine schalltechnischen Anforderungen gestellt mit Ausnahme eines Schallschutzes der Fenster und der Außenwand bei vorliegendem starkem Außenlärm. Trotzdem empfiehlt es sich, auch dort die üblichen Schallschutzmaßnahmen zu treffen. Empfohlene Richtwerte sind dafür im Beiblatt 2 zu DIN 4109 enthalten, siehe Abschnitt 3.2.2. Bei Einfamilien-Reihenhäusern werden an die Haustrennwände in schalltechnischer Hinsicht höhere Anforderungen als an Wohnungstrennwände gestellt. Außerdem gelten für die Decken bezüglich des Trittschallschutzes sinngemäß die Anforderungen nach Abb. A 3, wonach die Trittschallübertragung aus einer Hauseinheit in einen Wohnraum der benachbarten Hauseinheit gewisse Mindestanforderungen erfüllen muß. Entsprechendes gilt für Treppen.
Es sei in diesem Zusammenhang bemerkt, daß in Einfamilien-Reihenhäusern erfahrungsgemäß höhere Ansprüche an den Schallschutz gestellt werden als in Mehrfamilienhäusern, so daß oft erhebliche Klagen über einen mangelhaften Schallschutz laut werden, und zwar auch dann, wenn die Mindestanforderungen nach DIN 4109 erfüllt sind. Die höheren Ansprüche sind z. T. durch die Grundrißsituation bedingt: in den meisten Einfamilien-Reihenhäusern grenzen Treppen des einen Hauses an die Wohn- und Schlafräume des anderen Hauses. Das gleiche gilt für Bäder. Dadurch ist vor allem die Störung durch Körperschall besonders groß. Deshalb empfiehlt es sich, bei derartigen Bauten durch gut ausgeführte, zweischalige Haustrennwände (vergleiche Abschnitt 4.3.2.4) für einen Schallschutz zu sorgen, der wesentlich über den Mindestanforderungen liegt.

3.1.3 In sonstigen Bauten

Auch an die Trennwände und -decken innerhalb von Schulen, Krankenhäusern und Hotels werden bestimmte, verpflichtende Mindestanforderungen gestellt. Ebenso sind schalltechnische Mindestanforderungen für die Trennwände und -decken zwischen Wohnungen und fremden Gewerberäumen sowie zwischen zwei nicht zum gleichen Betrieb gehörenden Gewerberäumen zu erfüllen.

3.2 Zahlenmäßige Anforderungen an den Schallschutz

3.2.1 Trenndecken und Trennwände

Der Luft- und Trittschallschutz von Wänden und Decken wird durch das „bewertete Luftschalldämm-Maß" bzw. das „Trittschallschutzmaß" gekennzeichnet. Die Definition dieser Begriffe wird in den Abschnitten 4.1 und 5.1 erläutert.

Die in DIN 4109, Ausgabe 1989, geforderten Mindestwerte für die verschiedenen Bauteile sind in Tafel A 3 wiedergegeben. Dort sind auch die Werte für einen empfohlenen erhöhten Schallschutz nach Beiblatt 2 zu DIN 4109 enthalten.

In Tafel A 4 ist schließlich ein vereinfachter Überblick sowie ein Vergleich der alten und der neuen Werte gegeben.

Grenzen Wohnungen an Betriebe, bei denen vor allem nachts mit lauten Geräuschen zu rechnen ist, so müssen die Trennwände bzw. Trenndecken wesentlich höhere Anforderungen als Wohnungstrennwände und -decken erfüllen:

Tafel A 3: **Anforderungen und Empfehlungen für Luft- und Trittschallschutz von Bauteilen.**
Anforderungen nach DIN 4109; Empfehlungen nach Beiblatt 2 zu DIN 4109 (jeweils Ausgabe 1989)

Zeile		Bauteile	Anforderungen erf. R'_w dB	erf. TSM dB	Empfehlungen R'_w dB	TSM dB	beachte Fuß- noten Nr.
		1. Geschoßhäuser mit Wohnungen und Arbeitsräumen					
1	Decken	Decken unter allgemein nutzbaren Dachräumen, z. B. Trockenböden, Abstellräumen und ihren Zugängen	53	10	$\geqq 55$	$\geqq 17$	1
2		Wohnungstrenndecken (auch -treppen) und Decken zwischen fremden Arbeitsräumen bzw. vergleichbaren Nutzungseinheiten	54	10	$\geqq 55$	$\geqq 17$	2, 5
3		Decken über Kellern, Hausfluren, Treppenräumen unter Aufenthaltsräumen	52	10	$\geqq 55$	$\geqq 17$	3, 5
4		Decken über Durchfahrten, Einfahrten von Sammelgaragen und ähnliches unter Aufenthaltsräumen	55	10	–	$\geqq 17$	
5		Decken unter/über Spiel- oder ähnlichen Gemeinschaftsräumen	55	17	–	–	

[1]) Bei Gebäuden mit nicht mehr als 2 Wohnungen betragen die Anforderungen erf. R'_w = 52 dB und erf. TSM = 0 dB.
[2]) Bei Gebäuden mit nicht mehr als 2 Wohnungen beträgt die Anforderung erf. R'_w = 52 dB.
[3]) Die Anforderung an die Trittschalldämmung gilt nur für die Trittschallübertragung in fremde Aufenthaltsräume, ganz gleich, ob sie in waagerechter, schräger oder senkrechter (nach oben) Richtung erfolgt.

Tafel A 3: fortgesetzt

Zeile		Bauteile	Anforderungen erf. R'_w dB	Anforderungen erf. TSM dB	Empfehlungen R'_w dB	Empfehlungen TSM dB	beachte Fuß-noten Nr.
6		Decken unter Terrassen und Loggien über Aufenthaltsräumen		10	–	≧ 17	3
7		Decken unter Laubengängen		10	–	≧ 17	
8		Decken und Treppen innerhalb von Wohnungen, die sich über zwei Geschosse erstrecken		10	–	17	1, 3, 5
9		Decken unter Bad und WC ohne/mit Boden-entwässerung	54	10	≧ 55	≧ 17	
10		Decken unter Hausfluren		10	–	≧ 17	3, 5
11	Treppen	Treppenläufe und -podeste		5			4
12	Wände	Wohnungstrennwände und Wände zwischen fremden Arbeitsräumen	53		≧ 55	–	
13		Treppenraumwände und Wände neben Hausfluren	52		≧ 55	–	7
14	Wände	Wände neben Durchfahrten, Einfahrten von Sammelgaragen u. ä.	55				
15		Wände von Spiel- oder ähnlichen Gemeinschaftsräumen	55				
16	Türen	Türen, die von Hausfluren oder Treppenräumen in Flure und Dielen von Wohnungen und Wohn-heimen oder von Arbeitsräumen führen	27	–	≧ 37	–	8
17		Türen, die von Hausfluren oder Treppenräumen unmittelbar in Aufenthaltsräume – außer Flure und Dielen – von Wohnungen führen	37	–	–	–	
2. Einfamilien-Doppelhäuser und Einfamilien-Reihenhäuser							
18	Decken	Decken		15	–	≧ 25	3
19		Treppenläufe und -podeste und Decken unter Fluren		10		≧ 17	6
20	Wände	Haustrennwände	57			≧ 67	

[4]) Keine Anforderung an Treppenläufe in Gebäuden mit Aufzug.
[5]) Weichfedernde Bodenbeläge dürfen bei dem Nachweis der Anforderungen an den Trittschallschutz nicht angerechnet werden; in Gebäuden mit nicht mehr als 2 Wohnungen dürfen weichfedernde Bodenbeläge, z. B. nach Beiblatt 1 zu DIN 4109, 1989, Tabelle 18, berücksichtigt werden.

Tafel A 3: fortgesetzt

Zeile		Bauteile	Anforderungen erf. R'_w dB	Anforderungen erf. TSM dB	Empfehlungen R'_w dB	Empfehlungen TSM dB	beachte Fuß-noten Nr.
		3. Beherbergungsstätten					
21	Decken	Decken	54	10	55	17	
22		Decken unter/über Schwimmbädern, Spiel- oder ähnlichen Gemeinschaftsräumen zum Schutz gegenüber Schlafräumen	55	17	–	–	
23		Treppenläufe und -podeste		5	–	≥ 17	4
24		Decken unter Fluren		10	–	≥ 17	3
25	Decken	Decken unter Bad und WC ohne/mit Boden-entwässerung	54	10	≥ 55	≥ 17	3
26		Wände zwischen – Übernachtungsräumen – Fluren und Übernachtungsräumen	47	–	≥ 52	–	
27	Türen	Türen zwischen Fluren und Übernachtungs-räumen	32	–	≥ 37	–	8
		4. Krankenanstalten, Sanatorien					
28	Decken	Decken	54	10	≥ 55	≥ 17	
29		Decken unter/über Schwimmbädern, Spiel- oder ähnlichen Gemeinschaftsräumen	55	17	–	–	
30		Treppenläufe und -podeste		5	–	≥ 17	4
31		Decken unter Fluren		10	–	≥ 17	3
32		Decken unter Bad und WC ohne/mit Boden-entwässerung	54	10	≥ 55	≥ 17	
33	Wände	Wände zwischen – Krankenräumen, – Fluren und Krankenräumen, – Untersuchungs- bzw. Sprechzimmern, – Flure und Untersuchungs- bzw. Sprech-zimmern – Krankenräumen und Arbeits- und Pflege-räumen	47	–	≥ 52	–	

[6] Bei einschaligen Haustrennwänden gilt: Wegen der möglichen Austauschbarkeit von weichfedernden Boden-belägen nach Beiblatt 1 zu DIN 4109, 1989, Tabelle 18, die sowohl dem Verschleiß als auch besonderen Wünschen der Bewohner unterliegen, dürfen diese bei dem Nachweis der Anforderungen an den Trittschallschutz nicht angerechnet werden.

Tafel A 3: fortgesetzt

Zeile		Bauteile	Anforderungen erf. R'_w dB	Anforderungen erf. TSM dB	Empfehlungen R'_w dB	Empfehlungen TSM dB	beachte Fuß-noten Nr.
34		Wände zwischen – Operations- bzw. Behandlungsräumen – Fluren und Operations- bzw. Behandlungs-räumen	42	–			
35		Wände zwischen – Räume der Intensivpflege – Fluren und Räumen der Intensivpflege	37				
36	Türen	Türen zwischen – Untersuchungs- bzw. Sprechzimmern – Fluren und Untersuchungs- bzw. Sprech-zimmern	37				
37		Türen zwischen – Fluren und Krankenräumen – Operations- bzw. Behandlungsräumen – Fluren und Operations- bzw. Behandlungs-räumen	32		$\geqq 37$	–	8
		5. Schulen und vergleichbare Unterrichtsbauten					
38	Decken	Decken zwischen Unterrichtsräumen oder ähnlichen Räumen	55	10			
39		Decken unter Fluren	–	10			3
40		Decken zwischen Unterrichtsräumen oder ähnlichen Räumen und „besonders lauten" Räu-men (z. B. Sporthallen, Musikräume, Werkräume)	55	17	keine Empfeh-lungen für erhöhten Schall-schutz		
41	Wände	Wände zwischen Unterrichtsräumen oder ähnlichen Räumen	47	–			
42		Wände zwischen Unterrichtsräumen oder ähnlichen Räumen und Fluren	47	–			
43		Wände zwischen Unterrichtsräumen oder ähnlichen Räumen und Treppenräumen	52	–			
44		Wände zwischen Unterrichtsräumen oder ähnlichen Räumen und „besonders lauten" Räumen (z. B. Sporthallen, Musikräumen, Werkräumen)	55	–			
45	Türen	Türen zwischen Unterrichtsräumen oder ähnlichen Räumen und Fluren	32	–			8

[7]) Für Wände mit Türen gilt die Anforderung erf. R'_w (Wand) = erf. R_w (Tür) + 15 dB. Darin bedeutet erf. R_w (Tür) die erforderliche Schalldämmung der Tür nach Zeile 16 oder Zeile 17. Wandbreiten $\leqq$ 30 cm bleiben dabei unberücksichtigt.

[8]) Bei Türen gilt R_w, anstelle von R'_w.

Tafel A 4: Gegenüberstellung der Anforderungen für den Luftschallschutz von DIN 4109, Ausgaben 1962 und 1989, für Wohnhäuser

Bauteile	Mindestanforderung in dB		erhöhter Schallschutz in dB	
	DIN 4109 1962	DIN 4109 1989	DIN 4109 1962	Beiblatt 2 DIN 4109 1989
bewertetes Schalldämm-Maß Wohnungstrennwände	52	53[1])	55	55
Wohnungstrenndecken	52	54[1])	55	55
Haustrennwände	55	57	>55	67
Wohnungs-Eingangstüren in Flur führend	–	27	–	37

[1]) Nur für Häuser mit mehr als zwei Wohnungen, sonst = 52 dB.

3.2.2 Zwischenwände und Decken innerhalb von Wohnungen

In DIN 4109, Ausgabe 1962, waren keine Richtwerte für den Schallschutz innerhalb von Wohnungen genannt. In dem Beiblatt 2 zu DIN 4109, Ausgabe 1989, sind dafür Empfehlungen enthalten, die in Tafel A 5 wiedergegeben sind.

3.2.3 Zwischenwände in Verwaltungsbauten u. ä.

Auch dafür sind in Tafel A 5 Werte als Empfehlung genannt.
Der Luft- und Trittschallschutz von Decken soll den Anforderungen für Wohnungstrenndecken entsprechen.
Diese Werte sollten auch bei anderen vergleichbaren Bauten, wie z. B. Hochschul-Instituten, zugrundegelegt werden.

Tafel A 5:   Empfehlungen für einen normalen und einen erhöhten Schallschutz im eigenen Wohn- und Arbeitsbereich

Spalte	Bauteile	normaler Schallschutz		erhöhter Schallschutz	
		R'_w dB	TSM dB	R'_w dB	TSM dB
	1. Wohngebäude				
1	Zwischendecken in Einfamilienhäusern	50	7	≧ 55	≧ 17
2	Treppen und Treppenpodeste in Einfamilienhäusern	–	–	–	≧ 10
3	Wände ohne Türen zwischen „lauten" und „leisen" Räumen unterschiedlicher Nutzung, z. B. zwischen Wohn- und Kinderschlafzimmer	40	–	≧ 47	–
	2. Büro- und Verwaltungsgebäude				
4	Decken, Treppen, Decken von Fluren und Treppenraumwände	52	10	≧ 55	≧ 17
5	Wände zwischen Räumen mit üblicher Bürotätigkeit und zugehöriger Flurwände	37	–	≧ 42	–
6	Wände von Räumen für konzentrierte geistige Tätigkeit oder zur Behandlung vertraulicher Angelegenheiten, z. B. zwischen Direktions- und Vorzimmer und deren Flurwände	45	–	≧ 52	–
7	Türen in Wänden nach Zeile 5	27	–	≧ 32	–
8	Türen in Wänden nach Zeile 6	37	–	–	–

3.2.4 Haustechnische Gemeinschaftsanlagen

Der Betrieb von haustechnischen Gemeinschaftsanlagen, wie Aufzüge, Müllabwurfanlagen und die Wasserinstallation, soll nach DIN 4109 in fremden Wohn-, Schlaf- und Arbeitsräumen zu keinen größeren Schallpegeln als in Tafel A 6 angegeben, führen.

Tafel A 6: **Werte für die zulässigen Schallpegel in schutzbedürftigen Räumen von Geräuschen aus haustechnischen Anlagen und Gewerbebetrieben**

Geräuschquelle	Art der schutzbedürftigen Räume	
	Wohn- und Schlafräume	Unterrichts- und Arbeitsräume
	Kennzeichnender Schallpegel dB(A)	
Wasserversorgungsanlagen (Wasserzu- und Abfluß)	≤ 35	≤ 35
Sonstige haustechnische Anlagen	≤ 30	≤ 35
Betriebe tags 6 bis 22 Uhr	≤ 35	≤ 35
Betriebe nachts 22 bis 6 Uhr	≤ 25	≤ 35

3.2.5 Außenlärm

3.2.5.1 Außenbauteile

Für den Schutz gegen Außenlärm sind in DIN 4109 die in Tafel A 7 genannten Anforderungen an das „erforderliche bewertete Schalldämm-Maß $R'_{w,\,res}$" der Außenwand einschließlich Fenster, etwaiger Rolladenkästen, Lüftungseinrichtungen und eines etwaigen Daches zu erfüllen. Zur Berechnung muß der sog. „maßgebliche Außenlärmpegel" vor der betrachteten Außenwand bekannt sein. Er kann im Notfall in einfacher Weise aus einem Nomogramm in DIN 4109 (Ausgabe 1989, dortiges Bild 1) entnommen werden.

Damit der Leser einen ungefähren Überblick über die Anforderungen an die Schalldämmung der Fenster hat, ist in Tafel A 7 zusätzlich (nicht in DIN 4109 enthalten) in der Spalte „$R_{w\,\text{Fenster}}$" angegeben, wie groß diese mindestens sein sollte. Dabei ist folgendes vorausgesetzt:

Fensterflächenanteil an Außenwand: 30%
flächenbezogene Masse der Außenwand: 230 kg/m²
R'_{w} der Außenwand (ohne Fenster): 46 dB
z. B. 240 mm Mauerwerk, Raumgewicht 800 kg/m³

Man sieht daraus, daß die Fenster ungefähr ein bewertetes Schalldämm-Maß zwischen etwa 30 und 43 dB haben müssen, je nach Höhe des Außenlärms und den Raumarten.

27

Tafel A 7:   Anforderungen an die Luftschalldämmung von Außenbauteilen

"Maßgeblicher Außenlärmpegel"	Raumarten					
	Bettenräume in Krankenanstalten und Sanatorien		Aufenthaltsräume in Wohnungen, Übernachtungsräume in Beherbergungsstätten, Unterrichtsräume und ähnliches		Büroräume und ähnliches	
dB(A)	erforderliches bewertetes Schalldämm-Maß in dB					
	$R'_{w,\,res}$	$R_{w\,Fenster}$	$R'_{w,\,res}$	$R_{w\,Fenster}$	$R'_{w,\,res}$	$R_{w\,Fenster}$
bis 55	35	30	30	25	–	–
56 bis 60	35	30	30	25	30	25
61 bis 65	40	36	35	30	30	25
66 bis 70	45	43	40	36	35	30
71 bis 75	50		45	43	40	36
76 bis 80			50		45	43

3.2.5.2 Zulässiger Außenlärm

Über den zulässigen Außenlärm von Gewerbebetrieben, der sich vor anderen Bauten ergibt, enthält die Richtlinie des Vereins Deutscher Ingenieure VDI 2058 „Beurteilung von Arbeitslärm in der Nachbarschaft", Blatt 1, Immissionsrichtwerte, die vor dem gestörten Gebäude nicht überschritten werden sollen. Diese Werte sind je nach Baugebiet unterschiedlich. Sie sind in Zahlentafel A 8 angegeben.

Die angegebenen Zahlenwerte entsprechen auch den Anforderungen der „TA-Lärm" der Gewerbeordnung für genehmigungspflichtige Anlagen.

Für die Festlegung neuer Baugebiete sind entsprechende Richtwerte für den zulässigen Schallpegel in DIN 18005 „Schallschutz im Städtebau", genannt. Diese Werte sollen sich jedoch nicht nur auf Gewerbelärm, sondern auch auf Straßenlärm beziehen. Dort ist die Einhaltung von Grenzwerten in der Größe von 35 bzw. 40 dB(A) sehr schwierig.

**Tafel A 8:   Immissionsrichtwerte nach VDI 2058, Blatt 1
für Gewerbelärm vor fremden Gebäuden**

Einwirkungsort	Immissionsrichtwert in dB(A)	
	tags	nachts
nur gewerbliche Anlagen (Industriegebiete)	70	70
vorwiegend gewerbliche Anlagen (Gewerbegebiete)	65	50
weder vorwiegend gewerbliche Anlagen, noch vorwiegend Wohnungen (Mischgebiete)	60	45
vorwiegend Wohnungen (Allgemeine Wohngebiete)	55	40
ausschließlich Wohnungen (Reines Wohngebiet)	50	35
Kurgebiete, Krankenhäuser	45	35

3.3 Nachweis des geforderten Schallschutzes

Der Nachweis, daß die verwendeten Bauteile den in DIN 4109 geforderten Schallschutz besitzen, kann auf drei verschiedenen Wegen erfolgen:

1. Durch Berechnung von R'_w und TSM anhand von Beiblatt 1 zu DIN 4109, Ausgabe 1989.
2. Verwenden von Trenndecken und Wänden, deren schalltechnische Brauchbarkeit durch eine sog. Eignungsprüfung nachgewiesen ist.
3. Verwenden von beliebigen Decken- oder Wandausführungen, die nicht unter Punkt 1 oder 2 fallen.
   Der ausreichende Schallschutz muß durch eine stichprobenweise Überprüfung am fertiggestellten Bauwerk nachgewiesen werden. Eine solche Prüfung wird als „Güteprüfung" bezeichnet.

In der Regel wird kein Architekt oder Bauherr das Risiko und die zusätzlichen Kosten der Überprüfung übernehmen wollen, die mit dem Weg 3 verbunden sind. Für den Weg 2 sind die entsprechenden Eignungszeugnisse vom Hersteller der in Frage kommenden Bauteile vorzuweisen. Diese Zeugnisse müssen einen ausdrücklichen Vermerk enthalten, daß es sich bei der durchgeführten Prüfung um eine Eignungsprüfung im Sinne von DIN 4109 handelt. Zur Ausstellung von Eignungszeugnissen, die vom Hersteller beantragt werden müssen, sind nur bestimmte, amtlich zugelassene Prüfstellen ermächtigt. Der Planer oder Bauherr sollte dabei darauf achten, ob das geprüfte und das für seinen Bau vorgesehene Bauteil in ihrer Ausführung übereinstimmen. Ein Nachweis darüber, inwieweit die Geräusche von haustechnischen Anlagen den unter Abschnitt 3.2.2 genannten Bedingungen entsprechen, ist z. Z. nicht erforderlich, abgesehen von der Verwendung geräuscharmer Armaturen für die Wasserinstallation, Näheres siehe Abschnitt 9.

4 Luftschallschutz

4.1 Kennzeichnung und Messung

Zur Veranschaulichung stellen wir uns zwei durch eine Wand getrennte Räume vor. Wird in einem der beiden Räume Luftschall, z. B. durch Sprechen, Singen, Radio, erzeugt, dann setzen die periodisch auftretenden Über- und Unterdrücke der Schallwellen die Trennwand in sog. Biege-schwingungen, d. h. unter dem Wechseldruck schwingen die Wandelemente senkrecht zu ihrer Wandfläche, wie dies in Abb. A 4 schematisch dargestellt ist. Dadurch stoßen sie die Luftteilchen des Nachbarraumes ebenfalls zu Schwingungen an, womit auch im Nachbarraum Luftschall auftritt.

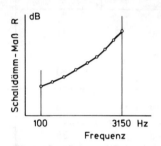
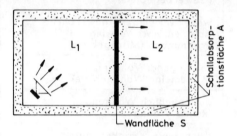

Abb. A 4: Zur Messung und Darstellung der Luftschalldämmung von Decken und Wänden.

Für die Bewohner ist als Schallschutz zwischen den beiden Räumen spürbar die Differenz der Schallpegelwerte L_1 und L_2, die im lauten und im leisen Raum auftreten. Diese sog. Schallpegeldiffe-renz ergibt sich rechnerisch zu:

$$L_1 - L_2 = R - 10 \lg \frac{S}{A} \qquad \text{(A 2)}$$

In erster Linie wird sie bestimmt von dem Schalldämm-Maß R, einem kennzeichnenden Maß für die Schalldämmung der Trennwandkonstruktion. Die Schallpegeldifferenz hängt außerdem davon ab, wie groß die Fläche S der Trennwand und wie groß die sog. äquivalente Schallabsorptionsfläche A des leisen Raumes ist. Die Pegeldifferenz ist um so niedriger, je größer die Wandfläche ist, weil die übertragene Schallenergie mit der Wandfläche zunimmt. Sie ist um so größer, je größer die Absorptionsfläche A des leisen Raumes ist, d. h. letzten Endes, je größer die Ausstattung des Raumes mit Möbeln, Teppichen usw. ist (Näheres siehe Abschnitt 11). Ist der leise Raum kahl – z. B. ein Bad – dann ist die Schallpegeldifferenz kleiner als z. B. bei einem Schlafzimmer, auch wenn dieselbe Trennwand verwendet worden ist.

Die von den Bewohnern empfundene Dämmung (L_1–L_2) hängt somit nicht allein von der Art der Trennwand, sondern in gewissem Umfang von der Fläche der Trennwand und der Ausstattung der Räume ab. Von größerer Bedeutung als die genannten Einflüsse ist allerdings das Schalldämm-Maß R, d. h. die Art der verwendeten Wandkonstruktion. Man hat deshalb in Deutschland – im Gegensatz zum Ausland – die Verhältnisse für den Architekten vereinfacht, indem man nicht die mindesterforderliche Schallpegeldifferenz, sondern das mindesterforderliche Schalldämm-Maß, d. h. die Art der zulässigen Trennwandkonstruktion in DIN 4109 vorgeschrieben hat. Dies ist oft beanstandet worden. Eine nähere Betrachtung zeigt jedoch, daß zwischen der Schallpegeldifferenz L_1–L_2 bei bewohnten Räumen und dem Schalldämm-Maß R folgender Zusammenhang besteht[2]):

bei Decken: $\qquad\qquad\qquad\qquad L_1 - L_2 = R - 1 \text{ dB}$

bei Wohnungstrennwänden: $\qquad L_1 - L_2 = R + 1 \text{ dB}$

---

[2]) Dabei ist vorausgesetzt, daß die Nachhallzeit der bewohnten Räume etwa 0,5 Sekunden betrage, siehe auch K. Gösele „Zur Festlegung von Mindestanforderungen an den Luftschallschutz zwischen Wohnungen", Bauphysik *10*, (1988), S. 165.

Man kann deshalb den tatsächlich zwischen zwei Wohnungen vorhandenen Schallschutz und das Schalldämm-Maß R (bzw. R'_w, siehe später) für Trenndecken und Wände einander etwa gleichsetzen. Dabei sollte man berücksichtigen, daß für denselben Schallschutz bei Wänden ein um $1-2$ dB geringeres Schalldämm-Maß nötig ist als bei Decken.

Unter dem Schalldämm-Maß R versteht man das Verhältnis der auf eine Wand auftreffenden Schallenergie N_1 zu der von ihrer Rückseite in den Nachbarraum durchgelassenen Energie N_2, und zwar in logarithmischem Maße:

$$R = 10 \, lg \, \frac{N_1}{N_2} \tag{A 3}$$

Ein Schalldämm-Maß R von z. B. 50 dB bedeutet, daß 1/100 000 der auf die Trennwand auftreffenden Schallenergie in den Nachbarraum gelangt. Bei $R=30$ dB gelangt 1/1000 der Energie in den Nachbarraum, was wegen der großen Empfindlichkeit des menschlichen Ohrs bereits als sehr laut empfunden wird.

Die Messung der Schalldämmung erfolgt, indem man in einem an die Trennwand angrenzenden Raum Schall, meist mit einer elektrischen Apparatur erzeugt und dann L_1 und L_2, die Fläche S und die Schallabsorptionsfläche A des leisen Raumes – durch die Messung der Nachhallzeit des Raumes – bestimmt. Unter Benützung der obigen Beziehung (A 1) kann dann R berechnet werden:

$$R = L_1 - L_2 + 10 \, lg \, \frac{S}{A} \tag{A 4}$$

Die Messung kann sowohl in Bauten als auch im Laboratorium vorgenommen werden. Sofern die Messungen im Bau oder in einem Prüfstand mit bauüblichen Schallnebenwegen, Näheres siehe Abschnitt 4.2.3, vorgenommen werden, wird das Schalldämm-Maß als Bauschalldämm-Maß und mit R' bezeichnet.

R ist von der Frequenz abhängig, so daß es für verschiedene Frequenzen bestimmt werden muß (siehe Diagramm in Abb. A 4)

Mittelwertbildung

Für die praktische Anwendung muß aus den in Abhängigkeit von der Frequenz bestimmten Werten von R ein einziger Zahlenwert, ein Mittelwert, gebildet werden, der die Schalldämmung des Bauteils charakterisiert.

Bewertetes Schalldämm-Maß R_w

Die Schalldämmkurve wird mit dem Verlauf einer sog. Bewertungskurve B verglichen, siehe Abb. A 5, die sozusagen den idealen Verlauf der Schalldämmung darstellen soll, wobei vor allem die geringere Empfindlichkeit des menschlichen Ohrs für tiefe Frequenzen berücksichtigt ist.

Diese Bewertungskurve wird in Richtung der Ordinate solange parallel verschoben, bis die Unterschreitung der verschobenen Bewertungskurve (gestrichelte Linie in Abb. A 5) durch die Meßkurve M im Mittel nicht mehr als 2 dB beträgt. Dabei werden Überschreitungen nicht berücksichtigt. Der Ordinatenwert der verschobenen Bewertungskurve B_v bei 500 Hz – in Abb. A 5 z. B. 41 dB – wird als Maß für die Güte der Schalldämmung benutzt und als bewertetes Schalldämm-Maß R_w bzw. R'_w bezeichnet, siehe Abb. A 5.

Luftschallschutzmaß LSM

Früher hat man in DIN 4109, Ausgabe 1962, zur Kennzeichnung das Luftschallschutzmaß LSM benutzt. Es wurde in gleicher Weise wie das bewertete Schalldämm-Maß R_w bestimmt. Als kennzeichnende Größe wurde jedoch die Größe der Verschiebung gegenüber der Bewertungskurve B benutzt und als Luftschallschutzmaß LSM bezeichnet, siehe Abb. A 5, wo dieser Wert -11 dB beträgt.

Das Luftschallschutzmaß war an den Anforderungen für Wohnungstrennwände und -decken orientiert, für die ein LSM von mindestens 0 dB in DIN 4109, Ausgabe 1962 gefordert war. Für eine allgemeinere Anwendung z. B. für Zwischenwände, Türen, Fenster u. ä. war es deshalb weniger geeignet. Die beiden Maße LSM und R'_w lassen sich streng in folgender Weise ineinander umrechnen:

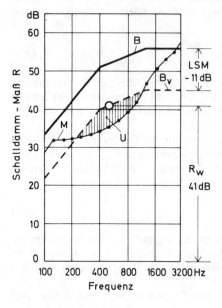

$$LSM = R'_w + 52 \text{ dB} \tag{A 5}$$

Abb. A 5: Zur Definition des bewerteten Schalldämm-Maßes R'_w.

B: Bewertungskurve nach DIN 52210, Teil 4, bzw. Sollkurve nach DIN 4109, 1962.

B_V: Verschobene Bewertungskurve

U: Zulässige mittlere Unterschreitung von 2 dB von M gegenüber B_V

M: Meßwerte

Subjektive Wirkung

Bei der Festlegung der Anforderungen an die Schalldämmung von Bauteilen wird man sich in vielen Fällen fragen, inwieweit man Sprache durch eine Wand bei einem bestimmten Wert des bewerteten Schalldämm-Maßes R_w noch durchhört oder gar durchversteht.

Dies hängt stark davon ab, wie groß das Grundgeräusch im Empfangsraum ist[3]).

Die Schalldämmung muß um so größer sein, je geringer das Grundgeräusch im Raum ist, damit z. B. Sprache oder Musik nicht mehr durchzuhören ist. In Tafel A 9 sind dafür Richtwerte genannt.

Tafel A 9:   Bewertetes Schalldämm-Maß R_w und das Durchhören von normal-lauter Sprache

Sprachverständlichkeit	erforderliches bewertetes Schalldämm-Maß R_w in dB	
	Grundgeräusch 20 dB(A)	Grundgeräusch 30 dB(A)
nicht zu hören	67	57
zu hören, jedoch nicht zu verstehen	57	47
teilweise zu verstehen	52	42
gut zu verstehen	42	32

[3]) Kötz, W. und W. Moll „wie hoch sollte die Luftschalldämmung zwischen Wohnungen sein?", Bauphysik *10*, (1988), S. 72. Gösele, K. „Zur Festlegung von Mindestanforderungen an den Luftschallschutz zwischen Wohnungen", Bauphysik *10*, (1988), S. 165.

Laute Sprache und Musik ist bei einer Trennwand, die den Anforderungen von DIN 4109, Ausgabe 1989, entspricht, noch durchzuhören, sofern der Grundgeräuschpegel sehr niedrig ist.
Ob die Schalldämmung einer Wand oder Decke im praktischen Fall als befriedigend empfunden wird oder nicht, hängt somit in hohem Maß von dem vorhandenen Grundgeräusch ab. In einer ruhigen Umgebung sollte die Schalldämmung zwischen den Räumen besonders gut sein.

4.2 Grundsätzliches Verhalten

4.2.1 Einschalige Wände und Decken[4])

Um einen Überblick über die schalltechnischen Eigenschaften von Wänden[6]) zu bekommen, muß zwischen ein- und zweischaligen Wänden unterschieden werden. Zunächst sollen die Eigenschaften der einschaligen Wände besprochen werden. Darunter versteht man Wände, die weitgehend homogen aufgebaut sind und keine Schichtung im akustischen Sinne besitzen. Die Schallübertragung kann bei einschaligen Wänden auf zwei Wegen erfolgen, über etwaige Undichtheiten der Wand und über die Masse der Wand selbst.

4.2.1.1 Einfluß von Undichtheiten

Unter der Undichtheit einer Wand werden Luftkanäle verstanden, die unter Umständen sehr fein sein können und von der einen Wandseite zur anderen reichen, so daß der Luftschall – ohne eine Umsetzung in Körperschall – vom einen Raum zum anderen gelangen kann. Grobe Undichtheiten können die Schalldämmung einer Wand um eine Größenordnung verringern. Unverputzte Wände haben deshalb häufig eine ungenügende Dämmung, siehe Tafel A 10.

Tafel A 10: **Bewertetes Schalldämm-Maß von Trennwänden im unverputzten und im verputzten Zustand.**

	R'_w in dB	
	unverputzt	verputzt
240 mm Hochlochziegel	50	53
250 mm Schüttbeton	11	53
240 mm Hohlblocksteine aus Bimsbeton	16	49
200 mm Gasbetonplatten, geschoßhoch	45	47

Diejenigen Wände, die viele und große, durchgehende Poren und Luftspalte besitzen, wie z. B. Schüttbeton oder Bimsbeton, zeigen im unverputzten Zustand eine besonders geringe Schalldämmung, so daß sich bei mittleren Frequenzen nur ein Schalldämm-Maß von etwa 10 bis 20 dB ergibt. Gasbetonplatten besitzen dagegen im unverputzten Zustand eine vergleichsweise hohe Dämmung, weil diese Platten allseitig geschlossene Luftporen haben. Ähnliches gilt für Wände aus Ziegeln oder Kalksandsteinen, bei denen lediglich die Übertragung über Undichtheiten von Mörtelfugen von Bedeutung ist. Sobald ein Verputz aufgebracht ist, nimmt die Dämmung bei den besonders undichten Wänden sprunghaft zu. Dabei reicht es in der Regel vom schalltechnischen Standpunkt aus, wenn nur eine der beiden Wandseiten verputzt wird.
Auch wenn nur kleine Teilflächen einer Wand beidseitig unverputzt bleiben, kann dies zu einer Beeinträchtigung der Schalldämmung führen. So wird manchmal der Putz nur oberhalb einer Putzleiste angebracht, die einige Zentimeter über der Wandunterkante angeordnet ist. Wird ein solcher unverputzter Wandstreifen nur mit einer Fußleiste abgedeckt, dann kann dies zu einer zusätzlichen Schallübertragung über diese Undichtheit führen. Im folgenden wird vorausgesetzt, daß Wände jeweils ausreichend gedichtet sind.

---

[4]) Der Einfachheit halber wird im folgenden jeweils von Wänden gesprochen. Die Ausführungen gelten jedoch in gleicher Weise auch für Decken bzw. allgemein für Platten, z. B. auch für Türen, Fenster.

Die Schallübertragung über Fugen hat neuerdings durch den Aufbau von demontierbaren Trennwänden aus einzelnen Tafeln große Bedeutung gewonnen. Die Schalldämmung von offenen Fugen hängt von ihrer Tiefe und von deren Breite ab. Auffällig ist die bei hohen Frequenzen geringer werdende Schalldämmung, bedingt durch eine Resonanz, wenn die Länge des Schlitzes gleich der halben Wellenlänge des Schalls wird. Deshalb haben Wände, Türen, Fenster mit undichten Fugen bei hohen Frequenzen eine besonders niedrige Schalldämmung, wo es sehr störend ist.

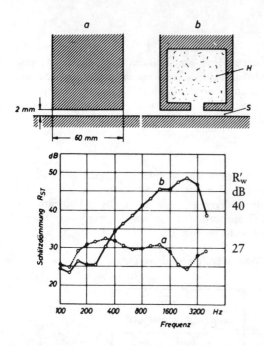

Abb. A 6: Bedeutung eines angekoppelten Hohlraumes H (mit Mineralwollefüllung) für die Schalldämmung eines Schlitzes S
a: ohne Hohlraum
b: mit Hohlraum

Die Schallübertragung läßt sich bei gegebener Schlitzbreite wesentlich verringern, wenn die Fuge in einen Hohlraum mündet, der möglichst einen Strömungswiderstand, z. B. in Form von Mineralwolle, enthalten soll. In Abb. A 6 ist ein Beispiel gezeigt. Viele heute noch störende Probleme der Fugendichtung werden wahrscheinlich auf diese Weise gelöst werden können[5]).
Die Wirksamkeit derartiger Hohlräume nach Abb. A 6 hängt in starkem Maß von der Breite der Fuge ab. Das in Abb. A 6 gezeigte Beispiel ist in der Regel nur für Fugen von 1 bis 2 mm Breite anwendbar.
Fugen werden häufig dadurch gedichtet, daß man einen weichfedernden Schaumstoffstreifen in die Fuge einbringt. Die Dichtwirkung ist oft enttäuschend gering, weil die besonders nachgiebigen, offenporigen Schaumstoffe auch einen geringen Strömungswiderstand besitzen. Für die Dichtwirkung ist jedoch ein hoher Wert des Strömungswiderstandes maßgeblich[6]). Erst wenn derartige Schaumstoffstreifen stark zusammengedrückt werden, auf etwa 1/3 bis 1/5 ihrer ursprünglichen Dicke, stellen sie eine wirksame Dichtung dar. Allerdings gibt es auch Schaumstoffe oder Filze, die von vorneherein einen hohen Strömungswiderstand haben und daher nicht so stark komprimiert werden müssen. Sie haben dann andererseits den Nachteil, daß sie sich an Unebenheiten der Fugenbegrenzung weniger gut anpassen.

[5]) Siehe Gösele, K. „Schalldämmung von Türen". Berichte aus der Bauforschung. 1969, Heft 63.
[6]) Gösele K. und U. Decker „Schalldämmung von Fugen mit porösen Dichtungsstreifen" DAGA 1972 – Akustik und Schwingungstechnik – S. 190/193 VDE-Verlag GmbH., Berlin.

4.2.1.2 Einfluß der Masse und Biegesteife

Die Schalldämmung von dichten, einschaligen, homogenen Wänden hängt in erster Linie vom Gewicht der Wände je Flächeneinheit, von ihrer flächenbezogenen Masse ab (Berger'sches Gewichtsgesetz[7]). Abb. A 7 zeigt die im Mittel sich ergebende Abhängigkeit des bewerteten Schalldämm-Maßes R'_w von Wänden und ihrer flächenbezogenen Masse[8]). Daraus ist zu entnehmen, daß die Schalldämmung stetig mit der Masse ansteigt. Nicht die Art des Materials ist in erster Linie für die Größe der Schalldämmung entscheidend, sondern die Masse der Wand je Flächeneinheit. Von

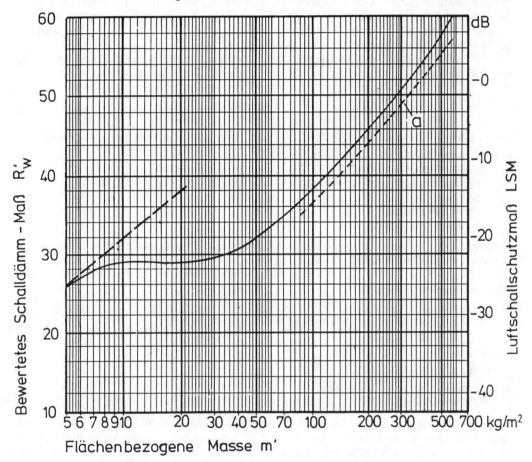

Abb. A 7: Abhängigkeit des bewerteten Schalldämm-Maßes R'_w und des Luftschallschutzmaßes LSM von einschaligen Wänden und Decken von ihrer flächenbezogenen Masse m'.
Die gestrichelt eingezeichnete Gerade gilt für Platten von besonders geringer Biegesteifigkeit, z. B. Stahl- oder Bleiblech, Gummiplatten.
a: Rechenwerte nach DIN 4109, Beiblatt 1, Ausgabe 1989 (Werte mit einem Sicherheitsabschlag versehen)

---

[7]) Berger, L. „Über die Schalldurchlässigkeit", Dissertation, Techn. Hochschule München, 1911.
[8]) Heckl, M. „Die Schalldämmung von homogenen Einfachwänden endlicher Fläche". Acustica 1960 S. 98–108.
  Gösele, K. „Die Luftschalldämmung von einschaligen Trennwänden und Decken". Acustica 20, 1968 S. 334; FBW-Blätter 1968 Folge 4.

zwei gleich dicken Wänden wird diejenige mit dem höheren Raumgewicht die bessere Schalldämmung, jedoch auch die geringere Wärmedämmung haben. Allerdings darf der in Abb. A 7 gezeigte Zusammenhang nicht als strenges Gesetz betrachtet werden; vielmehr spielt in gewissem Maße das verwendete Material doch eine Rolle – da die Biegesteifigkeit – vor allem bei dünnen Wänden – von Bedeutung ist. Betrachtet man die Schalldämmung von dünnen Wänden in Abhängigkeit von der Frequenz – siehe die Werte für eine Betonplatte in Abb. A 8, Kurve B – so stellt man fest, daß die Schalldämmung in der Regel zunächst mit der Frequenz ansteigt, um dann zu einem Minimalwert abzunehmen und darauf wieder zuzunehmen. L. Cremer, der erstmals auf diese Erscheinung aufmerksam gemacht und sie erklärt hat[9]), konnte zeigen, daß dieses Minimum auf einer Art räumlicher Resonanz beruht, bei der die Fortpflanzungsgeschwindigkeit der Biegewellen innerhalb der Wand mit der Geschwindigkeit übereinstimmt, mit der die Spur der schräg einfallenden Luftschallwelle die Wandoberfläche entlang eilt. Das Minimum der Schalldämmung tritt wenig oberhalb der sog. Grenzfrequenz fgr auf, die sich rechnerisch für homogene Platten ergibt zu

$$fgr = \frac{c^2}{2\pi} \sqrt{\frac{m'}{B}} \quad \text{(A 5)} \qquad B = \frac{Ed^3}{12(1 - \mu^2)} \qquad \text{(A 6)}$$

dabei sind:

m': flächenbezogene Masse der Platte
B: Biegesteifigkeit der Platte
E: Elastizitätsmodul
d: Dicke
μ: Querkontraktionszahl
c: Schallgeschwindigkeit in Luft

Maßgeblich für fgr und damit für die Frequenzlage des Dämmungsminimums ist somit das Verhältnis von flächenbezogener Masse zu Biegesteife.

Da die Biegesteife in der Dicke und dem Elastizitätsmodul E ausgedrückt werden kann, gilt auch folgende Zahlenwertgleichung:

$$fgr = 6,4 \cdot 10^4 \cdot \frac{1}{d} \sqrt{\frac{\varrho}{E}} \qquad \text{Hz} \qquad \text{(A 7)}$$

wobei bedeuten:

d: Dicke der Wand in m
ϱ: Dichte des Wandmaterials in kg/m³
E: Elastizitätsmodul in N/m²

Die Grenzfrequenz liegt danach um so niedriger, je dicker und damit je steifer die Platte ist. Die Grenzfrequenzen einiger üblicher Baustoffe sind in Abhängigkeit von der Dicke der Platte in Abb. A 9 dargestellt. So hat z. B. eine Gipsplatte von 1 cm Dicke ihre Grenzfrequenz bei rd. 3 000 Hz, eine Platte von 8 cm Dicke bei 370 Hz. In der Nähe dieser Frequenzen liegen dann auch die störenden Dämmungsminima der Platten (vgl. dazu Kurve B in Abb. A 8).

Dieses Dämmungsminimum wird um so flacher, je schwerer die Platte oder Wand und je tiefer die Grenzfrequenz wird. Bei Frequenzen unter etwa 800 Hz entartet das Minimum zu einem „Plateau"[10]).

Die Schalldämmung wird nach der Cremer'schen Theorie bei dünnen Platten besser, wenn diese Grenzfrequenz sehr hoch liegt. Den Vorteil einer Verringerung des Elastizitätsmoduls und damit der Biegesteife zeigt Abb. A 8 an den Werten einer Gummiplatte (Kurve G), die bei gleicher Masse eine wesentlich bessere Schalldämmung besitzt als die eingangs betrachtete Betonplatte. Sie erreicht nahezu die theoretischen Werte für eine Platte ohne jede Biegesteife (Gerade C).

---

[9]) Cremer, L. „Theorie der Schalldämmung dünner Wände bei schrägem Einfall". Akustische Zeitschrift 7, 1942, S. 81.
[10]) Gösele, K., Fußnote [8]).

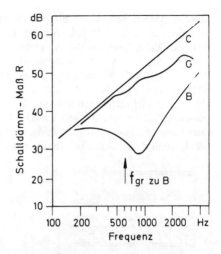

Abb. A 8: Der ungünstige Einfluß der Biegesteifigkeit auf die Schalldämmung dünner Wände. Eine Gummiplatte G hat wegen ihrer geringen Biegesteife eine bessere Schalldämmung als eine gleich schwere Betonplatte (jeweils 55 kg/m²). Zum Vergleich: Rechnerischer Verlauf C für eine gleichschwere Platte mit vernachlässigbarer Biegesteife.

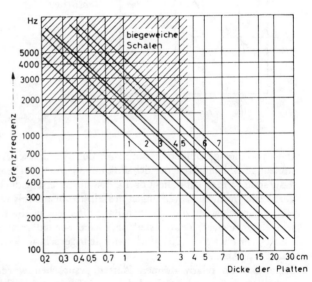

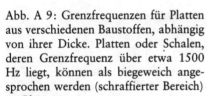

Abb. A 9: Grenzfrequenzen für Platten aus verschiedenen Baustoffen, abhängig von ihrer Dicke. Platten oder Schalen, deren Grenzfrequenz über etwa 1500 Hz liegt, können als biegeweich angesprochen werden (schraffierter Bereich)
1: Glas
2: Normalbeton
3: Sperrholz
4: Vollziegel
5: Gips
6: Hartfaserplatten
7: Gasbeton

Durch das Einsägen von sich kreuzenden Rillen in Platten oder durch das Aufkleben einzelner Klötzchen kann das Verhältnis Masse/Biegesteife ebenfalls erhöht und damit das Dämmungsminimum an den oberen Rand des interessierenden Frequenzbereichs verschoben werden[11]). Wesentlich günstiger als andere Materialien verhalten sich — wegen ihrer geringen Biegesteife — Bleiblech und Gummi. Man kann z. B. mit einer mit Bleiblech beklebten, dünnen Platte von beispielsweise 10 bis 20 mm Dicke eine Dämmung erreichen, die etwa 10 dB höher ist als die gleich schwerer Platten aus

---

[11]) Siehe Cremer, L. und A. Eisenberg „Verbesserung der Schalldämmung dünner Wände durch Verringerung ihrer Biegesteifigkeit" in Bauplanung und Bautechnik 1948, S. 235.

anderen Materialien. Dies gilt jedoch nur, wenn die Trägerplatte selbst noch keine zu große Steifigkeit hat. Dies trifft jedoch nicht mehr zu für eine steife, leichte Trennwand von beispielsweise 100 mm Dicke. Dort hat das Aufkleben einer Bleifolie akustisch keinen Vorteil mehr.

Das Ziel, eine relativ hohe flächenbezogene Masse bei kleiner Biegesteifigkeit zu erhalten, kann man auch durch das Aufeinanderlegen mehrerer Einzelplatten erreichen, die nur durch wenige einzelne Nägel o. ä. miteinander verbunden sind. Ein Beispiel zeigt Abb. A 10 bei einem Türblatt. Bei gleicher Masse ist das bewertete Schalldämmaß um etwa 10 dB höher, wenn mehrere Einzelplatten statt einer massiven Platte verwendet werden. Der Grund der Verbesserung liegt darin, daß die Biegesteifigkeit einer massiven Platte mit d^3 zunimmt, die von mehreren übereinandergelegten Platten jedoch nur mit d, wenn d die Gesamtdicke darstellt.

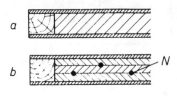

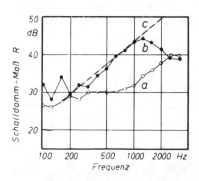

Abb. A 10: Verbesserung der Schalldämmung einer Platte (Türblatt) durch die Füllung des Hohlraumes mit lose eingelegten Holzspanplatten, die nur über einzelne Nägel N miteinander verbunden sind.

a: massive Holzspanplatte
   $m' = 29$ kg/m^2
   $R_w = 34$ dB

b: mehrere lose Holzspanplatten
   $m' = 27$ kg/m^2
   $R_w = 40$ dB

c: theoretisch für vernachlässigbar geringe Biegesteifigkeit

Daß trotz des geschilderten Einflusses des Wandmaterials auf die Schalldämmung eine ziemlich eindeutige Abhängigkeit der Schalldämmung vom Flächengewicht der Wände – siehe Abb. A 7 – festgestellt werden kann, liegt darin, daß die unterschiedlichen Dichten der üblichen Baumaterialien durch entsprechende Änderungen des Elastizitätsmoduls weitgehend kompensiert werden.

Holz zeigt dabei ein von üblichen Baustoffen etwas abweichendes Verhalten, weil es, bezogen auf sein Raumgewicht, relativ steif ist. Seine Schalldämmung kann deshalb bei flächenbezogenen Massen von etwa 10 bis 20 kg/m^2 etwas niedriger sein als den Kurven in Abb. A 7 entspricht, vgl. Kurven a und b in Abb. A 12.

Bisher ist von relativ dünnen Platten gesprochen worden, bei denen eine geringe Biegesteife vorteilhaft ist. Bei dicken Wänden, z. B. 240 mm dickem Mauerwerk, sind dagegen die Verhältnisse umgekehrt. Hier ist eine hohe Steifigkeit schalltechnisch günstig. Allerdings ist dieser Einfluß nicht sehr groß, Näheres siehe[12]).

4.2.1.3 Einfluß von Inhomogenitäten

Meist wird angenommen, daß eine Wand, gleichgültig wie sie aufgebaut ist, keine schlechtere Dämmung aufweisen könne als nach Abb. A 7 auf Grund ihrer flächenbezogenen Masse zu erwarten

---

[12]) Gösele, K., „Die Luftschalldämmung von einschaligen Trennwänden und Decken", Acustica 20, 1968, S. 334.

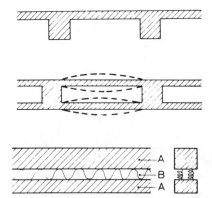

Das Aufsetzen von einzelnen Massen macht eine Wand oder Decke schwerer, ohne die Schalldämmung nennenswert zu erhöhen (Aussage bei tiefen Frequenzen nicht zutreffend).

Resonanz einzelner, schwingungsfähiger Platten, verursacht durch große Hohlräume

Resonanz durch mehrschichtigen Aufbau, zwei steife Schichten A und eine mäßig weichfedernde Schicht B

Abb. A 11: Ursachen für die Verschlechterung der Schalldämmung inhomogen aufgebauter, einschaliger Wände und Decken gegenüber gleich schweren, homogenen Bauteilen.

ist. Dies trifft durchaus nicht zu. Es sind vor allem die beiden folgenden Gründe, die zu Abweichungen führen können:
1. ungleichmäßige Massenverteilung,
2. Resonanzeigenschaften von Teilen der Wand.
Werden auf eine Platte einzelne, weit auseinander liegende, punktförmige Massen aufgesetzt, dann wird dadurch die Schalldämmung nicht nennenswert erhöht, obwohl dadurch die mittlere flächenbezogene Masse unter Umständen stark zugenommen hat. Dies hat R. Berger schon vor etwa 70 Jahren gezeigt. Nicht die mittlere flächenbezogene Masse sondern die der leichten Stellen ist für die Schalldämmung in erster Linie maßgeblich, sofern diese Stellen die hauptsächliche Fläche darstellen.
Die zweitgenannte Ursache für eine Verschlechterung der Dämmung, durch Resonanzerscheinungen, kann dann auftreten, wenn eine Wand größere Hohlräume hat. Die einzelnen massiven Teilstücke der Wand können Resonanzen besitzen, wodurch die Schalldämmung verschlechtert wird. Dabei treten besonders hohe Schwingungsamplituden auf, wie dies Abb. A 11 schematisch zeigt. Hohlräume haben deshalb in der Regel keine Vorteile, sondern unter Umständen sogar erhebliche akustische Nachteile. Je kleiner die Hohlräume sind, um so geringer ist die Gefahr von derartigen Resonanzen. Hohlräume mit Abmessungen von einigen Zentimetern sind unschädlich, siehe jedoch Abschnitt 4.2.1.5. Auch bei mehrschichtigem Aufbau von Wänden, nach Abb. A 11 (unten), können unter bestimmten, unglücklichen Umständen Resonanzen auftreten, die zu einer starken Verschlechterung der Schalldämmung führen. Sie ergeben sich dann, wenn zwischen zwei relativ steifen Schichten A, z. B. Mauerwerk, Beton, Putzschalen, eine federnde Schicht B bestimmter Steife eingebracht wird. Die landläufige Meinung – herrührend von einer mißverständlichen Deutung bestimmter theoretischer Überlegungen – wonach die wechselnde Anordnung „schallharter" und „schallweicher" Schichten die Schalldämmung verbessere, ist oft nicht richtig.

Zusammenfassend muß davor gewarnt werden, bei bisher unbekannten Bauarten die zu erwartende Schalldämmung aus der flächenbezogenen Masse nach Abb. A 7 abzuschätzen, sofern nicht ein weitgehend homogener Aufbau vorliegt.

4.2.1.4 Einfluß der Materialdämpfung

Schließlich muß hier noch ein Einfluß erwähnt werden, dem man lange Zeit wenig Bedeutung beigemessen hat, das ist die innere Dämpfung oder sog. Materialdämpfung. Man versteht darunter die Eigenschaft eines Materials, bei jeder Schwingung einen Teil der Schwingungsenergie in Wärme

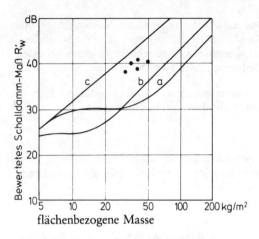

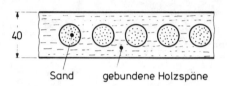

Abb. A 12: Bedeutung der Materialdämpfung für die Luftschalldämmung einschaliger Platten. Beispiel: Röhrenspanplatten mit losem Sand (stark dämpfend) in Röhren, siehe Meßpunkte. Zum Vergleich: Gewichtskurven für einschalige Platten.
a: Gips, Beton o. ä.
b: Holzwerkstoffe
c: für biegeweiche Platten (Rechnung)

umzuwandeln und damit der Schwingung Energie zu entziehen. Theoretische und experimentelle Untersuchungen[12]) haben gezeigt, daß die Schalldämmung von Bauteilen bei und oberhalb ihrer Grenzfrequenz mit zunehmender Materialdämpfung besser wird. Zum Beispiel hat eine sandgefüllte Röhrenspanplatte eine um etwa 5 dB höhere Luftschalldämmung als ihrer flächenbezogenen Masse entspricht. Dies ist aus Abb. A 12 zu entnehmen.

Eine besondere Bedeutung hat diese Materialdämpfung bei Bauteilen aus Gasbeton gewonnen, der eine ungefähr 2–3 mal so hohe Materialdämpfung aufweist wie andere Baustoffe, z. B. Ziegel, Beton u. ä.. Zahlreiche Messungen haben eine Verbesserung der Schalldämmung gegenüber gleich schweren Wänden aus anderen Baustoffen von 2–4 dB ergeben, siehe Abb. A 13.

Auch bei Leichtbeton unter Verwendung von Blähton sind Verbesserungen beobachtet worden.

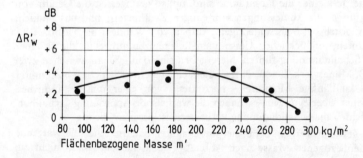

Abb. A 13: Unterschied R'_w des im Prüfstand gemessenen, bewerteten Schalldämm-Maßes von einschaligen Gasbetonwänden gegenüber den Werten der „Gewichtskurve" nach Abb. A 7.

---

[12]) siehe Fußnote [8]).

4.2.1.5 Einfluß von Dickenresonanzen

Neuerdings ist bei Außenwänden mit geringem Raumgewicht beobachtet worden, daß die Schalldämmung mit zunehmender Wanddicke nicht mehr zunimmt. Dies gilt vor allem für die hohen Frequenzen, siehe Abb. A 14. Es ist auf das Auftreten von Dickenresonanzen senkrecht zur Wandoberfläche zurückzuführen. Die Grundresonanz f_R tritt in der Nähe der folgenden Frequenzen auf:

$$f_R = \frac{c_L}{2 \cdot d} = \frac{1}{2 \cdot d} \sqrt{\frac{E}{\varrho}} \tag{A 8}$$

Dabei bedeuten:

c_L: Longitudinalwellengeschwindigkeit (senkrecht zur Wandfläche)
E: E-Modul des Wandmaterials senkrecht zur Wandfläche
ϱ: Dichte des Wandmaterials
d: Dicke der Wand

In Abb. A 14 ist ein typisches Beispiel gezeigt. Bei leichten, gelochten Steinen tritt dieser Effekt ausgeprägt auf, wobei die Art der Lochausbildung und ein dadurch bedingter unterschiedlicher E-Modul senkrecht und parallel zur Wandfläche von Bedeutung sind.

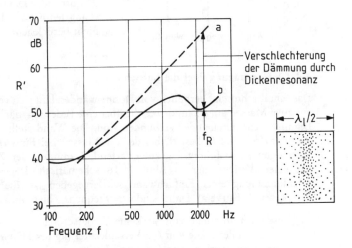

Abb. A 14: Schalldämmung zweier Einfachwände mit gleicher flächenbezogener Masse.
a: dünne Wand mit hohem Raumgewicht
b: dicke Wand mit geringem Raumgewicht
Ursache der Abweichung: Dickenresonanz f_R bei der dicken Wand, siehe Skizze.

4.2.1.6 Rechenwerte nach DIN 4109

Die in Abb. A 7 eingetragenen Werte stellen Mittelwerte dar, die an einer größeren Zahl von Wänden, meist in Prüfständen gewonnen worden sind, siehe Gösele[13]. Von diesen Mittelwerten können im Einzelfall kleinere Abweichungen zu höheren wie zu tieferen Werten auftreten, bedingt durch Einflüsse der Längsleitung, aber auch durch Unterschiede im Elastizitätsmodul und der Materialdämpfung. Deshalb ist in DIN 4109, Ausgabe 1989 ein Sicherheitsabschlag in Höhe von 2 dB gegenüber den Meßwerten in Prüfständen vorgesehen, siehe Gerade a in Abb. A 7. Dieser Sicherheitsabschlag – als Vorhaltemaß bezeichnet – ist nach DIN 4109 in Zukunft bei allen Meßwerten aus Prüfständen zu machen.

[13]) siehe Fußnote [8]).

4.2.2 Zweischalige Wände

Bei einschaligen Wänden ist für eine gute Schalldämmung zwangsläufig eine große flächenbezogene Masse nötig, die oft lästig ist. Diese große Masse kann unter Umständen vermieden werden, wenn man die Wände zweischalig ausbildet. Darunter versteht man Wände, die aus zwei einzelnen, durch eine Luftschicht voneinander getrennten Schalen – (1) und (2) in Abb. A 15 – bestehen. Die Luftschicht (3) kann auch durch eine weichfedernde Dämmschicht ersetzt werden. Die Trennung zwischen den Wandschalen kann bei einer praktisch ausgeführten Wand meist nicht vollkommen sein. Die beiden Schalen haben über die gemeinsame Einspannung am Rande stets eine feste Verbindung (ausgenommen schwimmende Estriche bei Decken); oft sind sie außerdem noch über einzelne Stege oder Rippen miteinander verbunden. Die Schallübertragung bei einer derartigen Wand verläuft dann auf verschiedenen Wegen, die in Abb. A 15 schematisch dargestellt und mit Weg A, B und C bezeichnet sind. Bei einer schalltechnisch vorteilhaften Doppelwand muß darauf gesehen werden, daß nicht nur auf einem der drei Wege eine geringe Übertragung vorhanden ist. Vielmehr entscheidet jeweils die stärkste Übertragung auf einem dieser Wege über die erreichbare Schalldämmung. Im folgenden werden die Gesetzmäßigkeiten der einzelnen Übertragungswege besprochen.

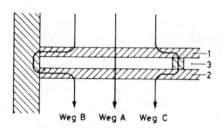

Abb. A 15: Zu unterscheidende Wege der Schallübertragung bei Doppelwänden.
1, 2: Wandschalen
3: Luft- oder Dämmschicht
(Längsleitung auf den Wegen 2, 3 und 4 nach Abb. A 25 nicht berücksichtigt)

4.2.2.1 Übertragung über die Luftschicht

Das schalltechnische Verhalten von Doppelwänden läßt sich verstehen, wenn man sich die Wand als aus zwei Massen aufgebaut denkt, die über eine Federung, nämlich die als Feder wirkende Luft- oder Dämmschicht miteinander verbunden sind. Die Wand stellt ein Schwingungssystem dar, das eine Resonanzfrequenz f_R besitzt, bei der die Massen bei Einwirken eines Wechseldrucks sehr starke Schwingungen ausführen. Die zu erwartende Dämmung der Wand, bei Wegfall der Wege B und C, hat einen Verlauf, der in Abb. A 16 schematisch dargestellt ist, wobei zum Vergleich die Schalldämmung einer Einfachwand wiedergegeben ist, die dieselbe Gesamtmasse hat wie die Doppelwand (Kurve a). Dabei sind drei Frequenzgebiete im Dämmungsverlauf festzustellen:

wesentlich unterhalb von f_R: keine Verbesserung
in der Nähe von f_R: Verschlechterung der Dämmung
genügend oberhalb von f_R: große Verbesserung

Resonanzfrequenz

Wenn Doppelwände einen schalltechnischen Vorteil haben sollen, muß deshalb die Resonanzfrequenz genügend tief, möglichst an der unteren Grenze des interessierenden Frequenzbereiches liegen. Die Resonanzfrequenz ist um so niedriger, je schwerer die Schalen und je größer der Luftabstand bzw. je geringer die Steifigkeit der Dämmschicht ist. Im einzelnen berechnet sie sich nach Tafel A 11. Dabei ist zwischen dem Verhalten von biege weichen und biege steifen Schalen zu unterscheiden, siehe[14]).

---

[14]) Gösele, K. „Berechnung der Luftschalldämmung von doppelschaligen Bauteilen" Acustica 45, 1980, S. 208.

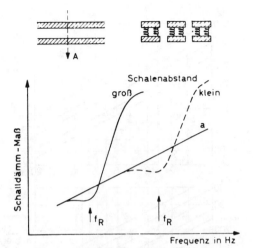

Abb. A 16: Die Schalldämmung von Doppelwänden bei verschieden großen Abständen der Wandschalen bei alleiniger Übertragung auf dem Weg A nach Abb. A 15

a: zum Vergleich Schalldämmung einer gleich schweren, einschaligen Wand.

Der Luftabstand zwischen den Wandschalen einer Doppelwand muß genügend groß sein; sonst ist er akustisch unwirksam.

Tafel A 11: Resonanzfrequenz von Doppelwänden

zwischen den Schalen	Resonanzfrequenz f_R in Hz		
	zwei gleiche Schalen		leichte (biegeweiche) Vorsatzschale vor schwerem Bauteil
	Schalen biegeweich m'	Schalen biegesteif m'	m'
Luftschicht mit schallschluckender Einlage, z. B. Fasermatten	$= \dfrac{900}{\sqrt{m' \cdot d}}$ Hz	$\approx \dfrac{3400}{\sqrt{m' \cdot d}}$ Hz	$= \dfrac{650}{\sqrt{m' \cdot d}}$ Hz
Dämmschicht mit beiden Schalen vollflächig verbunden	$= 270 \sqrt{\dfrac{s'}{m'}}$ Hz	$\approx 900 \sqrt{\dfrac{s'}{m'}}$ Hz	$= 190 \sqrt{\dfrac{s'}{m'}}$ Hz

f_R : Resonanzfrequenz in Hz
m' : flächenbezogene Masse der Vorsatzschale bzw. der Einzelschale in kg/m²
d : Schalenabstand in cm
s' : dynamische Steifigkeit der Dämmschicht in MN/m³

In Abb. A 17 sind die Werte der Resonanzfrequenz für Doppelwände mit gleich dicken Schalen abhängig vom Schalenabstand und der flächenbezogenen Masse m' einer Schale in Diagrammen dargestellt. Daraus kann der mindesterforderliche Schalenabstand entnommen werden, wenn man voraussetzt, daß die Resonanzfrequenz möglichst nicht wesentlich höher als 100 Hz sein soll. Dies soll im folgenden an zwei Beispielen erläutert werden.

Beispiel 1: Wie groß sollte der Schalenabstand zwischen zwei 12,5 mm dicken Gipskartonplatten ($m' = 12$ kg/m²) sein, damit die Resonanzfrequenz 100 Hz beträgt? Nach oberem Diagramm in Abb. A 17 ca. 7 cm.

Beispiel 2: Eine Haustrennwand aus 240 mm Hochlochziegelsteinen ($m' = 320$ kg/m²) benötigt nach unterem Diagramm in Abb. A 17 einen Schalenabstand von etwa 3,5 cm. Es wäre somit ein größerer Abstand erwünscht, als bisher üblich (1 bis 2 cm). Allerdings ist es bei so schweren Wänden nicht unbedingt erforderlich, daß die Resonanzfrequenz 100 Hz oder weniger beträgt.

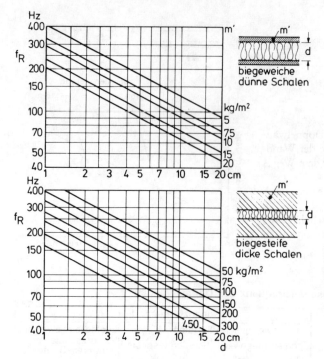

Abb. A 17: Resonanzfrequenz f_R von doppelschaligen Wänden mit (etwa) gleichdicken Schalen, abhängig vom Schalenabstand d.
oben:
    für biegeweiche Schalen
unten:
    für biegesteife Schalen

Dämpfung des Hohlraumes

Die obigen Beziehungen für die Resonanzfrequenz f_R bzw. den Mindestabstand gelten nur, wenn im Wandhohlraum ein genügend hoher Strömungswiderstand vorhanden ist, wie er am einfachsten durch das Einbringen von Faserdämmstoffen erzielt werden kann.

Die günstige Wirkung einer Füllung des Hohlraumes ist aus Abb. A 18 zu entnehmen. Die Schalldämmung bei leerem Hohlraum ist um 10 bis 15 dB geringer als bei Füllung mit einem Material genügend hohen Strömungswiderstandes. Dieser soll mindestens $5 \cdot 10^3$ bis 10^4 Ns/m^4 betragen[15]). E. Meyer[16]) hat gezeigt, daß unter Umständen nicht der ganze Hohlraum gefüllt werden muß, daß es vielmehr ausreicht, wenn nur die Ränder des Hohlraumes mit Mineralwolle versehen sind. Allerdings haben eingehende Versuche[15]) ergeben, daß durch eine Randdämpfung nicht die volle Wirkung der Hohlraumfüllung erreicht werden kann, siehe Abb. A 18 Kurve b. Ebenso ist die Wirkung nicht voll vorhanden, wenn in einem breiten Hohlraum nur eine dünne Matte eingelegt wird.

Schließlich soll noch darauf hingewiesen werden, daß sehr dichte Materialien, auch wenn sie porös sind, in diesem Sinne unwirksam sind. Beispielsweise ist das Einlegen von Hartschaumplatten in den Hohlraum von Doppelwänden akustisch wertlos, ja sogar schädlich.

Die sehr große Verbesserung der Schalldämmung durch einen doppelschaligen Aufbau ist aus Abb. A 18 zu entnehmen, wenn man die Werte für die einschalige Platte (Kurve d) mit den Werten der doppelschaligen Anordnung (Kurve c) vergleicht.

[15]) Näheres Gösele K. und U. Gösele „Einfluß der Hohlraumdämpfung auf die Steifigkeit von Luftschichten bei Doppelwänden". Acustica 38, 1977, S. 159.
[16]) Meyer, E. „Die Mehrfachwand als akustisch-mechanische Drosselkette". El. Nachrichtentechnik 12, 1935, S. 393.

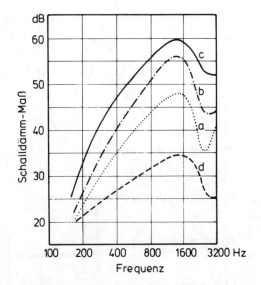

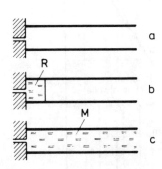

Abb. A 18: Einfluß der Hohlraumdämpfung auf die Schalldämmung von Doppelwänden
Beispiel: 12,5 mm Gipskartonplatten in 50 mm Abstand
    a: Hohlraum leer
    b: mit Randdämpfung R
    c: Hohlraum mit Mineralwolle M
    d: zum Vergleich einfache Gipskartonschale
Messung in einem Prüfstand ohne Schall-Nebenwege

Berechnung der Schalldämmung

Das Schalldämm-Maß R einer doppelschaligen Wand mit gedämpftem Hohlraum läßt sich anhand eines modifizierten Masse-Feder-Modells nach Abb. A 16 näherungsweise folgendermaßen berechnen[14]):

$$R = R_1 + R_2 + 20\ lg\ \frac{4\pi\ f \cdot d}{c} \quad \text{für}\ \ f > f_R\ \text{und} < c/4d \qquad \text{(A 9)}$$

$$R = R_1 + R_2 + \ 6\ dB \qquad\qquad\qquad f > c/4d \qquad\qquad \text{(A 10)}$$

wobei bedeuten:
R_1, R_2: Schalldämm-Maß der ersten bzw. der zweiten Schale
    f: Frequenz
    c: Schallgeschwindigkeit in Luft (340 m/s)
    d: Schalenabstand

Voraussetzung ist somit die Kenntnis der Schalldämm-Maße R_1 und R_2 der beiden Schalen als Einfachwände. In Abb. A 19 sind zwei Beispiele für die Übereinstimmung von Rechnung und Messung gezeigt. Es sei ausdrücklich bemerkt, daß diese Rechnung nur für die Übertragung über den Lufthohlraum gilt.

[14]) siehe Fußnote auf S. 42.

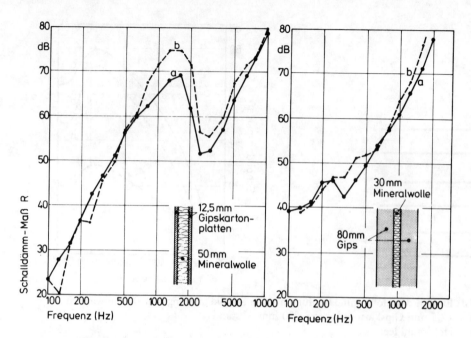

Abb. A 19: Vergleich von Messung und Rechnung bei zwei Doppelwänden, links biegeweiche Schalen, rechts biegesteife Schalen   a = Messung   b = Rechnung

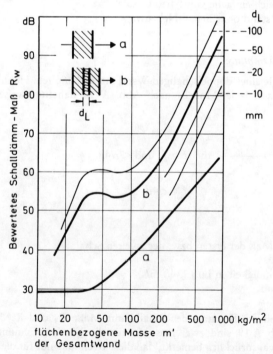

Abb. A 20: Bewertetes Schalldämm-Maß R_w von doppelschaligen Wänden aus (etwa) gleichen Schalen, abhängig von der flächenbezogenen Masse m' der Gesamtwand und dem Schalenabstand d_L als Parameter (Kurvenschar b), zum Vergleich: Verhalten einschaliger Wände (Kurve a)

Man kann unter Benutzung dieser Rechnung auch das bewertete Schalldämm-Maß R_w von Doppelwänden (mit gleich schweren Schalen) berechnen. Das Ergebnis ist in Abb. A 20, abhängig von der flächenbezogenen Masse, der Gesamtwand aufgetragen, wobei als Parameter der Schalenabstand d_L verwendet ist. Zum Vergleich ist die Dämmung einer Einfachwand mit angegeben (Kurve a). Man kann daraus entnehmen, daß das R_w von Doppelwänden mit der Masse stark zunimmt, um dann oberhalb von etwa 40 kg/m² bis 100 kg/m² etwa konstant zu bleiben (Einfluß der Grenzfrequenz der Wandschalen). Oberhalb der genannten Werte nimmt die Dämmung wiederum stark mit der flächenbezogenen Masse zu. Schließlich ist auch der große Einfluß des Schalenabstandes aus Abb. A 20 zu entnehmen.

4.2.2.2 Übertragung über die Randeinspannung

Die Übertragung auf dem Weg B über die gemeinsame Randeinspannung in Abb. A 15 kann bei einer Doppelwand relativ groß sein und die Übertragung auf dem Weg A übertreffen. Sie kann klein gehalten werden, wenn eine der drei folgenden Maßnahmen ergriffen wird:

Verwenden einer biegeweichen Schale
Körperschall-Isolierung an den Einspannstellen
hohe Materialdämpfung der Schalen

Bevor hier die erstgenannte Maßnahme näher erläutert wird, sei auf einen wichtigen Effekt der Bauakustik kurz eingegangen.

Der Abstrahleffekt

Werden verschieden dicke Wandschalen zu gleich großen Biegeschwingungen erregt, so strahlen sie durchaus nicht in jedem Fall gleich viel Schallenergie in einen angrenzenden Raum ab (Abb. A 21). Die Abstrahlung hängt von der Frequenz ab, wobei dünne Wandschalen weit weniger abstrahlen als dicke Schalen. Dies soll Abb. A 21 verdeutlichen, wo der Schallpegel aufgetragen ist, der in einem Raum entsteht, der mit der betrachteten, zu Schwingungen erregten Wandschale abgeschlossen ist. Eine als Beispiel gewählte 12 cm dicke Stahlbetonplatte strahlt über den ganzen gezeichneten Frequenzbereich gleich viel ab, während eine 1 cm dicke Gipsplatte zwischen 100 und 1 000 Hz

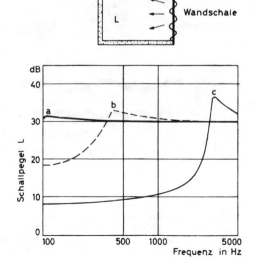

Abb. A 21: Abstrahlverhalten von verschiedenen Wandschalen.
Die Schalen sind zu gleich großen, freien Biegeschwingungen angeregt; aufgetragen ist der abgestrahlte Luftschallpegel (Relativwerte).
a: 12 cm Normalbeton
   (f_{gr} = 120 Hz)
b: 7 cm Gipsplatte
   (f_{gr} = 400 Hz)
c: 1 cm Gipsplatte
   (f_{gr} = 3000 Hz)
(Rechnung für 3 m × 3 m große Wand)

einen um etwa 20 dB niedrigeren Schallpegel erzeugt, obwohl sie gleich große Schwingungsamplituden hat wie die Betonplatte. Oberhalb 1 000 Hz nimmt allerdings der von der Gipsplatte herrührende Schallpegel höhere Werte an. Bei der Grenzfrequenz der Gipsplatte, bei $f_{gr} = 3\,000$ Hz, ist der Schallpegel sogar größer als der von der Betonplatte herrührende. Die besonders geringe Schallabstrahlung der dünnen Gipsplatte tritt dann auf, wenn die Wellenlänge der Biegeschwingungen auf der Platte kleiner ist als die Wellenlänge des Luftschalls gleicher Frequenz. Die Wirkung[17]) beruht – anschaulich ausgedrückt – darauf, daß die unmittelbar vor der schwingenden Wand auftretenden Über- und Unterdruckzonen – vgl. Abb. A 22 – bei den kleinen Biegewellenlängen so nahe beieinander liegen, daß sich ihre Wirkung auf den Raum weitgehend aufhebt („akustischer Kurzschluß"). Sobald diese Zonen genügend weit auseinander liegen, fällt dieser „Kurzschluß" weg. Auf diesem anomalen Abstrahlverhalten, von Platten unterhalb ihrer Grenzfrequenz beruht die große Bedeutung von „biegeweichen" Schalen für den Schallschutz, vor allem im Bauwesen. Wann Schalen als biegeweich im akustischen Sinne anzusprechen sind, ist für einige Baustoffe aus Abb. A 9 zu entnehmen. Dort ist der Dickenbereich für biegeweiche Schalen durch Schraffur hervorgehoben.

Verhalten von biegeweichen Schalen bei Doppelwänden

Wird die auf der „leisen" Seite befindliche Wandschale einer Doppelwand, wie Abb. A 22 zeigt, über die flankierenden Bauteile hinweg zu Biegeschwingungen angeregt, so ist die Wellenlänge der Biegeschwingungen (λ_{B_1} bzw. λ_{B_2}) verschieden groß, je nach der Biegesteife der Schalen. Bei kleiner Dicke (bzw. Steife), d. h. hoher Grenzfrequenz nach Abschnitt 4.2.1 sind die Wellenlängen klein, bei großer Dicke dagegen groß. Im erstgenannten Fall wird dann anomal wenig Schallenergie in den Raum abgestrahlt, im zweiten Fall dagegen in normaler Weise. Das heißt aber, daß bei dünnen Wandschalen der auf dem Weg über die Einspannung übertragene Körperschall viel weniger schädlich ist als bei der dicken Wandschale. Dünne, biegeweiche Wandschalen mit hoher Grenzfrequenz sind somit gegenüber einer Körperschallübertragung von den Einspannstellen her ziemlich unempfindlich[18]).

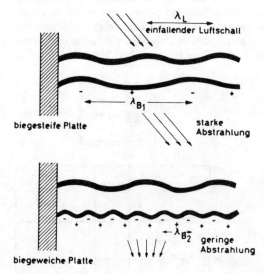

Abb. A 22: Zur Wirkungsweise von biegeweichen Schalen bei Doppelwänden.
Der über die Randeinspannung (Weg B) oder auch über Verbindungen zwischen den Schalen (Weg C) übertragene Körperschall regt bei biegeweichen Schalen kürzere Biegewellen (λ_{B_2}) an, die zu einer geringeren Schallabstrahlung führen als die größeren Biegewellenlängen (λ_{B_1}) bei steifen Schalen.
Die vor den zweiten Wandschalen eingetragenen + und – Zeichen sollen die Über- und Unterdruckzonen in der Luft vor den Schalen darstellen.

[17]) vgl. Cremer, L. „Wissenschaftliche Grundlagen der Raumakustik", Band III, S. 196, Verlag Hirzel, Leipzig 1950.
Gösele, K. „Schallabstrahlung von Platten, die zu Biegeschwingungen angeregt sind", Acustica, 1953, S. 243,
Gösele, K. „Abstrahlverhalten von Wänden", VDI-Berichte, Band 8, 1956, S. 50/54.
Cremer L. u. M. Heckl, „Körperschall" 1967, Springer-Verlag, Berlin.
[18]) Gösele, K. „Über die Schalldämmung von Leichtwänden", Schriftenreihe der FBW, Heft 14/1951.

Von den oben weiter angeführten beiden Möglichkeiten zur Unterdrückung der Schallübertragung auf dem Weg B ist die Verwendung von Dämmstreifen an den Einspannstellen bisher noch nicht genauer untersucht worden, so daß noch keine Angaben über die erforderlichen Eigenschaften der Dämmstreifen gemacht werden können. Sicher ist jedoch, daß z. B. Streifen aus 0,5–1 cm dicken Mineralfaserplatten ausreichend wirksam sind. Allerdings hat sich auch gezeigt, daß derartige Randisolierungen bei Wänden aus zwei gleich dicken, steifen Wandschalen aus anderen Gründen unbrauchbar sind und unter Umständen die Schalldämmung verschlechtern[19]. Dies ist darauf zurückzuführen, daß durch die Randisolierung die Übertragung auf dem Weg A – über den Lufthohlraum hinweg – vergrößert wird[20].

Die dritte Möglichkeit – Erhöhung der Materialdämpfung – hat zu guten Erfolgen geführt[20]. Die hohe Dämpfung wurde durch Hohlräume in den Wandplatten erzielt, die mit Sand gefüllt werden. Aber auch das Anbringen von Streifen aus körperschalldämpfendem Material (z. B. Bitumenfilz) zwischen der Wandschale und den angrenzenden Bauteilen ergibt eine Verbesserung[20].

4.2.2.3 Übertragung über Verbindungen zwischen den Schalen

Liegt neben den Wegen A und B noch eine unmittelbare Verbindung zwischen den Wandschalen auf dem Weg C vor, dann findet eine erhebliche Körperschall-Übertragung von einer Wandschale zur anderen statt. Derartige Verbindungen zwischen zwei Wand- oder Deckenschalen werden als *Schallbrücken* bezeichnet. Die Übertragung ist dabei so stark, daß derartige Wände oft eine schlechtere Schalldämmung aufweisen als eine gleich schwere einschalige Wand. Dies gilt allerdings nur dann, wenn wir es mit steifen Schalen zu tun haben. Sobald die oben besprochenen biegeweichen Schalen verwendet und gleichzeitig nicht allzu steif mit der ersten Schale verbunden werden, ergibt sich – trotz einer solchen Verbindung – eine Verbesserung der Schalldämmung gegenüber einer gleichschweren einschaligen Wand. Bei dünnen, biegeweichen Schalen hat sich in den letzten Jahren eine weitere Möglichkeit zur Verminderung der Wirkung der Schallübertragung über Körperschallbrücken ergeben, das ist die Beschwerung der Innenseite der Schalen mit einem Material, das eine gewisse Masse (5–10 kg/m^2), keine nennenswerte Biegesteifigkeit und außerdem eine gewisse Materialdämpfung hat, siehe Abb. A 23. Damit kann eine Verbesserung von etwa 5–10 dB erreicht werden. Als Beschwerungsmaterial kann verwendet werden Gummi, Bleiblech, Bitumenpappen, Sand (in Hohlräumen gehalten). Nicht ganz so wirksam sind Gipskartonplatten, Hartfaserplatten o. ä., die nur an wenigen Stellen an die Innenseite der Schale angeheftet oder angeklebt werden.

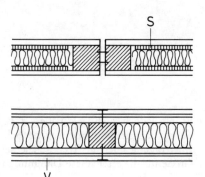

Abb. A 23: Verbesserung der Schalldämmung bei zweischaligen Trennwänden durch „Aufdoppelung" von Verkleidungsplatten V (unten) oder durch Beschwerung mit biegeweichen Platten S starker Dämpfung (oben).

[19]) Siehe Eisenberg, A. „Schalldämmung von Doppelwänden aus Leichtbeton in Schallschutz von Bauteilen" 1960, Verlag W. Ernst & Sohn.
[20]) Gösele, K. und R. Jehle „Verbesserung der Schalldämmung von Doppelwänden aus biegesteifen Schalen". Die Bauzeitung, 1959, Heft 7 und 9 und Schriftenreihe der FBW, Heft 58/1959.
Gösele, K. „Schalldämmende Wände aus biegesteifen Schalen". FBW-Blätter, Folge 1, 1967.
„Schalldämmende Doppelwände aus biegesteifen Schalen". Betonstein-Zeitung 35, 1969, S. 296.

Sofern möglich, können derartige zusätzliche Platten auch außenseitig angeheftet oder angeschraubt werden. Das führt dann zur sog. Aufdoppelung der Schalen, wie es vor allem bei Gipskartonplatten angewandt wird. Zwei derartige, nur punktweise miteinander verbundene Platten sind schalltechnisch wesentlich wirksamer als eine gleichschwere Einfachschale, weil die erstgenannte Ausführung eine geringere Biegesteifigkeit und eine höhere Materialdämpfung (durch die dazwischen befindliche dünne Luftschicht) besitzt als die Einfachschale.

Zusammenfassend ist festzustellen, daß derartige Schallbrücken bei Doppelwänden störend wirken und daß ihre ungünstige Wirkung nur bei Verwendung biegeweicher Schalen zu einem Teil unterdrückt werden kann.

4.2.3 Schall-Längsleitung

4.2.3.1 Allgemeines

Die durch Luftschall angeregten Biegeschwingungen eines Bauteils beschränken sich nicht nur auf das unmittelbar angeregte Bauteil. Sie wandern vielmehr in Nachbarbauteile weiter (siehe Abb. A 24) und führen im Nachbarraum zu einer Schallabstrahlung. Neben der Schallübertragung über das trennende Bauteil muß deshalb auch diese Längsübertragung über flankierende Bauteile berücksichtigt werden. Dieser Einfluß ist je nach Art des trennenden Bauteils verschieden groß. Bei einschaligen Trennwänden beträgt der Unterschied des Schalldämm-Maßes „ohne" und „mit" Berücksichtigung der flankierenden Bauteile etwa 1–3 dB. Der Unterschied ist somit nur eine verhältnismäßig kleine Korrektur, wobei man diesen mit Längsleitung gemessenen Wert mit R'_w bezeichnet.

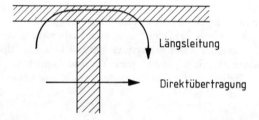

Abb. A 24: Neben der Direktübertragung durch eine Trennwand auch die Längsleitung über flankierende Bauteile.

Es gibt jedoch auch viele Fälle – z. B. bei einer Massivdecke mit schwimmendem Estrich – wo die durch Längsleitung übertragene Schall-Leistung um 15–20 dB größer ist als die unmittelbare Übertragung über die Trennfläche selbst. Dabei ist dann die Längsleitung die allein maßgebliche Größe für die erreichbare Dämmung und keine Korrekturgröße mehr.

4.2.3.2 Definition

Die Längsleitung erfolgt in massiven Bauten auf vier verschiedenen Wegen, die in Abb. A 25 dargestellt sind. Früher sind sie mit Weg 1–4 bezeichnet worden, später nach DIN 52217 mit Ff, Fd, Df und Dd, wobei die Buchstaben F bzw. f für flankierendes Bauteil, D bzw. d für trennendes Bauteil („direkt") stehen. In vielen Fällen stören jedoch die Doppel-Indices, so daß noch die früher üblichen Bezeichnungen 1–4 verwendet werden.

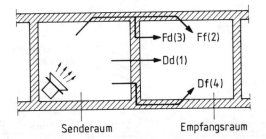

Abb. A 25: Schematische Darstellung der verschiedenen Wege der Schallübertragung mit Kurzzeichen (in Klammern gesetzte Bezeichnung ersatzweise verwendet).

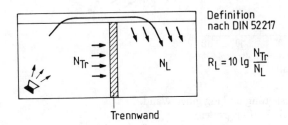

Abb. A 26: Zur Definition des Längsdämm-Maßes.

Zahlenmäßig gekennzeichnet wird die Längsdämmung durch das Schall-Längsdämm-Maß R_L bzw. das Flankendämm-Maß folgendermaßen siehe Abb. A 26:

$$R_L = 10 \lg \frac{N_{Tr}}{N_L} \tag{A 11}$$

wobei N_{Tr} die auf die Trennwand einfallende Schall-Leistung und N_L die von der Längswand abgestrahlte Schall-Leistung darstellt.
Der Bezug der anfallenden Schall-Leistung auf die Fläche der Trennwand oder decke und nicht auf die flankierende Wand hat praktische Gründe.

4.2.3.3 Gesetzmäßigkeiten

Man muß dabei zwischen den Verhältnissen bei Massivbauten mit tragenden Massivwänden und bei Skelettbauten unterscheiden.

4.2.3.3.1 In Massivbauten

Bei Massivbauten ergibt sich das bewertete Längsdämm-Maß R_{Lw}[21]:

$$R_{Lw} = R_{1w} + D_{V_2} \tag{A 12}$$

Dabei ist R_{1w} das bewertete Schalldämm-Maß des betrachteten Längsbauteils bei direktem Schalldurchgang, wie es in etwa aus Abb. A 7 entnommen werden kann. D_{V_2} stellt das sog.

---

[21]) Gösele, K. „Berechnung der Luftschalldämmung in Massivdecken unter Berücksichtigung der Schall-Längsleitung", Bauphysik 6, (1984), S. 79–84 und S. 121–126.

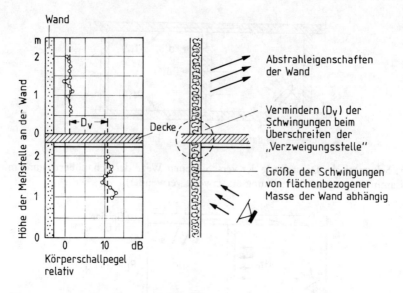

Abb. A 27: Zur Längsleitung entlang einer Wand.
rechts: Die Einflußgrößen
links: Ein Meßbeispiel für die Größe der Verzweigungsdämmung D_{V_2}.

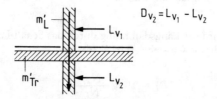

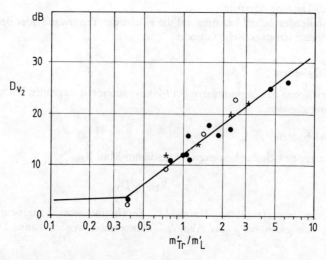

Abb. A 28: Abhängigkeit des Verzweigungsdämm-Maßes D_{V_2} von dem Verhältnis m'_{Tr}/m'_L der flächenbezogenen Massen von Längs- und Querbauteil.

Verzweigungs-Dämm-Maß dar, nämlich die Abnahme des Körperschall-Schnellepegels L_V beim Übertritt vom einen Raum zum anderen, siehe Abb. A 27. D_{V_2} läßt sich näherungsweise in folgender Weise berechnen:

$$D_{V_2} = 20 \lg \frac{m'_{Tr}}{m'_L} + 12 \text{ dB.} \tag{A 13}$$

m'_{Tr}: flächenbezogene Masse der Trennwand oder -Decke
m'_L: flächenbezogene Masse des Längsbauteils

Die Brauchbarkeit der Rechnung ist aus Abb. A 28 durch Vergleich mit Meßwerten zu ersehen. Die Längsdämm-Maße auf den Wegen 3 und 4 bzw. Fd und Df dürfen näherungsweise jeweils gleich groß wie R_{Lw} auf dem Weg 2 bzw Ff gesetzt werden. Als Beispiel ist in Abb. A 29 das bewertete Längsdämm-Maß R'_w für Massiv-Plattendecken der Dicke d_D abhängig von der mittleren flächenbezogenen Masse m'_L der flankierenden Wände dargestellt. Man kann daraus entnehmen, daß die Schalldämmung mit schwerer werdenden Wänden und schwereren Decken zunimmt, wobei die flächenbezogene Masse des trennenden Bauteils von größerem Einfluß ist als die des flankierenden Bauteils.

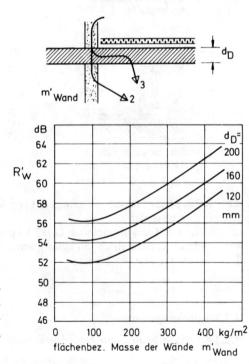

Abb. A 29: Bewertetes Schalldämm-Maß R'_w einer Stahlbeton-Plattendecke der Dicke d_D, mit schwimmendem Estrich, abhängig von der flächenbezogenen Masse m'_{Wand} der Wände (Rechnung nach (25), alle vier Wände gleich schwer angenommen).

4.2.3.3.2 In Skelettbauten

Dort sind die maßgeblichen Einflußgrößen für die Schall-Längsleitung andere als bei Massivbauten mit tragenden Wänden aus folgenden Gründen:
a. Die Längsdämmung hängt – im Gegensatz zum Massivbau – kaum von den Eigenschaften (Masse) der Trennwand ab.

b. Von Bedeutung sind dagegen die meist vorhandenen Fugen des Längsbauteils auf der Höhe der Trennwand.

c. Von entscheidender Bedeutung ist die vergleichsweise geringe Schallabstrahlung der Schwingungen der meist vorhandenen biegeweichen Schalen nach Abb. A 21.

Wie gering die Längsleitung bei dünnen, biegeweichen Schalen im Gegensatz zu biegesteifen Schalen ist, geht aus Abb. A 30 hervor, wo das Schall-Längsdämm-Maß R_L für eine Schale aus Gipskartonplatten und einem schwimmenden Estrich dargestellt ist. Die nur etwa ⅙ so schweren Gipskartonplatten (Kurve a) haben eine im Mittel etwa 15 dB höhere Dämmung als der schwimmend verlegte Estrich (Kurve b).

Angesichts der großen Bedeutung von Fugen und von Versteifungen bei leichten Wandschalen für die Längsleitung ist eine Vorausberechnung von R_{Lw} für Skelettbauten nicht unmittelbar möglich. Man muß deshalb auf Versuchsergebnisse zurückgreifen. In DIN 4109, Beiblatt 1, sind entsprechende Rechenwerte angegeben.

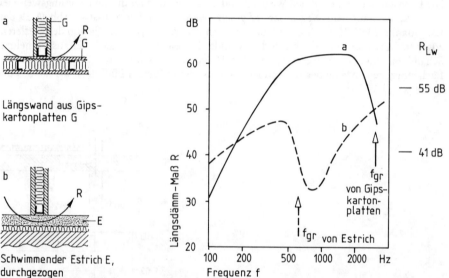

Abb. A 30: Beispiel für die viel geringere Längsleitung bei biegeweichen Schalen von Längsbauteilen gegenüber biegesteifen.
a: 12,5 mm Gipskartonplatten G (12,5 kg/m²) bei einer Längswand
b: 40 mm Zementestrich (80 kg/m²), schwimmend verlegt
↑ f_{gr}: Grenzfrequenz der Schalen.

4.2.3.4 Rechenverfahren

4.2.3.4.1 Massivbauten mit tragenden Wänden

Ein vereinfachtes Verfahren zur Bestimmung von R'_w unter Berücksichtigung der Längsleitung ist nach Gösele[21]) in DIN 4109, Beiblatt 1, angegeben. Danach ergibt sich das bewertete Schalldämm-Maß R'_w:

$$R'_w = R'_{w_{300}} + K_{L_1} + K_{L_2} \qquad (A\ 14)$$

K_{L_1} und K_{L_2} stellen Korrekturwerte dar, die nachstehend noch näher besprochen werden.

$R'_{w_{300}}$ ist das bewertete Schalldämm-Maß der betrachteten Trennwand oder -decke, wenn die flankierenden Bauteile im Mittel 300 kg/m² schwer sind. Die zugehörigen R'_w-Werte sind in Tafel A 11 enthalten.

Dabei werden je nach der Art der Verkleidung verschiedene Typen von Trennwänden oder -decken unterschieden, siehe Tafel A 11.

Tafel A 11: **Das bewertete Schalldämm-Maß $R'_{w_{300}}$ von massiven Trennwänden und -decken, abhängig von ihrer flächenbezogenen Masse m'_{Tr}**
Gültig für eine mittlere flächenbezogene Masse $m'_{L\,\text{Mittel}}$ = 300 kg/m² der Längsbauteile

Trennbauteil	bewertetes Schalldämm-Maß $R'_{w_{300}}$ in dB bei folgenden flächenbezogenen Massen m'_{Tr} der Trennbauteile in kg/m²							
	150	200	250	300	350	400	450	500
einschalige, massive Wände und Decken	41	45	47	49	51	53	54	55
massive Wände mit Vorsatzschale	49	50	52	54	55	56	57	58
massive Decken mit schwimmendem Estrich	49	51	53	55	56	57	58	59
massive Wände, beidseitig verkleidet	52	53	55	57	58	59	60	61
massive Decke mit schwimmendem Estrich und abgehängter Deckenschale	52	54	56	58	59	60	61	62

K_{L_1} stellt eine in Zahlentafel A 12 angegebene Korrektur dafür dar, wenn die flankierenden Bauteile leichter oder schwerer als 300 kg/m² sind. Dazu muß die

$$\boxed{\text{mittlere flächenbezogene Masse } m'_{L\,\text{Mittel}}}$$

der Längsbauteile berechnet werden:

$$m'_{L_{\text{Mittel}}} = \frac{1}{4}\left(m'_{L_1} + m'_{L_2} + m'_{L_3} + m'_{L_4}\right) \qquad (\text{A 15})$$

m'_{L_1}, m'_{L_2} stellen dabei die flächenbezogenen Massen der unverkleideten Flankenbauteile dar. Sind eine oder mehrere Flankenbauteile verkleidet oder bestehen aus biegeweichen Schalen, wird nur über die unverkleideten Massivbauteile gemittelt.

Die Korrektur K_{L_2} berücksichtigt schließlich, ob eine der vier flankierenden Bauteile mit einer Vorsatzschale oder einem schwimmenden Estrich versehen ist oder insgesamt aus biegeweichen Schalen besteht. In diesem Fall findet über dieses Bauteil praktisch keine Längsleitung mehr statt. K_{L_2} ist in Tafel A 13 angegeben.

---

[21]) Siehe Fußnote 21 auf S. 51.

Tafel A 12: Korrekturwert K_{L_1} für von 300 kg/m² abweichende mittlere flächenbezogene Massen $m'_{L_{Mittel}}$ für flankierenden Bauteile

Art des trennenden Bauteils	Korrektur K_{L_1} in dB für mittlere flächenbezogene Massen $m'_{L_{Mittel}}$ in kg/m²						
	100	150	200	250	300	350	400
einschalige, biegesteife Wände und Decken	−2	−1	−1	0	0	0	+1
massive Wände und Decken mit einer oder zwei Vorsatzschalen	−4	−3	−2	−1	0	+1	+2

Tafel A 13: Korrektur K_{L_2}

	Zahl der verkleideten Flankenbauteile		
	1	2	3
K_{L_2}	1 dB	3 dB	6 dB

Die Anwendung der Rechnung wird im folgenden an zwei Beispielen gezeigt.

Gesucht: R'_w für folgende Decke: schwimmender Estrich
160 mm Stahlbetondecke
(m′ = 390 kg/m²)

Beispiel 1   Beispiel 2

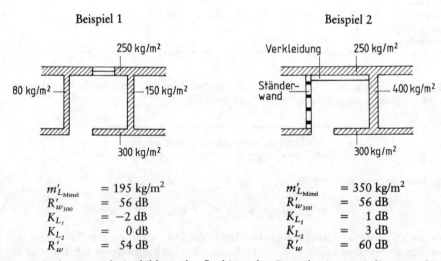

$m'_{L_{Mittel}}$ = 195 kg/m² $m'_{L_{Mittel}}$ = 350 kg/m²
$R'_{w_{300}}$ = 56 dB $R'_{w_{300}}$ = 56 dB
K_{L_1} = −2 dB K_{L_1} = 1 dB
K_{L_2} = 0 dB K_{L_2} = 3 dB
R'_w = 54 dB R'_w = 60 dB

Dieselbe Decke hat je nach Ausbildung der flankierenden Bauteile ein um 6 dB unterschiedliches Schalldämm-Maß R'_w.

Leichte Trennwände oder -decken

Sobald die Trennwände oder -decken leicht, d. h. kleiner als etwa 150 kg/m² sind, beeinflussen sie die Längsleitung der flankierenden Bauteile nicht mehr. Dann muß $m'_{L_{Mittel}}$ in folgender Weise berechnet werden:

56

$$m'_{L_{\text{Mittel}}} = m'_0 \left[\frac{1}{4} \sum^{i=1-4} \left(\frac{m'_{Li}}{m'_0} \right)^{-2,5} \right]^{-0,4}$$
(A 16)

Bei leichten doppelschaligen Wänden und Holzbalkendecken ist die Längsleitung der flankierenden Bauteile von viel größerer Bedeutung als bei schweren Bauteilen. Eine rechnerische Überprüfung ist dabei dringend nötig, siehe DIN 4109, Beiblatt 1, Tabelle 14.

4.2.3.4.2 Skelettbauten

Dafür wird in DIN 4109, Beiblatt 1, für Skelett- und Holzbauten eine für die Planung und Ausschreibung geeignetes vereinfachtes Verfahren[22] folgender Art angegeben.
Angestrebt werde zwischen den Räumen ein zahlenmäßig festgelegtes R'_w.

Dann folgende Dimensionierung:
R_w der Trennwand $\qquad\qquad\qquad\qquad \geq R'_w + 5$ dB
R_{Lw} aller flankierender Bauteile $\qquad\qquad \geq R'_w + 5$ dB
Beispiel: Nach DIN 4109, Beiblatt 2, werde zwischen „üblichen" Büroräumen in einem Bürobau ein erhöhter Schallschutz angestrebt. nach Tafel A 5 ist dann ein $R'_w \geqq 42$ dB erforderlich.

Dann sind für Planung und Ausschreibung folgende Werte anzustreben:
für Trennwand: $\qquad\qquad\qquad\qquad\qquad\qquad\qquad R_w \geqq (42 + 5)$ dB $= 47$ dB
für Fassade, Flurwand, Fußboden und Deckenverkleidung: $\qquad R_{Lw} \geqq (42 + 5)$ dB $= 47$ dB

Diese Dimensionierung ist in der Regel mit einer zusätzlichen Sicherheit verbunden, wie dies Abb. A 31 zeigt, wo Meßergebnisse und Werte nach der Dimensionierungsregel miteinander verglichen sind.

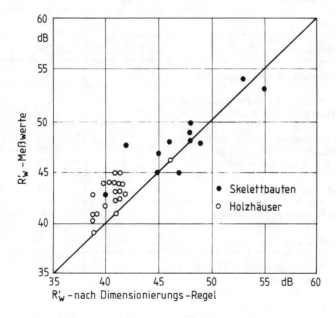

Abb. A 31: Vergleich des gemessenen bewerteten Schalldämm-Maßes R'_w in Skelettbauten und Holzhäusern mit den nach der Dimensionierungs-Regel bestimmten Werten.

---

[22] Gösele, K. „Vorherberechnung der Luftschalldämmung in Skelettbauten", Bauphysik 6, (1985), S. 165.

4.3 Ausgeführte Trennwände

4.3.1 Einschalige Trennwände

In Tafel A 14 sind die Werte des bewerteten Schalldämm-Maßes R'_w verschiedener gebräuchlicher einschaliger Wandausführungen angegeben, wie sie für Wohnungstrennwände verwendet werden. Wände mit einer flächenbezogenen Masse von etwa 410 kg/m² und mehr genügen danach den Anforderungen von DIN 4109, Ausgabe 1989, an Wohnungstrennwände. Wände, die mehr als 490 kg/m² schwer sind, wie z. B. solche aus 24 cm Vollziegel oder Kalksandsteinen, oder genügend dicke Betonwände genügen auch den Vorschlägen für einen erhöhten Schallschutz.

Die Tafel A 15 enthält schließlich eine Reihe von Werten für leichte, einschalige Zwischenwände, wie sie vor allem in Büros, Verwaltungsgebäuden und innerhalb einer Wohnung verwendet werden. Bei diesen leichten Wänden wirkt sich der Spuranpassungseffekt nach Cremer − siehe Abschnitt 4.2.1.2 − so aus, daß diese Wände sich bei den subjektiv wichtigen mittleren Frequenzen besonders ungünstig verhalten, weil dort ihre Grenzfrequenz und damit das nach Abschnitt 4.2.1.2 zu erwartende Minimum der Dämmung liegt.

Tafel A 14: **Bewertetes Schalldämm-Maß** R'_w **gebräuchlicher, einschaliger Wohnungstrennwände;** Wände beidseitig verputzt (Meßwerte)

Wandausführung beidseitig jeweils verputzt		flächen- bezogene Masse kg/m²	bewertetes Schalldämm- Maß R'_w dB
240 mm	Kalksandsteine	510	55
240 mm	Vollziegel	460	55
240 mm	Hochlochziegel	350	53
240 mm	Hohlblocksteine aus Ziegelsplitt	330	51
240 mm	Hohlblocksteine aus Ziegelsplittbeton, Hohlräume mit Sand gefüllt	400	56
240 mm	Hohlblocksteine aus Bimsbeton Hohlräume mit Sand gefüllt Hohlräume mit Beton gefüllt	280 350 370	49 52 53
240 mm	Bimsbeton-Vollsteine	340	52
250 mm	Schüttbeton aus Ziegelsplitt	400	53
120 mm	Normalbeton	330	52
120 mm	Normalbeton, beidseitig 25 mm Gipsplatten anbetoniert	360	54
180 mm	Normalbeton, unverputzt	430	55
250 mm	Normalbeton, unverputzt	600	60
240 mm	„Durisol" (Hohlkörper aus zementgebundenen Holzfasern, mit Beton gefüllt)	440	53

Tafel A 15: Bewertetes Schalldämm-Maß verschiedener einschaliger Zwischenwände jeweils für den eingebauten Zustand am Bau; Wände beidseitig verputzt, soweit nichts anderes vermerkt; (Meßwerte)

Wandausführung		flächen- bezogene Masse kg/m^2	bewertetes Schalldämm- Maß dB
60 mm	Bimsbetonplatten	110	36
115 mm	Bimsbetonsteine	140	45
80 mm	Gipsplatten mit Einlage von Holzwolle-Leichtbaublatten	70	35
100 mm	Vollgipsplatten (ohne Putz)	105	38
60 mm	Porengipsplatten	36	28
100 mm	Porengipsplatten	62	35
100 mm	Gasbeton 600 kg/m^3	95	38
250 mm	Gasbeton	190	47
100 mm	Normalbeton (unverputzt)	230	46
200 mm	Kalkleichtbetonsteine	220	47
71 mm	Hochlochziegel	145	43
115 mm	Hochlochziegel	200	47
115 mm	Vollziegel	270	49
50 mm	Holzwolle-Leichtbauplatten (verputzt)	50	37
80 mm	Glasbau-Hohlsteine, je nach Format (ohne Putz)	70–80	40–46

4.3.2 Zweischalige Wände

Vom akustischen Standpunkt sind nach den Ausführungen in Abschnitt 4.2.2 folgende Gruppen von zweischaligen Wänden zu unterscheiden:

Wände mit zwei biegeweichen Schalen

Wände mit zwei biegesteifen Schalen

Wand mit biegesteifer Schale und einer biegeweichen Vorsatzschale

Im folgenden werden Beispiele derartiger Wände und die damit erreichbaren Schalldämmwerte besprochen werden.

4.3.2.1 Wände mit zwei biegeweichen Schalen

Als Schalen kommen alle dünnen Platten in Frage, wie z. B. Gipskartonplatten, Holzspanplatten, Zementfaserplatten; aber auch Bleche sowie Putzschalen auf einem Putzträger wie z. B. Schilfrohrplatten oder -matten, Holzwolle-Leichtbauplatten. Die flächenbezogene Masse dieser Schalen ist relativ gering. Sie kann, wie in Abschnitt 4.2.2.3 ausgeführt ist, durch eine Aufdoppelung einer zweiten Schicht, schalltechnisch verbessert werden.

Dies ist vor allem dann wichtig, wenn der Hohlraum relativ schmal gewählt werden muß. Entscheidend ist natürlich für die erreichbare Schalldämmung, ob die Schalen völlig voneinander getrennt sind, oder ob gemeinsame Ständer o. ä. verwendet werden. Es hängt dabei von der Art der Ständer und vor allem der Art der Befestigung ab, wie sehr sich solche Ständer störend bemerkbar machen. Stahlblech-C-Profile, wie sie vor allem bei Wänden aus Gipskartonplatten verwendet werden, verhalten sich dabei besonders günstig, Holzständer dagegen weniger günstig.

Die Schalldämmung von Wänden mit zwei biegeweichen Schalen kann im ausgeführten Bau nicht beliebig hoch gemacht werden, bedingt durch die Schall-Längsleitung auf dem Weg 2 bzw. *Ff* nach Abb. A 25, entlang der flankierenden Wände und Decken. Im Laboratorium mit bauähnlichen Schallnebenwegen nach DIN 52 210, Teil 2, ist dabei kein höherer Wert als ein R'_w von 55 dB erreichbar. In Tafel A 16 sind die Schalldämmwerte verschiedener Wände mit biegeweichen Schalen angegeben, wobei es sich jeweils um Messungen an einer Reihe von Wänden verschiedener Hersteller in einem Prüfstand mit Schallnebenwegen handelt.

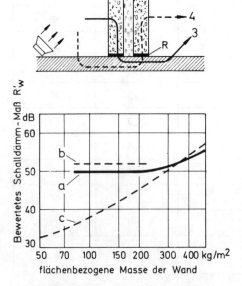

Abb. A 32: Bewertetes Schalldämm-Maß R'_w von doppelschaligen Wänden aus biegesteifen Schalen, abhängig von der flächenbezogenen Masse der Gesamtwand.

a: Ohne Randsteifen R.

b: Mit körperschalldämpfendem Randsteifen R (z. B. Bitumenfilz)

c: Zum Vergleich einschalige Wände

4.3.2.2 Wände aus zwei steifen Schalen

Im folgenden ist vorausgesetzt, daß die flankierenden Wände und Decken von einem Raum zum anderen durchlaufen. Die Dämmwirkung dieser doppelschaligen Wände ist begrenzt durch die Längsleitung auf den in Abb. A 32 dargestellten Wegen 3 und 4. Sie ist überraschenderweise praktisch unabhängig von der flächenbezogenen Masse der Wandschalen. Deshalb lohnen sich derartige Doppelwände nur, wenn sie aus sehr leichten Schalen bestehen, z. B. 50 bis 75 mm Gasbeton. Völlig falsch wären z. B. derartige Doppelwände dieser Art aus 100 mm dicken Betonplatten, aus 115 mm dicken Ziegeln o. ä. Hierbei ist die Schalldämmung der gleichschweren Einfachwand ebenso gut oder gar besser als die der Doppelwand mit dem aufwendigeren Aufbau. Die Schalldämmung derartiger Wände kann um etwa 2 bis 3 dB verbessert werden, wenn die Wandschalen mit körperschalldämpfenden Randstreifen R (z. B. 5 mm Bitumenfilzstreifen), versehen werden, siehe Skizze und Gerade b in Abb. A 31. Auch durch eine Beschwerung der Wandschalen auf ihrer Innenseite mit Sand kann eine wesentliche Verbesserung erreicht werden[23].)

[23]) Gösele, K. „Schalldämmung von Doppelwänden mit steifen Wandschalen", Betontechnik und Fertigteiltechnik 1978, S. 248.

Tafel A 16: Luftschalldämmung zweischaliger Trennwände mit zwei dünnen, biegeweichen Schalen untersucht in einem Prüfstand mit bauähnlichen Schall-Nebenwegen nach DIN 52 210, Teil 2 (ohne Vorhaltemaß nach DIN 4109)

lfd. Nr.	Schalenmaterial	Schalenverbindung	Schalen-beschwerung	Wand-dicke mm	flächen-bezogene Masse kg/m²	bewertetes Schall-dämm-maß R'_w dB
1	12,5 mm Gipskarton-platten*)	getrennte Schalen	keine Be-schwerung	125	25	52
2			2. Lage Gips-kartonplatten	155	52	55
3		gemeinsame Ständer aus Stahlblech-C-Profilen	keine Be-schwerung	75	24	45
4				100	24	47
5			2. Lage Gips-kartonplatten	100	49	51
6				125	50	52
7		gemeinsame Holzständer		85	30	37
8	16 mm Holzspanplatten*)	getrennte Schalen	keine Be-schwerung	200	25	55
9			keine Be-schwerung	100	25	50
10			mit Be-schwerung	100–150	45–50	51–55
11		gemeinsamer Ständer oder Rahmen	keine Be-schwerung	80–100	25–30	40–45
12			mit Be-schwerung	90–120	35–50	43–50
13	1 mm Stahlblech*)	getrennte Schalen	mit Be-schwerung	80–150	35–40	51–55
14		gemeinsame Ständer bzw. Verbindungen	keine Be-schwerung	60	20–25	39–45
15			mit Be-schwerung	80–100	35–40	47–50
16	25 mm Holzwolle-Leichtbauplatten, außenseitig verputzt	keine Verbindung, Holzpfosten gegen-einander versetzt	keine Be-schwerung	160	70	55
17	50 mm Holzwolle-Leichtbauplatten, in Mörtel versetzt, verputzt	freitragende Schalen, ohne Verbindung miteinander (zwischen den Schalen Mineralwolle oder Wellpappe im ca. 10 mm breiten Hohlraum)	keine Be-schwerung	140	85	55

*) im Wandhohlraum Mineralwolle-Matten oder Platten

4.3.2.3 Schalldämmende Verkleidungen

In manchen Fällen soll eine Massivwand bereits beim Bau oder auch erst nachträglich, nachdem sich Mängel herausgestellt haben, durch Zusatzmaßnahmen schalltechnisch verbessert werden. Eine Verbesserung ist möglich, wenn die bisher einschalige Wand durch eine geeignete Verkleidung in eine zweischalige Wand umgewandelt wird.

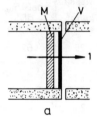 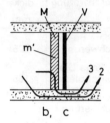

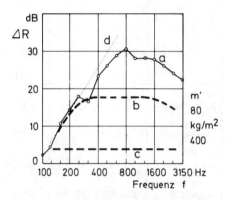

Abb. A 33: Verbesserung ΔR des Luftschalldämm-Maßes (R bzw. R') von Massivwänden M durch eine Vorsatzschale V.
a: Nur Übertragung auf dem Weg 1 (d: vereinfachte Rechnung)
b, c: Auch Übertragung auf den Wegen 2 und 3 für zwei verschieden schwere Massivwände (praktische Fälle in Bauten).
Vorsatzschale: 12,5 mm Gipskartonplatten bei 50 mm Schalenabstand (mit Mineralwolle)

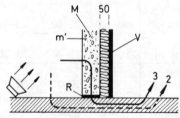

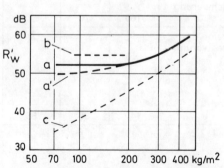

Abb. A 34: Erreichbares Schalldämm-Maß R'_w von Massivwänden M mit Vorsatzschale V, abhängig von der flächenbezogenen Masse der Massivwand.
a: Mit „idealer" Vorsatzschale
a': Mit praktischer möglicher Vorsatzschale
b: Mit Vorsatzschale und körperschalldämpfenden Randstreifen R
c: zum Vergleich einschalige Wände
Mittlere flächenbezogene Masse der Flankenbauteile etwa 400 kg/m².

In Abb. A 33 ist die Verbesserung ΔR der Schalldämmung durch eine übliche Vorsatzschale in Abhängigkeit von der Frequenz dargestellt, wobei in Kurve a nur die Schallübertragung über die Trennwand betrachtet wird. Oberhalb der Resonanzfrequenz – im vorliegenden Beispiel 90 Hz – nimmt die Verbesserung mit der Frequenz zu. Bei mittleren und höheren Frequenzen beträgt die Verbesserung mehr als 20 dB.

Die erzielbare Verbesserung des Schallschutzes zwischen zwei Räumen hängt nicht nur von der Art der Verkleidung, sondern in hohem Maße von der Längsleitung entlang der flankierenden Bauteile ab. Die Dämmung zwischen zwei Räumen kann nicht höher werden als es die Längsleitung zuläßt, auch bei noch so wirksamer Verkleidung der Trennwand. In Abb. A 33 ist die dafür zu erwartende Verbesserung ΔR für zwei verschieden schwere Massivwände, Kurven b und c, eingetragen. Je größer die flächenbezogene Masse m' der Massivwand ist, um so geringer ist die erreichbare Verbesserung. Bei einer Wand von 400 kg/m² beträgt ΔR nur noch 3 bis 4 dB. In Abb. A 34 sind die R'_w-Werte verkleideter Wände angegeben.

Die Kurve c gilt für einschalige Wände (entspricht der „Gewichtskurve" in Abb. A 7). Die Kurve a bezieht sich auf den Fall, daß die Trennwand mit einer „idealen" Vorsatzschale versehen wäre, die keine Übertragung durch die Trennwand mehr zuließe. Die noch verbleibende Übertragung erfolgt auf den Wegen 2 und 3, siehe Skizze in Abb. A 33. Eine praktisch in Frage kommende Verkleidung würde die Werte der Kurve a' in Abb. A 34 ergeben. Man ersieht daraus, daß bei leichten Massivwänden durch Vorsatzschalen eine erhebliche Verbesserung (15 dB) der Schalldämmung möglich ist, nicht dagegen bei schweren Wänden. Dort beträgt die Verbesserung 3 bis 4 dB.

Die praktisch in Frage kommenden Verkleidungen unterscheiden sich in erster Linie nach der Art wie die Vorsatzschalen gehalten werden. Die wichtigsten Formen sind in Abb. A 35 dargestellt. Die Befestigung über Leisten ist schalltechnisch ungünstiger und vor allem von Zufälligkeiten der Befestigung abhängig. Bei Gipskartonplatten haben sich die Lösungen c und d durchgesetzt. Im Fall d werden die Platten über Mineralfaserplatten an der Massivwand angeklebt. Im Fall e geschieht die Befestigung durch Kleben auf einzelne Leisten, die mit einem weichfedernden und gleichzeitig ausreichend reißfesten Dämmstreifen DS versehen sind.

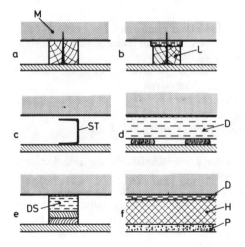

a: Leisten L, unmittelbar angenagelt
b: Leisten über Dämmstreifen angenagelt
c: freistehende Ständer St aus Holz oder Stahlblech
d: über Faserdämmplatten D angeklebt
e: über einzelne Leisten mit Dämmstreifen DS angeklebt
f: freitragende Holzwolle-Leichtbauplatten H mit Putz P
Mineralwolle im Hohlraum bei a, b, c und e der Übersichtlichkeit halber nicht dargestellt

Abb. A 35: Zu unterscheidende Befestigungsmöglichkeiten für Vorsatzschalen vor Massivwänden (M)

4.3.2.4 Zweischalige Haustrennwände

Ein besonders dankbares Anwendungsgebiet für zweischalige Wände sind Haustrennwände bei Zweifamilienhäusern oder Einfamilien-Reihenhäusern, zum Teil auch bei Mehrfamilienhäusern. Derartige doppelschalige Haustrennwände haben zwei schalltechnische Aufgaben: einmal sollen sie den Luftschallschutz so verbessern, daß Sprache und Musik nicht mehr durchgehört werden kann. Dazu sind R'_w-Werte in der Größenordnung von 70 dB und mehr nötig. Zum anderen soll vor Treppen-, Wasserleitungs- und ähnlichen Geräuschen geschützt werden, die durch Körperschallanregung entstehen. So wird über zu laute Trittschallgeräusche von Treppen bei Einfamilien-Reihenhäusern am meisten geklagt.

Zur Wirkung derzeitiger Trennfugen

Durch eine doppelschalige Ausbildung von Haustrennwänden mit einer geeignet ausgeführten Trennfuge sind rechnerisch Verbesserungen des Luft- und Trittschallschutzes um 20 bis 30 dB gegenüber einer einschaligen Ausführung von etwa 400 kg/m² zu erwarten. Tatsächlich sind es in vielen Fällen nur etwa 10 dB. Dies geht aus Abb. A 36 hervor, wo die Häufigkeitsverteilung von R'_w für eine größere Zahl von derartigen Wänden dargestellt ist. Der Schwerpunkt der Werte liegt bei etwa 60 dB, was auch mit einer einschaligen Ausführung gleicher Masse von etwa 600 bis 700 kg/m² erreichbar gewesen wäre, siehe Bereich A in Abb. A 36. Für diese Diskrepanz zwischen Erwartung und Wirklichkeit gibt es zwei Gründe. Bei den Wänden mit einem R'_w unter 60 dB liegen Schallbrücken zwischen den Wandschalen vor, weil z. B. die Dämmschicht in der Trennfuge verletzt oder nicht sorgfältig verlegt worden ist oder die Dämmschicht zu steif ist.

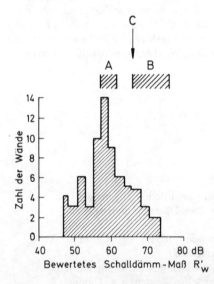

Abb. A 36: Häufigkeitsverteilung des bewerteten Schall-dämm-Maßes R'_w von 2 × 240 mm dicken Haustrennwänden, untersucht in 40 Bauten

A: zu erwarten, wenn die Wände bei gleichem Gewicht einschalig ausgebildet wären

B: theoretisch zu erwarten bei zweischaliger Ausführung (10–20 mm Schalenabstand)

C: Richtwert für einen erhöhten Schallschutz

Bei den Haustrennwänden mit einem R'_w um 60 dB ist die Körperschalldämmung zwischen den Decken der aneinandergrenzenden Häuser nicht ausreichend. Die zur Trennung der Decken eingelegten Streifen aus Hartschaumdämmplatten oder Holzfaserdämmplatten sind zu steif[24]. Für eine wirksame Ausbildung der Deckentrennfugen reicht der zur Verfügung stehende Platz von 10 bis 20 mm Fugenbreite nicht aus. Dazu sind Fugen von etwa 50 mm Breite oder mehr nötig, damit Leisten eingelegt und nach dem Erhärten des Betons wieder herausgenommen werden können, sofern nicht dünne Steine als Deckenschalung verwendet werden.

[24]) Vgl. Eisenberg, A. „Versuche zur Körperschalldämmung in Gebäuden", Forschungsberichte des Wirtschaftsministeriums Nordrhein-Westfalen, 1958, Nr. 651.
Gösele, K. „Zur Schalldämmung von doppelschaligen Haustrennwänden". FBW-Blätter 6/1984.

Verbesserung durch breitere Fugen

Diese wegen der Körperschalldämmung der Deckenfugen nötige breitere Fuge hat jedoch auch für die Trennwand selbst große Vorteile. Rechnerisch ergibt sich das bewertete Schalldämm-Maß R'_w von schallbrückenfrei ausgeführten, doppelschaligen Haustrennwänden zu

$$R'_w = 50 \lg \frac{m'}{m'_o} + 20 \lg \frac{d_L}{d_o} + 56 \text{ dB} \qquad (A 17)$$

wobei bedeuten:

m': flächenbezogene Masse der gesamten Haustrennwand in kg/m², gültig für $m' \geqq 300$ kg/m²
m'_o: 300 kg/m² (Bezugswert)
d_L: Schalenabstand (in mm)
d_o: 10 mm (Bezugswert)

In Abb. A 37 ist ein Vergleich zwischen Rechnung und Messung an gut ausgeführten Haustrennwänden vorgenommen, wobei sich die Kurve a auf einen Schalenabstand von 20 mm, die Kurve a auf einen Abstand von 10 mm bezieht. Im Rahmen dieser Ausführungsunsicherheiten stimmen Messungen und Rechnung miteinander überein. Allerdings setzt dies eine Trennung der Decken mit einer weichfedernden Dämmschicht oder durch Luft voraus.

Aus der obigen Beziehung (A 17) ergibt sich, daß die Schalldämmung wesentlich zunimmt, wenn man den Schalenabstand d_L vergrößert. Eine Zunahme von 10 mm auf 50 mm führt beispielsweise zu einer Verbesserung um 14 db. Bei einer größeren Fugenbreite kann dann die Masse bzw. die Dicke der Wandschalen soweit reduziert werden als es die statischen Anforderungen erlauben[25]).

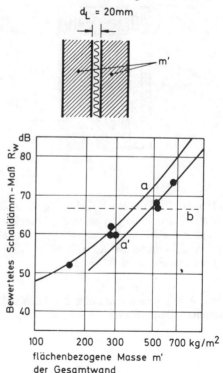

Abb. A 37: Bewertetes Schalldämm-Maß R'_w von doppelschaligen Haustrennwänden ● Meßwerte
a: Rechnung für 20 mm Fugenbreite
a': Rechnung für 10 mm Fugenbreite
b: Grenzwerte für einen erhöhten Schallschutz nach DIN 4109, Entwurf 1984

[25]) Gösele, K., W. Pfefferkorn, P. Häußermann, U. Weber „Verbesserung des Schallschutzes von Haustrennwänden bei gleichzeitiger Kostensenkung". FBW-Blätter 3/1985.

Die große Bedeutung breiterer Trennfugen bei Haustrennwänden ist hier anhand der Luftschalldämmung besprochen worden. Die Ergebnisse gelten jedoch in gleicher Weise auch für die Körperschalldämmung, insbesondere für die Treppengeräusche.

Haustrennwände aus Beton

Doppelschalige Haustrennwände aus Ortbeton bringen in der Regel nicht die hohen Schalldämmwerte, die man sich von ihnen aufgrund der relativ schweren Schalen verspricht. Vielmehr erreicht man dies, was man auch bei einschaliger Ausführung erreicht hätte. Die Ursache liegt darin, daß nur Dämmschichten verwendet werden können, die den rauhen mechanischen Anforderungen beim Betoniervorgang genügen. Das tun die meist verwendeten Holzfaserdämmplatten. Sie sind jedoch im einbetonierten Zustand akustisch zu steif, näheres siehe[26]). Es sei ausdrücklich bemerkt, daß die genannten Platten für Mauerwerksschalen geeignet sind, weil dort kein so inniger mechanischer Kontakt zwischen Dämmplatte und Wandschale vorliegt, wie bei Betonschalen.

Neuerdings hat sich gezeigt, daß für das Betonieren von Wandschalen durchaus auch Mineralfaserplatten verwendet werden können, sofern sie mit einer reißfesten Folie abgedeckt werden. Außerdem sind auch spezielle Mineralfaserplatten (mit Stufenfalz und einer Abdeckschicht) im Handel, mit denen eine sehr gute Schalldämmung erreicht werden kann[27]). Voraussetzung für beide Lösungen ist natürlich in den beiden genannten Fällen, daß die beiden Betonschalen hintereinander hergestellt und nicht gleichzeitig gegossen werden.

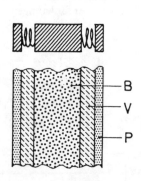

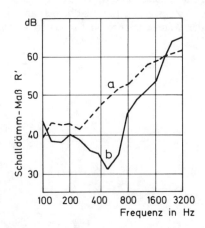

125 mm Normalbeton B, beidseitig Verbundplatten V aus
10 mm Hartschaumplatten und 25 mm Holzwolle-Leichtbauplatten anbetoniert und mit Putz P versehen;
a: ohne Dämmplatten $R'_w = 53$ dB
b: mit Dämmplatten $R'_w = 42$ dB

Abb. A 38: Verschlechterung der Luftschalldämmung einer Trennwand durch anbetonierte und verputzte Dämmplatten (Resonanzeffekt).

[26]) Gösele, K. „Zum Schallschutz von zweischaligen Haustrennwänden", Betonwerk und Fertigteiltechnik, 1977, S. 235.
    Gösele, K. „Schallschutz von Haustrennwänden – Möglichkeiten und Mängel", Bundesbaublatt 1981, S. 174.
[27]) Näheres siehe Nutsch, J. „Wirtschaftlicher Schallschutz bei Reihenhäusern", wksb 20/1986, S. 16.

4.3.2.5 Unzweckmäßige Wandverkleidungen

Sehr häufig findet man in der Baupraxis, daß zur Verbesserung der Wärmedämmung relativ steife Dämmplatten, wie Holzwolle-Leichtbauplatten, Polystyrol-Hartschaumplatten oder Verbundplatten aus beiden Materialien, an einer Massivwand angeklebt und verputzt werden. Oft wird diese Verkleidung sogar an beiden Seiten der Massivwand angebracht.

Das Ergebnis ist eine ausgeprägte Verschlechterung der Luftschalldämmung. Sie ist darauf zurückzuführen, daß die Massivwand zusammen mit dem Putz auf der Dämmschicht eine Doppelwand darstellt, deren Resonanzfrequenz zu hoch, nämlich mitten im hörbaren Gebiet liegt[28]. Zusammen mit einigen zusätzlichen Einflüssen wirkt sich deshalb die Verkleidung verschlechternd auf die Schalldämmung aus. Abb. A 38 zeigt ein Beispiel über die Auswirkung derartiger Maßnahmen.

Sind die verwendeten Dämmplatten wesentlich steifer oder wesentlich weichfedernder als die hier genannten Platten (dynamische Steife zwischen etwa 100 und 2 000 MN/m³), dann tritt keine Verschlechterung bzw. sogar eine Verbesserung der Dämmung auf. Der gleiche Effekt der Verschlechterung tritt auch auf, wenn statt eines Putzes eine Verkleidung mit Platten auf einer steifen Dämmschicht verwendet wird.

Trockenputz-Effekt

Derartige Verschlechterungen der Schalldämmung können auch bei anderen Verkleidungen auftreten, bei denen man an sich gar keine Verbesserung der Schalldämmung anstrebt. Dies sei an einem Beispiel gezeigt. Es betrifft den sog. Trockenputz, d. h. die Verkleidung von Trennwänden mit Gipskartonplatten, die anstelle eines Putzes über Gipspflaster angeklebt werden. Dabei ergibt sich eine Verschlechterung der Schalldämmung gegenüber einer gleichartigen, verputzten Wand in der Größenordnung von etwa 6–8 dB. Die Ursache liegt vor allem in Undichtheiten der unverputzten Wand. Dieser Mangel kann vermieden und eine Verbesserung der Schalldämmung gegenüber dem verputzten Zustand erreicht werden, wenn die Gipskartonplatten auf einer Seite der Trennwand über Mineralfaserplatten angeklebt werden.

4.4 Luftschallschutz ausgeführter Decken

Für den Luftschallschutz von Massivdecken gelten die gleichen Grundsätze wie für Wände. Für eine übersichtliche Darstellung empfiehlt es sich, zu unterscheiden zwischen der Schalldämmung der Decken ohne und mit Fußboden.

4.4.1 Decken ohne Fußboden

Einen Überblick über die bewerteten Schalldämm-Maße R'_w von Massivdecken ohne Fußboden gibt die Tafel A 17. Diese Werte sind dann von unmittelbarer Bedeutung, wenn Fußböden verwendet werden, die keine Verbesserung des Luftschallschutzes ergeben. In Abb. A 39 ist das Luftschalldämm-Maß verschiedener Decken in Abhängigkeit von der Frequenz dargestellt. Die Werte werden im folgenden besprochen.

---

[28] Gösele, K. „Verschlechterung der Schalldämmung von Decken und Wänden durch anbetonierte Wärmedämmplatten". Ges. Ing. 1961, S. 333 und FBW-Blätter, Folge 6, 1961.

4.4.1.1 Einschalige Decken

Die Luftschalldämmung nimmt stets mit zunehmender flächenbezogener Masse zu. Eine Voraussage über die zu erwartenden Schalldämm-Maße ist allerdings nur bei weitgehend homogen aufgebauten Decken möglich, wobei die Werte der Abb. A 7 verwendet werden können. Um die Mindestanforderungen von DIN 4109, Ausgabe 1989, zu erfüllen, ist nach Beiblatt 1 dieser Norm eine flächenbezogene Masse von 450 kg/m² erforderlich, sofern die Decke nicht mit einem schwimmenden Estrich versehen wird. Dabei darf das Gewicht des Putzes und eines etwaigen Ausgleichestrichs zum Gesamtgewicht hinzugezählt werden. Dabei sind normale Verhältnisse bezüglich der Schall-Längsleitung vorausgesetzt.

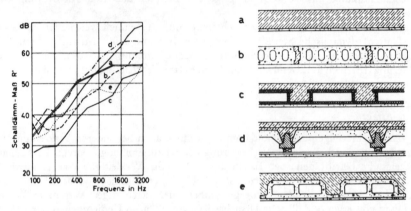

Abb. A 39: Luftschalldämmung verschiedener Massivdecken, ohne Fußboden, in Abhängigkeit von der Frequenz.

Tafel A 17:   Schallschutz von Massivdecken, ohne Fußboden, jedoch verputzt

lfd. Nr.	Deckenausführung Querschnitt	Bezeichnung	flächen-bezogene Masse kg/m²	bewertetes Schall-dämm-Maß R'ᵥ in dB	Trittschall-schutzmaß in dB TSM	TSM eq*
1		120 mm Stahlbeton-Hohldielen	185	48	—20	—18
2		leichte Hohlkörper-decke, einschalig	210	47	—24	—22
3		Decke mit geschlossenen, unmittelbar verputzten Holzwolle-Hohlkörpern	250	44	—19	—18
4		Stahlstein-Decke („Leipziger"-Decke)	260	49	—15	—16

zweischalige Massivdecken						
lfd. Nr.	Deckenausführung Querschnitt	Bezeichnung	flächen-bezogene Masse kg/m²	bewertetes Schall-dämm-Maß R'_w in dB	Trittschall-schutzmaß in dB	
					TSM	TSM eq*
5		„Remy"-Decke	270	48	—19	—14
6		Hohlbalkendecke	280	49	—19	—14
7		schwere Hohl-körperdecke, einschalig	295	50	—21	—15
8		Stahlstein-Decke mit 30 mm Überbeton	300	49	—22	—15
9		Stahlbeton-plattendecke 140 mm 160 mm 180 mm 200 mm	340 375 430 475	52 54 55 57	−13 −12 −10 − 8	−12 −11 − 9 − 7
10		Decke aus 120 mm Stahlbeton-Hohl-dielen, Putzschale über angerödelte Drähte befestigt	200	55	—9	—10
11		„Zech"-Decke	210	51	—9	—15
12		zweischalige Fertigteildecke	210	55	—12	—12
13		zweischalige, schwere Hohlkörperdecke	300	55	—8	− 8
14		„Könen"-Decke, Putzträger an jeder zweiten Rippe befestigt	250	53	—8	—13

*) TSM_{eq}: äquivalentes Trittschallschutzmaß, Näheres siehe Abschnitt 5.1

Manche Massivdecken besitzen – teils zur Erhöhung der Wärmedämmung, teils zur Verringerung des Gewichtes – größere Hohlräume. Wie in Abschnitt 4.2.1.3 ausgeführt sind solche Hohlräume, sobald sie größere Abmessungen haben, schalltechnisch ungünstig. Die Ursache liegt zum Teil in der Konzentration eines wesentlichen Teils des Deckengewichts in Rippen oder Balken, zum anderen Teil in Resonanzeffekten der Hohlkörperschalen. Deshalb besitzen derartige Decken ohne Fußboden in der Regel keinen ausreichenden Luftschallschutz, zumal sie meist auch ein relativ kleines Flächengewicht haben. Besonders ungünstig verhalten sich Rippendecken mit geschlossenen, unmittelbar verputzten Holzwolle-Hohlkörpern, siehe lfd. Nr. 3 in Tafel A 17.

Stahlbetonplattendecken haben neben ihren schalltechnischen Vorzügen erhebliche wärmetechnische Mängel, wie in Teil B näher ausgeführt ist. Man beseitigt diese Mängel in manchen Fällen dadurch, daß man unterseitig Holzwolle-Leichtbauplatten oder andere Dämmplatten anbetoniert, die man auf die Deckenschalung aufgelegt hat. Dadurch wird zwar die angestrebte wärmetechnische Verbesserung erreicht, schalltechnisch wirkt sich diese Maßnahme jedoch nachteilig aus[29]) (siehe Abschnitt 4.3.2.5). Sowohl der Luft- als auch der Trittschallschutz werden verringert. Außerdem wird die Schall-Längsdämmung in horizontaler Richtung vermindert, siehe Abschnitt 4.6.4. Man sollte deshalb bei Stahlbetonplattendecken die Wärmedämmschicht stets auf der Deckenoberseite anordnen, damit diese gleichzeitig den Wärme- und den Schallschutz verbessert.

4.4.1.2 Zweischalige Decken

Die Luftschalldämmung von Massivdecken kann verbessert werden, wenn man an ihrer Unterseite eine Verkleidung, z. B. in Form von Platten oder einer Putzschale anbringt, die von der Decke durch einen Lufthohlraum oder eine weichfedernde Dämmschicht getrennt ist. Die erzielbare Verbesserung ist relativ groß, wenn es sich um eine leichte Decke handelt[30]) und die Deckenverkleidung geeignet gewählt ist. Auf diese Weise kann auch bei leichten Massivdecken ein den Mindestanforderungen genügender Luft-Schallschutz erzielt werden. Die einzuhaltenden Bedingungen sind:

Material für die Verkleidung:	Die Verkleidung soll eine geringe Biegesteife besitzen. Vorwiegend in Frage kommen Putz auf Putzträger, wie z. B. Holzwolle-Leichtbauplatten, Schilfrohrmatten, Streckmetall. Auch Platten sind verwendbar, z. B. Gipskartonplatten, bei genügendem Luftabstand auch dichte Mineralfaserplatten.
Lufthohlraum zwischen tragender Decke und Putz-schale:	für Putzschalen nach bisheriger Erfahrung 20–30 mm Abstand ausreichend; Schallschluckmaterial im Deckenhohlraum bei Putzschalen meist nicht erforderlich, dagegen bei leichteren Plattenverkleidungen.
Befestigung der Verkleidung an der Decke:	Sie soll möglichst lose sein, so daß die Verkleidung durch die Befestigung nicht unnötig versteift wird; anzustreben ist ein „Kugelgelenk". Eine Berührung der tragenden Decke auf breiter Fläche ist ungünstig; eine Befestigung von Holzleisten mit Drähten ist akustisch vorteilhaft.
Abstand der Befestigungsstellen:	mindestens 500 mm

Die Verwendung einer zusätzlichen Verkleidung lohnt sich bezüglich der akustischen Wirkung besonders bei leichten Decken.

Wird die unterseitige Schale nicht locker, sondern starr befestigt, z. B. durch Anbetonieren des Putzträgers, dann kann der Schallschutz durch die Putzschale verschlechtert werden (Beispiel: Stahlbetonrippendecken mit geschlossenen Holzwolle-Hohlkörpern als Schalungskörper).

---

[29]) Vgl. Fußnote 28 auf S. 67.
[30]) Bei schweren Decken sind die Verbesserungsmöglichkeiten durch die Schall-Längsleitung entlang der flankierenden Wände stärker beschränkt. Die Längsleitung ist bei derartigen Skelettbauten in vertikaler Richtung besonders gering.

Die Verkleidung von Decken auf ihrer Unterseite hat in akustischer Hinsicht in den letzten Jahren wieder große Bedeutung gewonnen, und zwar bei Skelettbauten mit sehr leichten Trennwänden. Dort werden über Metall-Profilschienen gelochte Metallkasetten (mit oberseitiger Dämmeinlage), dichte Mineralfaserplatten, Holzspanplatten (mit geringem Raumgewicht und oberseitiger Dichtung) abgehängt. Sofern über den Platten schallabsorbierendes Material angebracht ist, bringen derartige Verkleidungen bei dem meist vorhandenen großen Luftabstand wesentliche Verbesserungen der Luftschalldämmung, vergleiche Abb. A 82, weil die Längsleitung bei derartigen Skelettbauten in vertikaler Richtung besonders gering ist.

4.4.2 Verbesserung der Luftschalldämmung durch Fußböden

Fußböden verbessern die Luftschalldämmung von Decken nur dann, wenn sie zusammen mit der Decke eine zweischalige Konstruktion bilden und die beiden Schalen über eine genügend weichfedernde Dämmschicht getrennt sind. Dies trifft im wesentlichen nur für schwimmende Estriche und schwimmend gelagerte Holzfußböden zu. Die Tafel A 18 gibt eine Übersicht über die Wirksamkeit verschiedener Fußböden.

Tafel A 18: Verbesserung der Luftschalldämmung von Massivdecken durch Fußböden

Fußboden-Ausführung	Verbesserung des Luftschallschutzes
unmittelbar auf Rohdecke verlegte Estriche	geringfügig; nach Maßgabe der Gewichtserhöhung (10% Gewichtserhöhung etwa 1 dB
auf Dämmschichten verlegte Estriche (schwimmendee Estriche)	mittelmäßig bis gut, je nach Dämmschicht (bei schweren Decken Verbesserung von R'_w um etwa 3 dB, bei leichten Decken mehr)
Holzfußböden mit und ohne Dämmschicht unter Lagerhölzern	gut, sofern Dämmschicht weichfedernd (bei schweren Decken etwa 3 dB, bei leichten Decken mehr)
zweischichtige Beläge mit dünner, lastverteilender Schicht (z. B. Holzfaser-Hartplatten auf porösen Holzfaser-Dämmplatten	keine, unter Umständen sogar Verschlechterung durch Resonanz
Gehbeläge	keine Verbesserung

Die Verbesserung des Luftschallschutzes durch schwimmende Estriche beträgt bezüglich R_w – wenn man die Übertragung über die Decke selbst betrachtet – etwa 15 bis 20 dB. Sie beginnt oberhalb einer Resonanzfrequenz f_R nach Abschnitt 5.0.2.2 und nimmt mit der Frequenz stark zu.›
Allerdings wirkt sich diese Verbesserung für die Schalldämmung zwischen zwei Räumen nur begrenzt aus, weil die Schallübertragung entlang der flankierenden Wände vorhanden ist.

4.5 Fenster und Türen

4.5.1 Fenster

Wegen des Anwachsens des Verkehrslärms ist die Schalldämmung der Häuser gegenüber Außenlärm in vielen Fällen zu einem brennenden Problem geworden. Die Übertragung des Außenlärms in die Räume erfolgt in den meisten Fällen über die Fenster, da diese weit leichter sind als die Außenwände, soweit es sich um massive Wände handelt. Die Schalldämmung der Fenster hängt von der Art der Verglasung, der Dichtung und der Rahmenausführung ab. In Abb. A 40 ist ein Überblick über den Wertebereich der einzelnen Elemente gegeben.

Dichtung

Aus Abb. A 40 ist zu entnehmen, daß bei Fenstern ohne zusätzliche Dichtungs-Streifen die Schalldämmung so gering ist, daß demgegenüber die Übertragung über die Verglasung vernachlässigbar ist. Ältere Fenster können deshalb allein schon durch eine Verbesserung der Fugendichtheit, z. B. durch das Einbringen einer plastischen Kunststoff-Masse[31]) wesentlich verbessert werden. Neue Fenster sollten in jedem Fall weichfedernde Dichtungsstreifen und einen an mehreren Stellen einrastenden Riegelverschluß aufweisen.

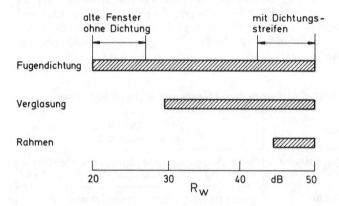

Abb. A 40: Schalldämmwerte der Einzelelemente von Einfach- und Verbundfenstern. Die Dämmwerte der Elemente bewegen sich, je nach Ausführung, in dem dargestellten Wertebereich.

Verglasung

Das schalltechnische Verhalten von Verglasungen ist aus Abb. A 41 und A 42 ersichtlich. In Abb. A 42 ist aufgrund von Untersuchungsergebnissen[32]) das bewertete Schalldämmaß R_w von ein- und zweischeibigen Verglasungen in Abhängigkeit von der „Gesamt-Glasdicke d_{Gl}" aufgetragen. Darunter soll die Summe der Scheibendicken bei zweischaligen Verglasungen verstanden werden. Betrachtet man zusätzlich Einfachscheiben (Kurve a), dann zeigt sich, daß R_w etwa 30–35 dB für 5–10 mm dicke Scheiben beträgt. Schon aus wärmetechnischen Gründen wird man jedoch doppelschalige Verglasungen verwenden und dabei auch eine entsprechende schalltechnische Verbesserung erwarten. Bei kleinen Luftabständen, z. B. 12 mm, wie sie bisher meist bei Isolierscheiben verwendet worden sind, ergibt sich bei mittleren Glasdicken, z. B. $d_{Gl} = 10$ mm eine Verschlechterung der Schalldämmung. Dies ist aus Abb. A 42 zu entnehmen, wo mit der Linienschar b die Werte für Doppelscheiben dargestellt sind, wobei als Parameter der Luftabstand d_L der Scheiben verwendet worden ist.

Die Verschlechterung gegenüber Einfachscheiben ist auf eine Resonanz des zweischaligen Systems mitten im interessierenden Frequenzgebiet zurückzuführen, siehe Abb. A 41, wo eine Isolierglasscheibe (Kurve b) mit einer gleich schweren Einfachscheibe (Kurve a) verglichen ist. Doppelscheiben sind erst dann günstiger als Einfachscheiben, wenn der Scheibenabstand d_L wesentlich größer als 12 mm ist, siehe Kurven c und d in Abb. A 41.

[31]) Strehle, K. „Neues Abdichtungsverfahren an eingebauten Fenstern", boden, wand und decke 1966, S. 1032.
[32]) Gösele, K. u. B. Lakatos „Berechnung der Schalldämmung von Fenstern" IBP-Mitteilung 21.
    Gösele, K. „Berechnung der Schalldämmung von Fenstern", Bauphysik 5, 1986, S. 133.

Abb. A 41: Schalldämm-Maß *R* von gleichschweren Verglasungen in Abhängigkeit von der Frequenz.

a, b: unmittelbare Meßwerte eingetragen

c, d: aus Meßwerten gemittelter Verlauf (wegen Übersichtlichkeit der Darstellung).

a: Einfachscheibe

b: Isolierglasscheibe, Scheibenabstand 12 mm

c: Doppelscheibe (entspr. Verbundfenster), Scheibenabstand 35 mm

d: Doppelscheibe (entspr. Kastenfenster), Scheibenabstand 150 mm.

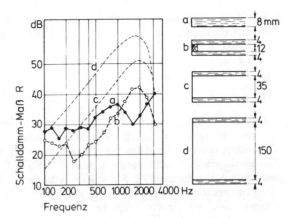

Die Schallübertragung über die Luftschicht kann durch eine sog. Randdämpfung (schallabsorbierende Verkleidung am Rande des Lufthohlraumes) noch um maximal 4 dB verbessert werden. Neuerdings wird auch mit Erfolg versucht, die Schalldämmung von Isolierverglasungen durch Füllung des Scheibenhohlraumes mit Gasen statt mit Luft zu verbessern[33]. Die Verbesserung liegt in der Größenordnung von 3 bis 6 dB. Sie beruht auf der unterschiedlichen Schallgeschwindigkeit in Luft und den verwendeten Gasen, wobei entweder sehr leichte oder sehr schwere Gase verwendet werden sollen. Bei der Verwendung schwerer Gase, die aus anderen Gründen (Wärmedämmung, Haltbarkeit) vor allem in Frage kommen, wirkt die Gasfüllung ähnlich wie eine Mineralwolle-Füllung des Hohlraums; in beiden Fällen werden die Resonanzschwingungen im Scheibenhohlraum unterdrückt. Allerdings haben neuere Untersuchungen[34] an Fenstern mit gasgefüllten Scheiben ergeben, daß dort die Wirkung der Gasfüllung durch die Körperschall-Übertragung über die Randverbindung der Isolierglasscheiben weitgehend unterdrückt wird.

Abb. A 42: Das bewertete Schalldämm-Maß R_w von Doppelscheiben, abhängig von der Gesamt-Glasdicke d_{Gl} und dem Luftabstand d_L zwischen den Scheiben (Geradenschar b), zum Vergleich: Einfachscheiben (Gerade a). Bei dem Diagramm ist nur die Schallübertragung über die Luftschicht der Scheibe erfaßt.

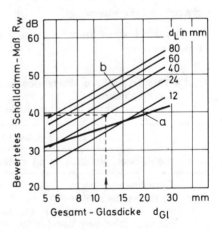

[33] Derner, P. „Einfluß der Gasfüllung auf die Schall- und Wärmedämmung von Isoliergläsern", Glastechnische Berichte 48 (1975) S. 84; Gösele, K. und B. Lakatos „Verbesserung der Schalldämmung von Isolierglasscheiben durch Gasfüllung" Glastechnische Berichte 48 (1975) S. 91/95.
 Gösele K. u. U. und Lakatos B. „Einfluß einer Gasfüllung auf die Schalldämmung von Isolierglasscheiben". Acustica 38, 1977, S. 168.
[34] Gösele, K. „Verbessern Gasfüllungen die Schalldämmungen von Fenstern mit Isolierglasscheiben?" Glastechn. Berichte 1982, S. 187.

Durch schwerere Scheiben, durch Ausbildung jeder der beiden Scheiben als Verbundscheiben mit körperschalldämpfendem Kunststoff und durch Gasfüllung des Hohlraumes ist es gelungen, Isolierglasscheiben mit einem $R_w = 50$ dB und mehr zu bauen. Sie haben damit etwa die Schalldämmung von massiven Außenwänden. Derartige Scheiben sind ungefähr doppelt so dick und schwer wie übliche Isolierglasscheiben.

Rahmenübertragung

Die Schalldämmung eines Fensters allein aufgrund der Übertragung über den Fensterrahmen läßt sich im Laboratorium bestimmen. Die erreichbaren Dämmwerte, ohne Übertragung über die Verglasung, liegen in der Regel bei etwa 44 bis 48 dB. Durch Zusatzmaßnahmen, z. B. Füllung des Fensterrahmens mit Sand, lassen sich auch höhere Dämmwerte erreichen. In Abb. A 43 ist das bewertete Schalldämm-Maß R_w von verschiedenen Fenstern mit unterschiedlich ausgeführten Rahmen angegeben, die jeweils mit einer 50 dB-Scheibe versehen waren. Je nach der Rahmendämmung ergaben sich für das fertige Fenster R_w-Werte zwischen 44 und 48 dB.

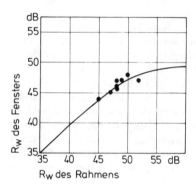

Abb. A 43: Bewertetes Schalldämm-Maß R_w verschiedener Fenster mit unterschiedlichen Rahmen, die mit einer Isolierglasscheibe $R_w = 50$ dB verglast waren, abhängig vom Schalldämm-Maß des Rahmens aufgetragen (ausgezogene Kurve = gerechneter Verlauf).

Erreichbare Dämmwerte

Mit Fenstern können beim derzeitigen Stand die folgenden, in Tafel A 19 angegebenen R_w-Werte erreicht werden:

Tafel A 19: **Erreichbare Werte des bewerteten Schalldämm-Maßes R_w von betriebsfertigen Fenstern**
(gemessen im Laboratorium)

Fensterart	R_w in (dB)
alte Fenster, ohne Dichtung in den Fälzen	20–28
Einfachfenster normales Isolierglas mit schweren Isolierglasscheiben mit hochschalldämmenden Isolierglas-Verbundscheiben	32–34 38–40 44–47
Verbundfenster Normalausführung hochschalldämmende Ausführung	37–40 bis 45
Kastenfenster je nach Verglasung und Rahmen	50–60

Die hier genannten hohen Schalldämmwerte können bei der praktischen Anwendung durch die Übertragung über andere Bauteile (Außenwand, Rolladenkasten, Lüftungsöffnungen) unter Umständen nicht voll zur Wirkung kommen.

Glasbau-Wände

In den Fällen, in denen nur eine gewisse Belichtung und keine unmittelbare Durchsicht ins Freie gewünscht wird, können auch Ausmauerungen aus Glasbausteinen verwendet werden. Dies ist vor allem für Werkstätten von Bedeutung, wo wenig Lärm nach außen dringen soll. Je nach Ausführung weisen 50 bis 80 mm dicke Wände dieser Art bewertete Schalldämm-Maße zwischen 40 und 46 dB auf.

4.5.2 Türen

Häufig sind in Trennwänden Türen eingebaut. Die Schalldämmung zwischen zwei Räumen wird dadurch in der Regel wesentlich verringert, vor allem, wenn es sich um schwere Trennwände handelt. Die Schallübertragung bei Türen erfolgt teils über das Türblatt, teils über Undichtheiten in den Falzen und an der Türunterkante. Normale Türblätter besitzen eine niedrige flächenbezogene Masse (10–20 kg/m^2) und deshalb auch eine geringe Dämmung. In Abb. A 44 sind zahlreiche Werte des bewerteten Schalldämm-Maßes für einschalige Türblätter in Abhängigkeit von der flächenbezogenen Masse aufgetragen. Ein Vergleich mit Werten für homogene Platten zeigt, daß sich leichte Türen zum Teil noch ungünstiger verhalten als auf Grund ihres geringen Gewichts an sich schon zu erwarten war. Eine wesentliche Ursache dafür ist, daß bei leichten Türen ein erheblicher Teil des Gewichts in dem Türrahmen konzentriert ist, so daß die eigentlich übertragene Fläche ein kleineres als das in Abb. A 44 angegebene mittlere Flächengewicht besitzt. Ein weiterer Grund ist, daß Holz und Holzwerkstoffe wegen ihrer relativ großen Biegesteifigkeit bei kleiner flächenbezogener Masse in einem bestimmten Bereich, siehe Abb. A 12, Kurve b, eine geringere Schalldämmung als anorganische Baustoffe haben. Vor allem macht sich dies bei den in vielerlei Formen verwendeten Türblättern bemerkbar, die aus zwei Deckblättern und einer dazwischen befindlichen, wabenförmigen Stützkonstruktion bestehen[35]), vgl. Abb. A 45.

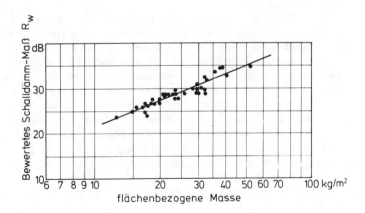

Abb. A 44: Abhängigkeit des bewerteten Schalldämm-Maßes von einschaligen Türblättern (ohne eingelegte Dämmplatten) von ihrer flächenbezogenen Masse.

[35]) Gösele, K. „Schalldämmung von Türen". Berichte aus der Bauforschung, Heft 63/1969.

Eine schalltechnisch wirksame und gleichzeitig preiswerte Vergrößerung der Masse der Tür kann durch die Füllung von Türhohlräumen mit Sand erreicht werden. Abb. A 45 zeigt dafür ein Beispiel, wobei die zylindrischen Hohlräume einer Holzspanplatte mit Sand gefüllt wurden. Die Schalldämmung hat dabei um 10 dB, das Gewicht um das 1,8fache zugenommen.

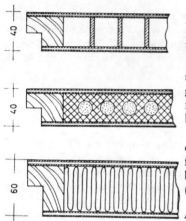

leichtes, durch einzelne Stege versteiftes Türblatt
flächenbezogene Masse: 10 bis 15 kg/m²
bewertetes Schalldämm-Maß: 22 bis 25 dB

schweres Türblatt aus Holzspanplatten; Hohlräume mit Sand gefüllt
flächenbezogene Masse: 34 kg/m²
bewertetes Schalldämm-Maß: 37 dB

doppelschaliges Türblatt mit Mineralwolle im Hohlraum
flächenbezogene Masse: ca. 20 kg/m²
bewertetes Schalldämm-Maß: 35 bis 40 dB
(je nach Verkleidungsmaterial)

Abb. A 45: Zur Schalldämmung von Türblättern

Das Einkleben von relativ steifen Dämmschichten, z. B. aus Kunststoffhartschaum, Holzfaserdämmplatten, zwischen Deckschichten aus Holzwerkstoffen führt zu keiner Verbesserung der Schalldämmung. Vielmehr ergibt sich dadurch ein in diesem Fall ungünstiger zweischaliger Aufbau mit einer Resonanzfrequenz zwischen etwa 500 und 2 000 Hz, wodurch die Schalldämmung verschlechtert wird. Beobachtete Ausnahmen von dieser Regel beruhen stets darauf, daß nur ein lockerer mechanischer Kontakt zwischen den Schalen über die Dämmschicht besteht, z. B. durch loses Einlegen der Dämmschicht, Näheres siehe[35]).

Das lose Einlegen von Holzspanplatten o. ä. zwischen die Deckschichten von Türblättern führt zu Schalldämmwerten, die etwa um 10 dB höher sind als sonst üblich, siehe Abb. A 10 und Erklärung in Abschnitt 4.2.1.2.

Ein hohes Gewicht ist bei Türen lästig, weil sie sich wegen der Massenträgheit nur mit größerem Kraftaufwand bewegen lassen. Es liegt deshalb nahe, die Türblätter zweischalig aufzubauen, um eine gute Schalldämmung bei mäßigem Gewicht zu bekommen. Will man keine schweren Schalen benützen, dann muß der Abstand der Schalen relativ groß sein. Türdicken über 6 cm zu wählen, ist kaum möglich. Infolge der festen Verbindung der beiden Türschalen über den Türrahmen wird die „Doppelwand"-Wirkung durch die Schwingungsübertragung über den Rahmen begrenzt. Diese Übertragung kann in gewissem Umfang unschädlich gemacht werden, wenn die Schalen eine hohe Grenzfrequenz haben, d. h. relativ biegeweich sind, eine Eigenschaft, die natürlich bei Türen wegen der Gefahr des Verwindens nicht besonders geschätzt wird.

Bei doppelschaligen Türen, deren Verkleidungen aus Sperrholz, Holzfaser- oder Holzspanplatten bestehen, werden bei einer flächenbezogenen Masse von 20–30 kg/m² bewertete Schalldämm-Maße von etwa 35–40 dB erreicht.

Die Dichtung von Türfälzen ist ein heute noch nicht befriedigend gelöstes Problem. Die meisten Dichtungen benötigen entweder einen zu hohen Kraftaufwand oder eine auf die Dauer nicht erhaltbare Genauigkeit.

Die Schalldämmung eines Schlitzes wird wesentlich erhöht, wenn er nicht von einem Raum zum anderen durchgeht, sondern wenn ein Hohlraum, z. B. der Hohlraum des Türblatts, über eine Öffnung (Schlitz) an die Türfuge angekoppelt wird[35]). Es handelt sich dabei um die Ausnützung

---

[35]) siehe Fußnote auf S. 75.

eines „Schalldämpfer-Effekts", wie er auch beim Automobilschalldämpfer verwendet wird. Als Dichtungen an der Türunterkante haben sich Schleppgummistreifen, vor allem, wenn zwei Dichtungen hintereinander angebracht sind, bewährt. Auch Dichtungsschienen, die in vertikaler Richtung beweglich sind, und sich beim Schließen der Tür automatisch anpressen, sind gebräuchlich, näheres siehe [35a).

Abschließend soll in Tafel A 20 eine Übersicht über die erreichbaren Schalldämm-Maße bei Türen gegeben werden.

Aus den Werten der Zahlentafel ist zu entnehmen, daß eine gute Schalldämmung auch durch zwei einfache, hintereinandergeschaltete Türen möglich ist.

Tafel A 20: Bewertetes Schalldämm-Maß von Türen

lfd. Nr.	Türausführungen	bewertetes Schalldämm-Maß dB
1	einfache, leichte Zimmertüren, ohne besondere Dichtungsmaßnahmen	17–25
2	schwer ausgeführte Zimmertüren mit zusätzlichen Falzdichtungen	25–32
3	schalldämmende Türen, Spezialausführungen	32–40
4	hochschalldämmende Türen (doppelschalige Stahlblechtüren für Rundfunk u. ä.)	40–50
5	zwei einfache Einzeltüren, hintereinander geschaltet	40

4.6 Praktische Maßnahmen zur Verringerung der Längsleitung

In Abschnitt 4.2.3 war darauf hingewiesen worden, daß die Schalldämmung zwischen zwei aneinandergrenzenden Räumen nicht nur von der Art der Trennwand oder Trenndecke abhängt, sondern auch von den flankierenden Bauteilen. Die Ausbildung dieser Bauteile ist entscheidend für die maximal erreichbare Dämmung. In normalen Bauten wird man ohne Zusatzmaßnahmen keine größeren Werte des bewerteten Schalldämmaßes R'_w erreichen können als etwa 54 bis 58 dB. Im folgenden sollen einige Gesichtspunkte behandelt werden, die beachtet werden müssen, wenn die Luftschalldämmung nicht durch Längsleitung unzulässig stark verschlechtert werden soll. Dabei sind nach Abb. A 27 zwei Einflußgrößen wesentlich, die flächenbezogene Masse der Längswand oder Decke und die Verzweigungsdämmung.

4.6.1 Einfluß der flächenbezogenen Masse

Leichte, massive Wände werden im „lauten" Raum – vgl. Abb. A 27 – zu stärkeren Schwingungsamplituden angeregt als schwere Wände. Entsprechend sind auch die in den angrenzenden Raum weitergeleiteten Schwingungen größer. Je leichter die Wände eines Hauses sind, desto geringer wird die maximal erreichbare Dämmung.

Dieser Einfluß der Wände ist aus Abb. A 29 quantitativ zu ersehen. Er ist nicht sehr groß, in der Regel im Extremfall nur 2 bis 4 dB, kann aber darüber entscheiden, ob ein erhöhter Schallschutz erreicht wird oder nicht. Es soll hier noch einmal darauf hingewiesen werden, daß dieser Einfluß der flächenbezogenen Masse nicht für sehr leichte Wände aus „biegeweichen" Schalen gilt wie z. B. bei Holzhäusern.

[35a) Kutzer D. und T. Kloos „Schalldämmende Türen mit $R_w \geq 27$ dB und $R_w^+ \geq 32$ dB" IRB-Verlag, Stuttgart Bericht F 1910.

Neben dem Einfluß der Wände auf die Längsleitung besteht jedoch noch der Einfluß der flächenbezogenen Masse der trennenden Bauteile. Dieser Einfluß ist größer als der der Wände, wie man aus Abb. A 29 entnehmen kann. Wenn man z. B. die Dicke einer Massivplattendecke von 160 mm auf 200 mm erhöht, wird die Luftschalldämmung der Decke mit schwimmendem Estrich um etwa 2 dB erhöht, nicht wegen der geringer werdenden Übertragung durch die Decke hindurch, sondern wegen der erschwerten Längsübertragung entlang der Wände.

Zusammenfassend:

Wer einen guten Luftschallschutz zwischen übereinanderliegenden Geschossen – z. B. den erhöhten Schallschutz nach DIN 4109, Beiblatt 2 – sicher erreichen will, sollte die Decken möglichst schwer machen.
Entsprechendes gilt für die Wohnungstrennwände bezüglich der Übertragung zwischen nebeneinanderliegenden Räumen.

4.6.2 Einfluß der Stoßstellen

Die Übertragung der Schwingungen entlang einer Wand von einem Raum zum anderen hängt nicht nur von der Art der Wand, sondern auch von der Verzweigungsdämmung D_V ab. Sie kann vor allem aus zwei Gründen sehr gering und damit die Längsleitung groß sein:

a: die Trennwand oder Trenndecke ist sehr leicht
b: Längsbauteil und Querbauteil haben keine biegesteife Verbindung miteinander.

Im folgenden werden einige typische Beispiele für beide Mängel gebracht.

Beispiel 1

Leichte Trennwand
(„Querbauteil sehr leicht")

Wenn eine leichte, doppelschalige Trennwand anstelle einer schweren Trennwand verwendet wird, wird die Längsdämmung erheblich geringer. Die günstigstenfalls erreichbare Luftschalldämmung ist dann niedriger als bei einer schweren Trennwand. Das bewertete Schalldämm-Maß R'_w beträgt für eine sehr gute zweischalige Leichtwand etwa 50–55 dB bei Längsbauteilen von ca. 400 kg/m² flächenbezogener Masse. Wird diese auf z. B. 150 kg/m² verringert, dann wird nur noch ein R'_w von etwa 44 dB erreicht.

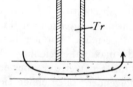

sehr leichte Trennwand Tr
(„Querbauteil sehr leicht")

Beispiel 2

Holzbalkendecke
(„Querbauteil sehr leicht")

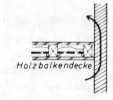

Eine Holzbalkendecke besitzt eine geringe Masse und Steifigkeit; außerdem hat sie mit zwei von den vier Wänden eines Raumes nur streifenden Kontakt, weshalb sie nur eine geringe Verzweigungsdämmung für die Wände ergibt. Entsprechend ist die Längsleitung der Wände wesentlich größer als bei sonst gleichen Verhältnissen bei einer Massivdecke, d. h. auch mit sehr guten Holzbalkendecken wird man in Massivbauten nicht die gleiche Luftschalldämmung erreichen können wie mit guten Massivdecken unter sonst gleichen Verhältnissen.

Diese Beurteilung gilt jedoch nicht für Holzbalkendecken, die in einem Haus in Tafel- oder Skelettbauart eingebaut sind, z. B. in üblichen Holz-Fertighäusern. Dort ist die Längsleitung der Wände auch ohne eine große Verzweigungsdämmung gering (Auswirkung der „biegeweichen" Schalen und der Fugen der flankierenden Wände).

Beispiel 3

Keine biegesteife Verbindung zwischen Längs- und Querbauteil

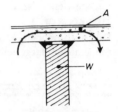

Als Beispiel sei eine schwere Trennwand W aus Beton ist von einer leichten Außenwand A aus Gasbeton durch eine mit plastischer Masse gedichtete Fuge zur Vermeidung von Rissen getrennt. Die Verzweigungsdämmung D_V ist in diesem Fall sehr gering. Außerdem ist die Außenwand sehr leicht. Beides führt zu einer geringen Längsdämmung. Die Außenwand müßte in diesem Fall auf der Höhe der Trennwand eine Fuge besitzen.

4.6.3 Einfluß von Trennfugen

Verläuft eine Fuge zwischen zwei Bauteilen, dann ergibt sich dadurch eine starke Verringerung der Körperschall-Übertragung, die unter praktischen Verhältnissen etwa 10 bis 20 dB beträgt. Bei Einfamilien-Reihenhäusern sind derartige Fugen von entscheidender Bedeutung für eine gute Schalldämmung. Diese Fuge darf jedoch nicht mit einer zu steifen Dämmschicht (z. B. Holzfaser-dämmplatten) gefüllt sein, sofern die Wand- oder Deckenschalen fest mit der Dämmschicht verbunden sind.

4.6.4 Beeinflussung der Längsleitung durch Dämmplatten

Zur Verbesserung der Wärmedämmung werden an Decken und vor allem an Außenwänden bestimmte Dämmplatten anbetoniert oder angeklebt und anschließend verputzt bzw. mit Platten verkleidet. Dadurch wird – wie in Abschnitt 4.3.2.5 ausgeführt – aus der einschaligen Decke oder Wand eine zweischalige Ausführung, wobei allerdings die Resonanzfrequenz wegen der großen Steife der meisten Platten mitten im interessierenden Frequenzgebiet liegt, und sich dort eine

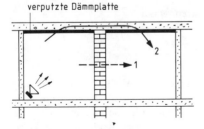
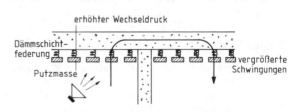

Abb. A 46: Erhöhung der Längsleitung durch anbetonierte (angeklebte) und verputzte Dämmplatten auf dem Weg 2.
rechts: schematische Darstellung der als Resonatoren wirkenden Dämmplatten mit Putz

verminderte Schalldämmung ergibt. Dieser Effekt wirkt sich nicht nur auf die Schalldämmung von Trennwänden und Trenndecken aus, an denen diese Platten angebracht sind, sondern in verstärktem Maß auch auf die Längsleitung. Abb. A 46 zeigt diese Wirkung schematisch am Beispiel einer Decke. Da die störende Resonanz bei der Längsleitung zweimal – einmal im „lauten" Raum und dann bei der Schallabstrahlung im „leisen" Raum – auftritt, ist die Verschlechterung besonders groß. Der Effekt tritt z. B. auf bei anbetonierten oder über Mörtelbänder befestigten Holzwolle-Leichtbauplatten und Schilfrohrplatten, bei angeklebten Hartschaumplatten. Auch die Resonanzeffekte von bestimmten Hohlkörperdecken können die Längsleitung sehr nachhaltig beeinflussen. Eindeutig nachgewiesen ist dies bei Decken mit geschlossenen und unmittelbar verputzten Holzwolle-Hohlkörpern[36].

Die auftretenden Möglichkeiten der Verschlechterung der Schalldämmung sind in Abb. A 47 schematisch dargestellt und im folgenden näher besprochen.

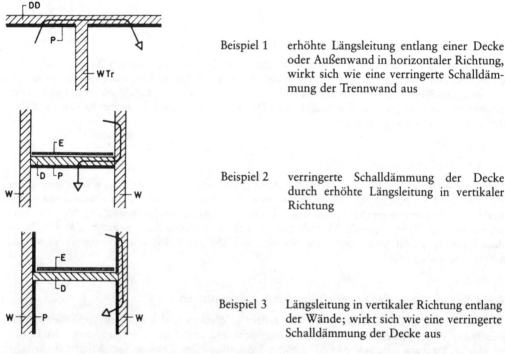

Beispiel 1   erhöhte Längsleitung entlang einer Decke oder Außenwand in horizontaler Richtung, wirkt sich wie eine verringerte Schalldämmung der Trennwand aus

Beispiel 2   verringerte Schalldämmung der Decke durch erhöhte Längsleitung in vertikaler Richtung

Beispiel 3   Längsleitung in vertikaler Richtung entlang der Wände; wirkt sich wie eine verringerte Schalldämmung der Decke aus

Abb. A 47: Erhöhung der Schall-Längsleitung zwischen zwei Räumen durch anbetonierte Dämmplatten (P).
D: Decke   DD: Dachgeschoßdecke oder Außenwand
E: schwimmender Estrich   W: Wände   WTr: Wohnungstrennwand

Beispiel 1:

Bei Massivplattendecken über dem obersten Wohngeschoß wird die erforderliche Wärmedämmung der Decke in manchen Fällen durch das besprochene Anbetonieren von Holzwolle-Leichtbauplatten, Schilfrohrplatten oder von Kombinationen aus Hartschaum- und Holzwolleplatten angestrebt. Mit dieser Maßnahme wird die Längsleitung in horizontaler Richtung stark erhöht, wodurch indirekt die

---

[36] Vgl. Gösele, K. „Erhöhung der Schall-Längsleitung durch bestimmte Hohlkörperdecken". Berichte aus der Bauforschung, 5. Schallschutzheft, Verlag W. Ernst & Sohn, Berlin, 1964.

Schalldämmung der Wohnungstrennwände wesentlich verschlechtert wird, so daß eine an sich schalltechnisch ausreichende Wand keinen genügenden Schallschutz mehr hat. Nach vorliegenden Versuchsergebnissen wird R'_w der Trennwände um etwa 4 dB verschlechtert.

Beispiel 2:

Die unter Beispiel 1 genannte Ausführung wird auch bei Wohnungstrenndecken verwendet. Dabei wird nicht nur die Schalldämmung der Wohnungstrennwände verschlechtert, sondern auch die der Trenndecke selbst, und zwar auch dann, wenn ein sehr guter schwimmender Estrich auf der Decke aufgebracht ist. Dies mögen z. B. folgende Werte für das bewertete Schalldämm-Maß R'_w einer 140 mm dicken Massivplattendecke mit einem schwimmend verlegten Riemenfußboden zeigen:

Decke unterseitig unmittelbar verputzt: 55 dB
unterseitig Hartschaumplatten angeklebt und verputzt: 52 dB

Die beobachtete Verschlechterung der Dämmung ist auf eine Längsleitung auf dem Weg 3 bzw. *Fd* nach Abb. A 25 zurückzuführen. Es gibt in einem solchen Fall keine andere wirksame Verbesserungsmaßnahme, als die unterseitige Dämmschicht einschließlich Putz zu entfernen oder eine untergehängte Deckenverkleidung zusätzlich anzubringen.

Beispiel 3:

Bei einer Mantelbeton-Bauart wurden als verlorene Schalung für die Innen- und Außenwände Holzwolle-Leichtbauplatten verwendet. Die an den Wänden anbetonierten, verputzten Platten verschlechterten die Schalldämmung so stark, daß z. B. zwischen übereinanderliegenden Räumen, auch bei Verwenden einer guten Decke, infolge Längsleitung kein ausreichender Schallschutz mehr möglich war. Wie kraß solche Effekte sein können, sei noch an einem Zahlenbeispiel gezeigt. Bei zwei übereinanderliegenden Räumen waren an sämtliche Wände und an der Decke 2 cm dicke Hartschaumplatten normaler Steifigkeit angeklebt und verputzt worden. Das bewertete Schalldämm-Maß R'_w der Decke verschlechterte sich durch diese Maßnahme von 52 dB auf 44 dB. Diese hohe Übertragung erfolgte nicht über die Decke selbst, sondern entlang der Wände.
Selbst dann, wenn alle Innenwände normal ausgeführt werden und nur die Außenwand mit den genannten Dämmplatten innenseitig verkleidet und verputzt wird, wird die Luftschalldämmung in vertikaler und in horizontaler Richtung unzulässig verschlechtert.

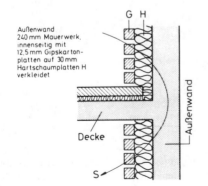
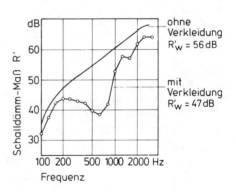

Abb. A 48: Beispiel für die schalltechnisch schädliche Verkleidung einer Außenwand mit steifen Wärmedämmplatten.
Rechts dargestellt die Luftschalldämmung zwischen zwei übereinanderliegenden Wohnräumen für eine Stahlbetonplattendecke mit schwimmendem Estrich ohne und mit einer derartigen Verkleidung.

Dies ist heute wegen des Zwangs zur Heizenergie-Ersparnis besonders akut. Innenseitig an der Außenwand angeklebte, steife Wärmedämmplatten, die mit Putz, Gipskartonplatten o. ä. abgedeckt werden, verschlechtern die Schall-Längsdämmung ganz erheblich. Dies ist an einem Beispiel aus der Baupraxis in Abb. A 48 dargestellt. Durch das Anbringen einer wärmetechnisch günstigen Dämmschicht an der Außenwand wird die Luftschalldämmung – scheinbar der Decke – so verschlechtert, daß sie nicht mehr den Mindestanforderungen nach DIN 4109 genügt (bewertetes Schalldämm-Maß R'_w von 56 dB auf 47 dB verringert). Der einzige bisher bekannte Ausweg ist, anstelle der steifen Hartschaumplatten weichfedernde Dämmplatten, in der Regel Mineralfaserplatten, zu verwenden[37]).

Zusammenfassend ist festzustellen, daß das Anbetonieren bzw. Ankleben und Verputzen der genannten Platten innerhalb[38]) eines Raumes leicht zu erheblichen akustischen Mängeln führen kann. Es muß bemerkt werden, daß die Größe dieses Resonanzeffektes sehr von Zufälligkeiten (Art der Betonkonsistenz, Art der Klebung) abhängt, so daß im einen Fall sehr große, im anderen Fall geringere Störungen auftreten können.

4.6.5 Maßnahmen zur Verringerung der Längsleitung

Ungeeignete Maßnahmen

Zur Verringerung der vertikalen Schallfortleitung im Mauerwerk ist öfters vorgeschlagen worden, die Decken und die darüber stehenden Wände eines Hauses durch Dämmstreifen voneinander zu trennen, wie dies Abb. A 49 zeigt. Als Material für diese Dämmstreifen sind versuchsweise Bitumenpappe, Bitumenfilz, Korkplatten, Holzwolle-Leichtbauplatten u. ä. verwendet worden. Im Prinzip ist eine solche Körperschall-Isolation sinnvoll. Die meßtechnische Überprüfung verschiedener so ausgeführter Bauten[39]) hat überraschenderweise ergeben, daß die zu beobachtenden Verbesserungen durch die Dämmstreifen so gering sind, daß sie praktisch ohne Interesse sind. Der Mißerfolg lag daran, daß die Dämmstreifen zu steif sind, und daß sie, einerseits durch den Außenputz zum anderen durch Mörtelbrücken, häufig überbrückt sind. Jedenfalls können nach den vorliegenden Ergebnissen derartige Isolationsmaßnahmen nur dann empfohlen werden, wenn die Überbrückung der Dämmstreifen durch Putz u. ä. vermieden wird.

Dagegen verringern *vertikal* verlaufende Trennfugen zwischen zwei Bauteilen bei einwandfreier Ausführung die Längsleitung stets sehr wirksam.

Bewegungsfugen sollten deshalb möglichst auch als Schalldämmfugen ausgeführt werden.

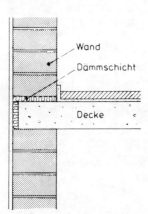

Abb. A 49: Das Einlegen einer Dämmschicht zwischen der Decke und den darüberstehenden Mauern ist wegen der Überbrückung durch Putz schalltechnisch wenig wirksam und daher nicht zu empfehlen.

[37]) Gösele, K. und B. Kühn „Wärmedämmung von Außenwänden und Schallschutz" Ges.-Ing. 96. (1975) S. 149/155.

[38]) Eine Verwendung derartiger Platten an der Außenseite der Außenwände ist dagegen bezüglich der Längsleitung unbedenklich.

[39]) Vgl. Eisenberg, A. „Versuche zur Körperschalldämmung in Gebäuden". Forschungsberichte des Wirtschafts- und Verkehrsministeriums Nordrhein-Westfalen, 1958, Nr. 651.

Verkleidungen

Die unerwünschte Längsleitung von leichten Decken oder Wänden kann durch eine vorgesetzte Verkleidung unterbunden werden. Bei Decken kann dies an der Unterseite durch eine untergehängte Putzschale oder eine Verkleidung aus Gipskartonplatten (zweischalige Massivdecke), auf ihrer Oberseite durch einen schwimmenden Estrich erreicht werden. Bei den Wänden ist eine Verkleidung mit Platten z. B. Gipskartonplatten auf Mineralfaserplatten oder auf sog. Federdämmstreifen wirksam; auch das Aufbringen einer Putzschale auf weichfedernden Dämmplatten, wie z. B. Mineralfaserplatten, die an die Wände geklebt werden ist möglich. Abb. A 50 zeigt ein Meßergebnis für eine solche Ausführung. Das bewertete Schalldämm-Maß wurde dadurch von 56 dB auf 62 dB erhöht. Voraussetzung für die Wirksamkeit ist, daß die Dämmplatten nicht zu steif sind (dynamische Steife $\leqq 5 \, MN/m^3$) und daß Schallbrücken, vor allem an den Fugenstößen der Dämmplatten, vermieden werden.

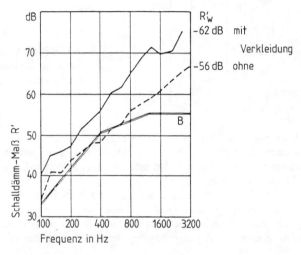

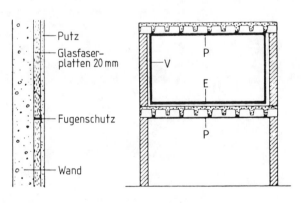

Verkleidung

Abb. A 50: Erhöhen der Längsdämmung entlang der Wände durch eine Verkleidung V in einem ausgeführten Bau.
P: Putzschale an Rippendecke   V: Verkleidung der Wände
E: schwimmender Estrich
B: Bewertungskurve nach DIN 52210, Teil 4

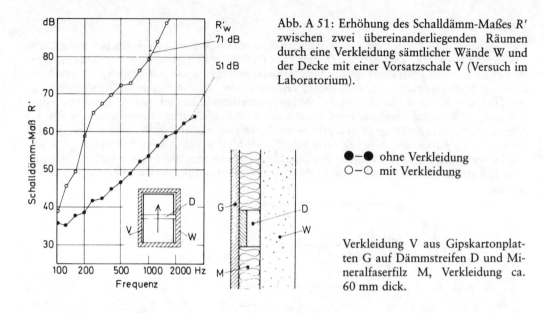

Abb. A 51: Erhöhung des Schalldämm-Maßes R' zwischen zwei übereinanderliegenden Räumen durch eine Verkleidung sämtlicher Wände W und der Decke mit einer Vorsatzschale V (Versuch im Laboratorium).

●–● ohne Verkleidung
○–○ mit Verkleidung

Verkleidung V aus Gipskartonplatten G auf Dämmstreifen D und Mineralfaserfilz M, Verkleidung ca. 60 mm dick.

In Abb. A 51 ist die Wirkung einer Verkleidung sämtlicher Wände mit Gipskartonplatten (anstelle eines Putzes) bei zwei übereinanderliegenden Laboratoriumsräumen dargestellt. Die Platten waren dabei über einzelne Dämmstreifen an den Wänden befestigt. Das bewertete Schalldämm-Maß wurde dabei von 51 dB auf 71 dB verbessert.

Mit Hilfe einer solchen Verkleidung wäre es möglich, den Schallschutz von Räumen so weit zu verbessern, daß sie auch großen Ansprüchen genügen. Dabei wird nicht nur der Luftschallschutz so weit verbessert, daß man weder Sprache noch normal laute Musik mehr durchhört, sondern daß auch alle anderen Störungen, wie Treppengeräusche, Wasserleitungsgeräusche, um 10 bis 15 dB geschwächt werden.

5 Trittschallschutz

5.1 Kennzeichnung von Decken

Decken werden durch das Begehen, durch den Betrieb von Haushaltsgeräten, wie Nähmaschinen, Küchenmaschinen, Waschmaschinen, durch die Aufprallgeräusche heruntergeworfener Gegenstände, durch Stühlerücken, durch das Spielen von Kindern auf dem Fußboden, ja selbst durch das Öffnen einer Schranktür unmittelbar in Biegeschwingungen versetzt, die man in dem darunterliegenden Raum hört. Die Schwingungen beschränken sich im übrigen nicht nur auf die Decke. Sie wandern von dort zu weiteren Bauteilen eines Hauses, so daß sie oft auch in entfernt liegenden Räumen zu hören sind. Man bezeichnet die Körperschallanregung von Decken im allgemeinen als *Trittschall*-Anregung, obwohl – wie oben angedeutet – neben dem Gehen viele andere Anregungen von Bedeutung sind. Zur zahlenmäßigen Kennzeichnung des Verhaltens von Decken gegenüber Trittschall wird auf der zu prüfenden Decke ein in seinen Abmessungen genormtes, mit einem Elektromotor angetriebenes Hammerwerk betrieben, wobei 500 g schwere, mit einer Auflagefläche aus Stahl versehene Hämmer aus 4 cm Höhe zehnmal in der Sekunde frei auf die Decke herabfallen.

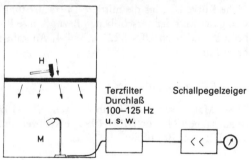

Abb. A 52: Zur Bestimmung des Norm-Trittschallpegels von Decken.
Oben: Ansicht des Hammerwerks
Unten: Prinzip der Meßanordnung

Abb. A 52 zeigt die Ansicht eines solchen Hammerwerks. Gemessen wird der Schallpegel, der im Raum unter der Decke vorhanden ist, und zwar getrennt für einzelne Frequenzbereiche von der Bandbreite einer Terz. Es wird somit derjenige Schallpegel L bestimmt, der sich z. B. in dem Frequenzbereich 100–125 Hz, 125–160 Hz, usw. ergibt. Die Größe dieses Schallpegels hängt noch davon ab, wie groß die Schallabsorption des Meßraumes unter der Decke ist, d. h., ob der Raum beispielsweise leer oder möbliert ist. Um ein Ergebnis zu erhalten, das unabhängig von der Ausstattung des Meßraumes ist, wird dieses auf einen Raum mit einer einheitlichen Schallabsorptionsfläche $A_o = 10\ m^2$ umgerechnet, was ungefähr der Schallabsorption eines mäßig möblierten Raumes entspricht.

$$L_n = L + 10\ lg\ \frac{A}{A_o} \tag{A 18}$$

wobei bedeuten:

$L:$ gemessener Schallpegel je Terz (Trittschallpegel)
$L_n:$ Norm-Trittschallpegel
$A:$ (äquivalente) Absorptionsfläche des Raumes unter der Decke
$A_o:$ Bezugswert der Absorptionsfläche ($10\ m^2$)

Dieser so normierte Trittschallpegel L_n wird als Norm-Trittschallpegel bezeichnet. Er wird in Abhängigkeit von der Frequenz in einem Diagramm, wie es Abb. A 53 zeigt, aufgetragen, wobei die über der Mittelfrequenz der Terzen aufgetragenen Schallpegelwerte durch einen Linienzug miteinander verbunden werden.

Vor 1984 sind die Werte des Normtrittschallpegels mit Filtern von Oktavbreite bestimmt worden. Diese Werte sind um rund 5 dB höher als die neuerdings verwendeten Werte für Terzen. Wenn man ältere Meßwerte von L_n oder L_n' mit neueren Werten, z. B. im Rahmen von Prüfzeugnissen oder Veröffentlichungen vergleicht, muß dieser Unterschied beachtet werden.

Sofern derartige Messungen im Bau oder in einem Prüfstand mit bauähnlicher Schall-Längsleitung vorgenommen werden, wird der Norm-Trittschallpegel nicht mit L_n sondern mit L_n' bezeichnet. Diese Unterscheidung spielt beim Trittschallschutz keine große praktische Rolle, ausgenommen bei Decken mit unterseitiger Verkleidung (zweischalige Decken), siehe Abschnitt 5.4.1.

Aus diesen Einzelwerten des Trittschallpegels L_n in Abhängigkeit von der Frequenz wird wie beim Luftschallschutz eine Gesamtbeurteilung in Form eines einzelnen Zahlenwertes gebildet. Dazu werden zur Zeit zwei Wege begangen.

Bewerteter Normtrittschallpegel

Eine Bewertungskurve B, die in Abb. A 53 als Linienzug B eingetragen ist, wird solange verschoben (siehe Kurve B_V), bis die mittlere Überschreitung durch die Meßkurve im Mittel 2 dB beträgt. Der Ordinatenwert der verschobenen Bezugskurve B_V bei 500 Hz wird dann als kennzeichnender Wert benutzt und nach DIN 52210, Teil 4, Ausgabe 1984 als „bewerteter Normtrittschallpegel L_{nw}'" bezeichnet.

Trittschallschutzmaß

Dieses Maß ist seit bald 30 Jahren nach DIN 4109 bestimmt worden. Es wird auch weiterhin in der Neuausgabe 1989 von DIN 4109 zur Kennzeichnung benutzt. Die Umrechnung beider Maße erfolgt nach DIN 52210 in folgender Weise

$$TSM = 63\ dB - L_{nw}' \tag{A 19}$$

Die geänderte Bezeichnung beruht nicht etwa auf neuen Erkenntnissen sondern ist rein formaler Art. Sie war nötig, um eine Vereinheitlichung auf internationaler Ebene zu erreichen.

Im folgenden wird im Hinblick auf DIN 4109 stets das Trittschallschutzmaß TSM angegeben werden.

Im Gegensatz zur Luftschalldämmung stellt der Norm-Trittschallpegel keine Dämmung, sondern ein Maß für das zu erwartende Störgeräusch dar. Hohe Werte des Pegels bedeuten deshalb einen ungünstigen Trittschallschutz.

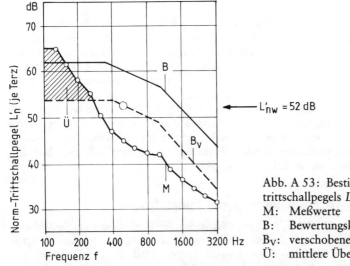

Abb. A 53: Bestimmung des bewerteten Norm-trittschallpegels L'_{nw} nach DIN 52210, Teil 4.
M: Meßwerte
B: Bewertungskurve
B_V: verschobene Bewertungskurve
Ü: mittlere Überschreitung

Die Werte des Trittschallschutzmaßes üblicher Decken ohne und mit Fußboden bewegen sich etwa zwischen −20 dB und 20 dB. Ein guter Trittschallschutz erfordert Schutzmaße nach DIN 4109, Beiblatt 2, von mindestens 17 dB. Bei Schutzmaßen von 10 dB sind Gehgeräusche noch durch eine Decke durchzuhören. Normale Gehgeräusche hört man in der Regel kaum mehr unter einer Decke, wenn das Trittschallschutzmaß etwa 25 dB und mehr beträgt[40], siehe jedoch die Bemerkungen über das Dröhnverhalten von schwimmenden Estrichen in Abschnitt 5.5.2.1.4. Beispiele für den Verlauf des Trittschallpegels verschiedener typischer Decken sind in Abb. A 54 angegeben.

Abb. A 54: Beispiele für das Trittschallverhalten von verschiedenen Massivdecken in Bauten.
a: Rohdecke
   180 mm Stahlbetonplatte
   TSM = −10 dB
b: Gußasphalt-Estrich auf steifer Schüttung
   180 mm Stahlbetonplatte
   TSM = −2 dB
c: Gußasphalt-Estrich auf Fasermatten
   180 mm Stahlbetonplatte
   mittlere Decke
   TSM = 16 dB
d: Teppichbelag
   Zement-Estrich auf
   25/20 mm Mineralfaserplatten
   160 mm Stahlbetonplatte
   sehr gute Decke
   TSM = 28 dB
e: Decke mit Schallbrücken des
   schwimmenden Estrichs
   auf Mineralfaserplatten
   TSM = 4 dB

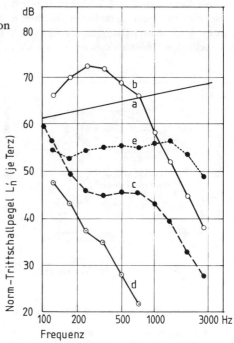

[40]) Vgl. auch Gösele, K. „Zur Dämmung von Gehgeräuschen". Ges. Ing. 1959, S. 11 und Bericht 55, 1959, der Schriftenreihe der Forschungsgemeinschaft Bauen und Wohnen.

Kennzeichnung von Rohdecken

Das Trittschallverhalten von Rohdecken wird durch das unmittelbar gemessene Trittschallschutzmaß nicht immer praxisgerecht charakterisiert. Es interessiert den Baufachmann weniger, wie verschiedene Rohdecken sich als Rohdecken verhalten, sondern wie sie sich verhalten, wenn sie jeweils mit einem geeigneten, trittschalldämmenden Fußboden versehen sind. Das sind, wie an anderer Stelle gezeigt wurde[41] durchaus unterschiedliche Dinge. Eine Decke kann als Rohdecke einen – verglichen mit anderen – guten Trittschallschutz haben, sich jedoch nur schwer verbessern lassen. Deshalb wurde das sog. äquivalente Trittschallschutzmaß TSM_{eq} für Rohdecken vorgeschlagen[41] und in DIN 52210, Teil 4, eingeführt, wo es neuerdings als „äquivalenter bewerteter Norm-Trittschallpegel $L_{n,w,eq,o}$" bezeichnet wird. Dieses Maß berücksichtigt das Verhalten einer Rohdecke zusammen mit einem trittschalldämmenden Fußboden. Werte dieses äquivalenten Trittschallschutzmaßes sind für verschiedene Rohdecken in Tafel A 17 angegeben.

5.2. Kennzeichnung der Trittschalldämmung von Fußböden

Wird auf eine Massivdecke ein Fußboden – z. B. ein schwimmender Estrich oder ein Gehbelag – aufgebracht, dann wird dadurch der Norm-Trittschallpegel verringert, siehe schematische Darstellung in Abb. A 55. Die Abnahme ΔL des Norm-Trittschallpegels wird als „Verbesserung des Trittschallschutzes" oder als „Trittschallminderung" durch den aufgebrachten Fußboden bezeichnet:

$$\Delta L = L_0 - L_1 \tag{A 20}$$

L_0: Norm-Trittschallpegel der Decke ohne Fußboden
L_1: Norm-Trittschallpegel der Decke mit Fußboden

Diese Verbesserung ΔL ist kennzeichnend für die trittschalldämmende Wirkung eines Fußbodens. Sie wird in einem gesonderten Diagramm in Abhängigkeit von der Frequenz aufgetragen, wie es Abb. A 55 rechtes Diagramm, zeigt. Die Verbesserung ΔL ergibt sich für denselben Fußboden auf verschiedenen Massivdecken als etwa gleich groß, von wenigen Ausnahmen abgesehen[42].

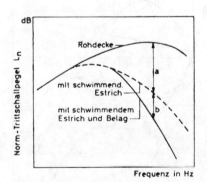 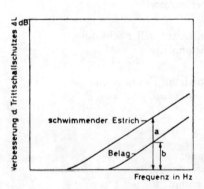

Abb. A 55: Definition der Verbesserung ΔL des Trittschallschutzes durch Fußbodenausführungen.

[41] Gösele, K. „Die Beurteilung des Trittschallschutzes von Rohdecken". Ges. Ing. 85, 1964, S. 261. „Vereinfachte Berechnung des Trittschallschutzes von Decken". FBW-Blätter, Heft 2, 1964.
[42] Vgl. Gösele, K. „Zur Abhängigkeit der Trittschallminderung von Fußböden von der verwendeten Deckenart" in „Schallschutz von Bauteilen", Verlag W. Ernst & Sohn, Berlin, 1960, S. 10.
Kristen, Th., H. W. Müller und R. Palazy „Schalltechnische Wirkung von schwimmendem Estrich auf verschiedenen Deckenkonstruktionen" in „Schallschutz von Bauteilen", Verlag W. Ernst & Sohn, Berlin, 1960, S. 24.

In der Praxis besteht das Bedürfnis, auch die trittschalldämmende Wirkung eines Belages durch eine Einzahlangabe eindeutig kennzeichnen zu können, um z. B. in Zahlentafeln das Trittschallverhalten der verschiedenen Beläge einander gegenüberstellen zu können. Dafür wurde das *Verbesserungsmaß des Trittschallschutzes* (abgekürzt VM) eingeführt[43]), siehe DIN 52210, Teil 4.

Das Maß gibt an, um wieviel das Trittschallschutzmaß einer bestimmten, in ihren Eigenschaften festgelegten Decke[44]) durch das Aufbringen des zu beurteilenden Belags erhöht wird. Die Berechnung erfolgt anhand gemessener Werte der Verbesserung ΔL. Hat z. B. ein Belag ein Verbesserungsmaß von 22 dB, so heißt dies, daß die zur Berechnung herangezogene Decke durch den Belag von einem Trittschallschutzmaß von −15 dB auf 7 dB verbessert wurde. Aus Abb. A 56 ist der Berechnungsvorgang zu entnehmen. Eine Übersicht über die Verbesserungsmaße gebräuchlicher Beläge gibt Tafel A 21.

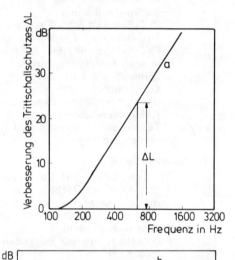

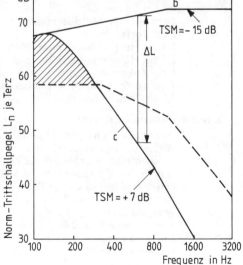

Abb. A 56: Zur Bestimmung des Verbesserungsmaßes (VM) des Trittschallschutzes für einen Fußboden.

a: die gemessene „Verbesserung des Trittschallschutzes" ΔL des Fußbodens in Abhängigkeit von der Frequenz.

b: Norm-Trittschallpegel der (gedachten) Bezugsdecke ohne Fußboden (einmalig in DIN 52210, Teil 4, festgelegte Werte)

c: Norm-Trittschallpegel der Bezugsdecke zusammen mit dem betrachteten Fußboden (aus a und b gerechnete Werte)

Beispiel aus Diagramm:

VM = 7 dB − (−15 dB) = 22 dB

---

[43]) Vgl. Gösele, K. „Die zahlenmäßige Kennzeichnung der Trittschalldämmung von Fußböden durch das Verbesserungsmaß" in „Die Schalltechnik", 1961, Nr. 42.

[44]) Als Decke wurde eine 120 mm dicke Massivplattendecke festgelegt, deren Norm-Trittschallpegel-Werte in DIN 52 210, Teil 4, angegeben sind. Ihr Trittschallschutzmaß (ohne Belag) beträgt − 15 dB, vgl. Kurve b in Abb. A 55.

Tafel A 21   Trittschall-Verbesserungsmaße VM gebräuchlicher
Fußbodenausführungen auf Massivdecken
Werte gültig für den Zustand nach Fertigstellung

1. Gehbeläge

Linoleum 2,5 mm	7 dB
Linoleum auf Filzpappe (800 g/m²)	14 dB
Linoleum auf 2 mm Korkment	15 dB
Linoleum auf 5 mm porösen Holzfaserplatten (380 kg/m³)	16 dB
Korklinoleum 3,5 mm	15 dB
Korklinoleum 7 mm	18 dB
Korkparkett 6 mm	15 dB
PVC-Beläge 1,5 bis 2 mm dick	5 dB
PVC-Belag mit 2 mm Korkment	14 dB
PVC-Beläge mit 3 mm Filzunterschicht, je nach Ausführung	15—19 dB
Gummibelag 2,5 mm	10 dB
Gummibelag 5 mm, davon 4 mm Porengummi-Unterschicht	24 dB
Kokosfaser-Läufer	17—22 dB
Teppichböden, je nach Ausführung	24—30 dB
Nadelfilz-Beläge	17—22 dB

2. Holzfußböden

Riemenböden auf Lagerhölzern	
direkt auf der Decke verlegt	16 dB
auf Schlackenschüttung (6 cm)	21 dB
auf 1 cm dicken Dämmstreifen aus Mineralwolle oder Kokosfasern	24 dB
Parkettbeläge auf folgenden Unterschichten	
2 cm Kork	6 dB
0,7 cm Bitumenfilz	15 dB
1 cm porösen Holzfaserplatten	16 dB
2 cm Torfplatten	16 dB
2,5 cm Holzwolle-Leichtbauplatten	17 dB
2,5 cm Holzwolle-Leichtbauplatten, darunter 1 cm Kokosfasermatten	27 dB
1 cm porösen Holzfaserplatten, darunter 0,5 cm Mineralfaserplatten	28 dB

3. Schwimmende Estriche

Zement-Estriche auf folgenden Dämmschichten	
Wellpappe, gewalzt 0,3 cm	18 dB
porösen Holzfaserplatten 1,2 cm	15 dB
Holzwolle-Leichtbauplatten 2,5 cm	16 dB
Polystyrol-Hartschaumplatten, Normalausführung, 1 cm	18 dB
Spezialausführung, 1 cm	26 dB
Korkschrotmatten 0,6—0,8 cm	16 dB
Korkschrotmatten 1,4 cm	22 dB
Gummischrotmatten	18 dB
Kokosfasermatten 0,8 cm	23 dB
Kokosfaser-Rollfilz 1,3 cm	28 dB
Mineralfaserplatten 1 cm	27 dB

Tabelle auf Seite 91 fortgesetzt

noch: Schwimmende Estriche

Mineralfaserplatten 1,5 cm	31 dB
Mineralfaser-Rollfilz 1,5 cm	31 dB
Holzwolle-Leichtbauplatten 2,5 cm,	
darunter 0,9 cm Mineralfaser-Rollfilz	34 dB
Asphalt-Estriche auf folgenden Dämmschichten	
poröse Holzfaserplatten 2 cm	20 dB
Korkschrotmatten 0,7 cm	19 dB
Holzwolle-Leichtbauplatten 2,5 cm,	
darunter 0,5 cm Mineralfaserplatten	31 dB

Die Dicken der angegebenen Dämmstoffe beziehen sich auf den eingebauten Zustand.

5.3 Vorherberechnung des Trittschallschutzes

Der voraussichtlich zu erwartende Trittschallschutz einer Decke mit Belag läßt sich auf zwei Wegen vorherberechnen. Der erste, genaue Weg setzt voraus, daß für die Rohdecke der Normtrittschallpegel L_{no} in Kurvenform (in Abhängigkeit von der Frequenz) bekannt ist und ebenso die Trittschallminderung ΔL für den Fußbodenaufbau, z. B. für den schwimmenden Estrich ΔL_E und den Gehbelag ΔL_G. Der Normtrittschallpegel L'_n der fertigen Decke errechnet sind dann zu

$$L'_n = L'_{n,O} - \Delta L_E - \Delta L_G \tag{A 21}$$

Daraus kann dann der bewertete Normtrittschallpegel $L'_{n,w}$ bzw. das Trittschallschutzmaß der fertigen Decke nach Abschnitt 5.1 berechnet werden, streng gültig allerdings nur für einschalige Rohdecken.

Der zweite, weniger genaue, dafür besonders einfache Weg[45]) besteht darin, daß man von dem in Abschnitt 5.1 erwähnten äquivalenten Trittschallschutzmaß TSM_{eq} der Rohdecke ausgeht, wobei für das Trittschallschutzmaß TSM_{fertig} der fertigen Decke gilt:

$$TSM_{fertig} \approx TSM_{eq} + VM \tag{A 22}$$

VM ist dabei das größere der beiden Verbesserungsmaße des schwimmenden Estrichs und des Gehbelages. Die nötigen Werte für diese Rechnung sind in den Tafeln A 17 und A 21 enthalten. Auch die Abb. A 59 kann zur Ermittlung von TSM_{eq} herangezogen werden.

Das hier geschilderte, vereinfachte Verfahren wird nunmehr auch bei dem baurechtlichen Nachweis eines ausreichenden Trittschallschutzes nach DIN 4109 angewandt. Zur Abdeckung von Ungenauigkeiten der Rechnung wird dabei ein Sicherheitszuschlag von 2 dB gefordert. Wenn z. B. ein $TSM = 10$ dB vorgeschrieben ist, muß ein $TSM \geq 10 + 2$ dB rechnerisch nachgewiesen werden.

Dieses vereinfachte Rechenverfahren kann dann in seiner Genauigkeit noch verbessert werden, wenn die Verbesserungsmaße VM_1 und VM_2 von schwimmendem Estrich und Gehbelag etwa gleich große Werte haben. Dann gilt

$$TSM_{fertig} = TSM_{eq} + VM_1 + k. \tag{A 23}$$

Dabei sei VM_1 das größere der beiden Verbesserungs-Maße von Gehbelag und schwimmendem Estrich o. ä. Der Korrekturfaktor k ergibt sich dann nach Abb. A 57 aus der Differenz $(VM_1 - VM_2)$.

[45]) Siehe Fußnote 41 auf S. 88.

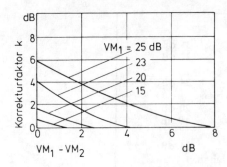

Abb. A 57: Zur Bestimmung des Korrekturfaktors k aus der Differenz der Verbesserungsmaße VM_1 und VM_2 für die Berechnung des TSM einer fertigen Decke.

5.4 Grundsätzliches Verhalten

5.4.1 Decken

Der Norm-Trittschallpegel von homogenen Deckenplatten läßt sich näherungsweise theoretisch voraussagen[46]. Dabei ist ein Ansteigen des Pegels mit 5 dB bei einer Steigerung der Frequenz um das zehnfache zu erwarten, was auch etwa mit dem beobachteten Verhalten übereinstimmt, vgl. Abb. A 58, Kurve a. Der Trittschallpegel nimmt mit zunehmender Dicke der Deckenplatte ab, bei einer Verdoppelung der Dicke der Deckenplatte theoretisch um rd. 10 dB. Durch eine wesentliche Erhöhung der Deckendicke kann der Norm-Trittschallpegel somit erheblich gesenkt werden. Die starke Zunahme des Trittschallschutzes mit der flächenbezogenen Masse m' der Decke geht aus Abb. A 59 hervor, wo das sog. äquivalente Trittschallschutzmaß TSM_{eq}, das wie in Abschnitt 5.1 ausgeführt, ein praxisgerechtes Maß für das Trittschallverhalten von Rohdecken darstellt, in Abhängigkeit von m' für einschalige Rohdecken dargestellt ist. Rechnerisch[47]) ergibt sich TSM_{eq} zu

$$TSM_{eq} = 35 \lg \frac{m'}{m'_o} - 101 \text{ dB} \qquad (A\,24)$$

Dabei bedeuten $m'_o = 1 \text{ kg/m}^2$ und m' die flächenbezogene Masse (in kg/m²) der einschaligen Decke.

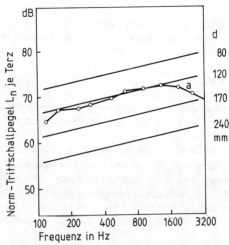

Abb. A 58: Norm-Trittschallpegel von Massivplattendecken verschiedener Dicke d (ohne Fußboden);

rechnerisch zu erwartende Werte (ohne Berücksichtigung einer Schallabstrahlung über die seitlichen Wände und einer verminderten Schallabstrahlung unterhalb der Grenzfrequenz der Platten).

a: Meßwerte für 120 mm dicke Decke

Im oberen Teil des Diagramms von Abb. A 59 sind die TSM-Werte fertiger Decken eingetragen, wenn ein Fußboden mit einem Verbesserungsmaß VM von 25, 30 oder 35 dB auf der Decke verlegt wird.

---

[46]) Cremer, H. und L. „Theorie der Entstehung des Klopfschalls", Frequenz 1 (1948), S. 61.
[47]) Gösele, K. und K. Gießelmann „Berechnung des Trittschallschutzmaßes von Rohdecken", Berichtsband DAGA 1976, VDI-Verlag.

Wie bei der Luftschallübertragung tragen Inhomogenitäten der Decke in der Regel zu einer verstärkten Trittschallübertragung gegenüber Decken gleichen Gewichts bei. Dies wirkt sich jedoch in erster Linie bei höherer Frequenz aus, welche für TSM_{eq} von geringer Bedeutung ist.

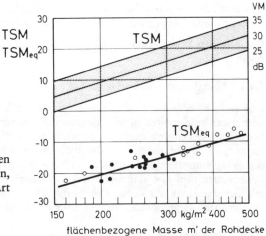

Abb. A 59: Abhängigkeit des äquivalenten Trittschallschutzmaßes TSM_{eq} von einschaligen, massiven Rohdecken der verschiedensten Art von ihrer flächenbezogenen Masse
○ homogene Platten
● Decken mit Hohlräumen

Unterseitige Deckenverkleidungen

Die Trittschallübertragung einer Decke in den darunterliegenden Raum läßt sich durch eine unterseitig mit Abstand angebrachte Verkleidung der Decke unter Umständen stark verringern, wenn die in Abschnitt 4.4.1.2 genannten Richtlinien für die Ausbildung der Verkleidung beachtet werden. Die Verbesserung ist wiederum auf die anomal geringe Schallabstrahlung einer biegeweichen Verkleidung – siehe Abb. A 22 – zurückzuführen. Die Dämmwirkung einer solchen Maßnahme ist bei leichten Decken relativ groß; sie findet in Bauten mit massiven Wänden ihre Grenze, weil neben der ausgeschalteten Übertragung über die Deckenfläche eine Übertragung von der Decke über die seitlichen Wände erfolgt, wie dies Abb. A 60 verdeutlicht (Weg C).

Diese Begrenzung fällt weg, wenn Wände aus dünnen, biegeweichen Schalen verwendet werden, oder die Wände nicht bis zur Decke, sondern nur bis zur abgehängten Verkleidung hochgezogen werden, wie dies bei modernen Verwaltungsbauten u. ä. – siehe Abschnitt 8 – der Fall ist. Dort kann mit Verkleidungen eine Verbesserung des Trittschallschutzmaßes um 10 bis 20 dB erzielt werden.

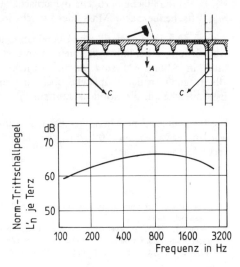

Abb. A 60: Die Grenzen des Trittschallschutzes von zweischaligen Massivdecken. Infolge der Trittschallübertragung über die seitlichen Wänden (Weg C) sind für zweischalige Massivdecken in normalen Wohnbauten mit massiven Wänden meist keine günstigeren Trittschallpegelwerte zu erwarten, als sie die dargestellte Kurve angibt.

5.4.2 Fußböden

Es gibt zwei Wege[48]), um durch einen Fußboden eine Trittschallminderung zu erzielen:

weichfedernde Ausbildung der Fußbodenoberfläche (des Gehbelags)
Anordnung eines Estrichs über einer weichfedernden Dämmschicht (schwimmender Estrich).

Die in beiden Fällen geltenden Gesetzmäßigkeiten für die zu erzielende Verbesserung ΔL sind gut bekannt.

5.4.2.1 Verhalten von Gehbelägen

Eine weiche Federung der Fußbodenoberfläche erhält man durch einen entsprechenden Gehbelag oder durch eine entsprechende Dämmschicht unmittelbar unter einem dünnen, wenig biegesteifen Gehbelag. Die Dämmwirkung setzt nach H. und L. Cremer oberhalb einer bestimmten Resonanzfrequenz f_R ein, die bestimmt wird durch die dynamische Steifigkeit des Belages und die Masse des auf den Belag auftreffenden Gegenstandes[46]). Je weichfedernder der Belag ist, um so niedriger ist die Resonanzfrequenz f_R und um so größer die Dämmwirkung. Oberhalb f_R nimmt die Verbesserung ΔL mit der Frequenz stark zu. Die Verbesserung hängt von der Masse des „stoßenden" oder „klopfenden" Gegenstandes ab; je größer diese Masse, um so größer die Dämmwirkung.

5.4.2.2 Verhalten von schwimmenden Estrichen

Unter schwimmenden Estrichen versteht man Estriche, die auf einer weichfedernden Dämmschicht aufgebracht sind. Sie stellen das wichtigste Mittel zur Verringerung der Trittschall-Übertragung dar. Ihre Dämmwirkung hängt in erster Linie von der Art der verwendeten Dämmschicht ab. Die Verbesserung ΔL beginnt nach einer Theorie von L. Cremer[49]) oberhalb einer Resonanzfrequenz f_R, wobei sie oberhalb f_R sehr stark mit der Frequenz zunimmt.

$$\Delta L = 40 \lg f/f_R \quad (dB) \tag{A 25}$$

$$f_R = 160 \sqrt{\frac{s'}{m'_e}} \quad (Hz) \tag{A 26}$$

dabei bedeuten:

f_R: Resonanzfrequenz des Estrichs
f: Frequenz
s':   auf die Fläche bezogene dynamische Steifigkeit der Dämmschicht in MN/m^3
m'_e: flächenbezogene Masse des Estrichs in kg/m^2

Abb. A 61 zeigt die relativ gute Übereinstimmung zwischen Theorie und Messung. Zu beobachtende Abweichungen bei hohen Frequenzen an besonders weichfedernden Dämmstoffen (siehe Diagramm links in Abb. A 61) sind darauf zurückzuführen, daß neben der von der Theorie erfaßten Übertragung an der Klopfstelle noch eine zusätzliche Schwingungsübertragung von der gesamten Estrichfläche auf die Rohdecke auftritt[50]).

Die flächenbezogene Masse der Estriche kann aus praktischen Gründen nur relativ wenig variiert werden (etwa 45 bis 80 kg/m^2), so daß auf diese Weise die Dämmwirkung nicht wesentlich verbessert werden kann.

---

[48]) Dabei ist von dem uninteressanten Fall abgesehen, daß der Fußboden so schwer ausgebildet wird, daß er das Deckengewicht wesentlich erhöht.
[49]) Cremer, L. „Näherungsweise Berechnung der von einem schwimmenden Estrich zu erwartenden Verbesserung". Fortschritte und Forschungen im Bauwesen, 1952, Heft 2, S. 123.
[50]) Gösele, K. „Trittschall – Entstehung und Dämmung". VDI-Berichte 8, 1956, S. 23.

Maßgeblich für die Dämmwirkung eines schwimmenden Estrichs ist deshalb in erster Linie die dynamische Steifigkeit s' der Dämmschicht. Darunter versteht man die Steifigkeit einer Dämmschicht unter der Einwirkung von Wechselkräften.

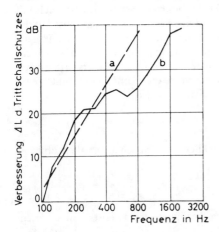 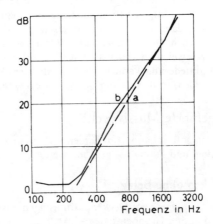

35 mm Zement-Estrich auf 15 mm Steinwolle-Platten

$$s' = 21 \text{ MN/m}^3$$

30 mm Zement-Estrich auf 10 mm Hartschaumplatten

$$s' = 145 \text{ MN/m}^3$$

Abb. A 61: Verbesserung des Trittschallschutzes ΔL durch zwei schwimmende Estriche.
a: nach Theorie von L. Cremer   b: gemessen

Ausdrücklich sei darauf hingewiesen, daß nach dieser Theorie ein schwimmender Estrich in der Nähe seiner Resonanzfrequenz den Trittschallschutz der Decke auch verschlechtern kann. Dies wird auch bei praktisch ausgeführten Estrichen öfters, allerdings nicht immer beobachtet. Dieses Dröhnen von schwimmenden Estrichen kann in manchen Fällen selbst im eigenen Raum stören.
Die erwähnten Zusammenhänge bieten die Möglichkeit, die Trittschallverbesserung ΔL für eine Dämmschicht vorher zu berechnen, wenn die dynamische Steifigkeit s' bekannt ist. Da die Messung der letztgenannten Größe weniger aufwendig ist als eine Trittschallmessung, benutzt man die Messung von s', um die Eignung von Dämmstoffen für schwimmende Estriche festzustellen.
Das dabei zu verwendende Meßverfahren ist in DIN 52214 festgelegt[51]). Eine Übersicht über die dynamische Steifigkeit gebräuchlicher Dämmstoffe gibt Tafel A 22.
Die dynamische Steifigkeit s' einer Dämmschicht setzt sich aus zwei Anteilen zusammen, der Steifigkeit s'_G des tragenden „Gerüsts" der Dämmschicht (d. h. der Fasern, Körner o. ä.) und der Steifigkeit s'_L der in der Dämmschicht eingeschlossenen Luft.

$$s' = s'_G + s'_L \tag{A 27}$$

Macht man das Gerüst der Dämmschicht zunehmend weichfedernder, dann bleibt die Steifigkeit s'_L der Luft übrig, die sich zu

$$s'_L = \frac{113}{d} \text{ MN/m}^3 \tag{A 28}$$

---

[51]) Vgl. auch Gösele, K, „Die Bestimmung der dynamischen Steifigkeit von Trittschalldämmstoffen" in „boden, wand und decke", 1960, Heft 4 und 5.

errechnet[52]) wobei d die Dicke der Luftschicht (in mm) bedeutet. Diese Überlegungen zeigen, daß die dynamische Steifigkeit einer Dämmschicht auch bei noch so weichfedernder Ausführung des Gefüges (sehr weiche Matten) nicht geringer sein kann als es die Luftsteifigkeit zuläßt. Eine wirksame Dämmschicht muß deshalb stets auch eine ausreichende Dicke besitzen. Schließlich ist noch auf einen praktisch wichtigen Einfluß hinzuweisen. Liegt eine relativ steife Dämmschicht nur lose auf der Rohdecke auf, dann ergibt sich eine zusätzliche Federung, bedingt durch den nicht vollflächigen Kontakt zwischen Dämmschicht und Rohdecke (sog. Kontaktfederung), d. h. die Dämmschicht wirkt dadurch weichfedernder als auf Grund der Steifigkeit der Platten an sich zu erwarten wäre. Diese Kontaktfederung kann noch wesentlich erhöht werden, wenn die Dämmplatten unterseitig profiliert werden, so daß sie nur auf einem Bruchteil ihrer Fläche aufliegen[53]).

5.5 Ausgeführte Massivdecken

Im folgenden soll anhand von Zahlenwerten ein Überblick über das Trittschallverhalten üblicher Massivdecken und Fußböden gegeben werden.

5.5.1 Decken ohne Belag

Die vielen vorliegenden Deckenausführungen lassen sich bezüglich ihres Trittschallverhaltens weitgehend in drei Gruppen teilen:

> homogen ausgebildete, einschalige Plattendecken
> inhomogen ausgebildete, einschalige Massivdecken
> zweischalige Massivdecken

Die Werte des Norm-Trittschallpegels einiger derartiger Decken sind in Abb. A 62 dargestellt.

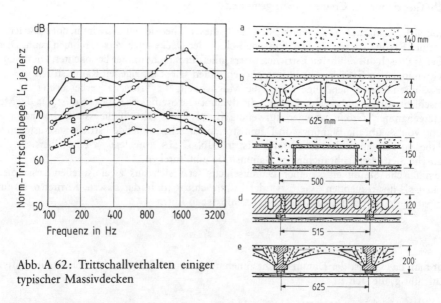

Abb. A 62: Trittschallverhalten einiger typischer Massivdecken

Die homogenen Plattendecken verhalten sich verhältnismäßig günstig, sofern sie genügend schwer ausgebildet sind (vgl. Abb. A 58). Das Anbringen von Holzwolle-Leichtbauplatten, Schilfrohrplatten, Polystyrol-Schaumstoffplatten und ähnlichen Platten an der Deckenunterseite verbessert die

---

[52]) Diese Beziehung gilt allerdings nur, wenn die Dämmschicht einen genügend hohen Strömungswiderstand hat. Wenn dies nicht zutrifft wird die Steifigkeit unter Umständen zwei- bis dreimal größer als nach der Rechnung.
[53]) Vgl. Gösele, K. „Neue Wege zur Entwicklung von Trittschalldämmstoffen". Ges. Ing. 75 (1954), S. 20.

Wärmedämmung und verschlechtert andererseits die Luft- und Trittschalldämmung, wenn die Platten anbetoniert oder angeklebt werden. Man sollte deshalb derartige Wärmeschichten möglichst an der Deckenoberseite anordnen, wo sie sowohl wärmetechnisch als auch schalltechnisch vorteilhaft sind[54]).

Die inhomogen ausgebildeten Massivdecken verhalten sich meist etwas ungünstiger als gleich schwere, homogene Massivdecken. Die Ursachen sind dieselben wie sie schon beim Luftschallschutz der Decken erwähnt worden sind, nämlich ungleichmäßige Gewichtsverteilung, Resonanzeffekte und dazu meist noch eine geringe flächenbezogene Masse. Dies gilt besonders für Decken mit geschlossenen, unmittelbar verputzten Holzwolle-Hohlkörpern.

In der Gruppe der zweischaligen Massivdecken gibt es Deckenausführungen, die so günstig sind wie Massivplattendecken, wobei die Decken zum Teil wesentlich leichter sind als die letztgenannten. Durch eine geeignete, wenig starre Befestigung der Verkleidung fällt die Übertragung über die Decke selbst weg, so daß die schon früher besprochene Übertragung über die seitlichen Wände (Abb. A 60) übrig bleibt. Mit dem günstigen Trittschallverhalten ist auch ein guter Luftschallschutz verbunden (vgl. Tafel A 17). Allerdings hat sich bei Untersuchungen[55]) gezeigt, daß das Trittschall-Verbesserungsmaß VM von schwimmenden Estrichen auf zweischaligen Massivdecken um etwa 2 dB geringer ist als auf einschaligen. Bei der Berechnung des Trittschallschutzmaßes nach Beziehung (A 22) müssen deshalb bei zweischaligen Massivdecken 2 dB abgezogen werden.

5.5.2 Fußböden

Die trittschalldämmende Wirkung von Fußböden wird durch das Verbesserungsmaß des Trittschallschutzes (abgekürzt VM) charakterisiert. Eine Übersicht über die Werte üblicher Gehbeläge, schwimmender Estriche, Holzfußböden u. ä. wird in Tafel A 21 gegeben.

5.5.2.1 Schwimmend verlegte Estriche

5.5.2.1.1 *Bautechnische Ausführung*

Schwimmende Estriche bestehen aus einer Dämmschicht, auf der ein Estrich genügender Dicke aus Beton, Anhydrit, Steinholz oder Asphalt verlegt wird. Für die zu wählende Ausführung ist DIN 18 560 maßgeblich. Die erforderlichen Estrichdicken sollen danach betragen:

$$\begin{array}{ll} \text{Zement- und Anhydrit-Estriche} & \geqq 35 \text{ mm} \\ \text{Gußasphalt-Estriche} & \geqq 20 \text{ mm} \end{array}$$

Die Dicke der Estriche ist davon abhängig gemacht, wie stark die Dämmschichten bei der Verlegung zusammengedrückt werden. Wenn diese Zusammendrückung nicht größer als 5 mm ist – zutreffend z. B. für alle Mineralfaserplatten und Hartschaumplatten mit Dicken unter 25 mm – sind jeweils die oben genannten Werte gültig.

Die Dämmschicht muß so verlegt werden, daß keine größeren Fugen zwischen den einzelnen Matten oder Platten verbleiben. Sie muß durchgehend wasserdicht abgedeckt werden, damit kein Zementwasser und kein Mörtel in die Dämmschicht eindringen kann. Die Abdeckung soll mit einer nackten Bitumenbahn (mit Rohfilzeinlage) von mindestens 250 g/m^2 oder einer Polyethylenfolie von mindestens 0,1 mm Dicke erfolgen.

Für das Einbringen des Mörtels müssen zum Schutz der Dämmschicht Bretter oder lastverteilende Platten verlegt werden. Der Mörtel von Zement-Estrichen soll erdfeucht bis weich eingebracht werden. Er soll nach DIN 18 560 nicht mehr als 400 kg Zement je m^3 fertigen Mörtels enthalten.

---

[54]) Es gibt allerdings öfters Fälle, wo man aus wärmetechnischen Gründen gern anders verfahren würde, vor allem, wenn man die Kältebrücken ins Freie ragender Balkonplatten oder der Decken bei Laubengängen beseitigen will.

[55]) Siehe Fußnote 42 auf Seite 88.

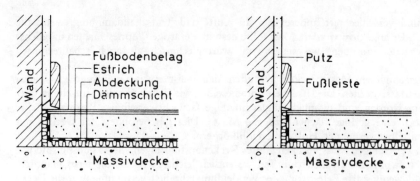

Abb. A 63: Ausführung des Wandanschlusses bei schwimmenden Estrichen.

Die Zuschlagstoffe sollen die Körnung 0 bis 8 mm haben. Der Estrich ist gegenüber den umgebenden Wänden durch einen Dämmstreifen zu trennen. Abb. A 62 zeigt die beiden in Frage kommenden Möglichkeiten für die Ausbildung des Wandanschlusses[56]).

An die Federung der Dämmstreifen zwischen dem Estrich und den Wänden werden nicht dieselben hohen Anforderungen gestellt wie an die Dämmschichten unter den Estrichen. Sie können deshalb dünner als die letztgenannten ausgeführt werden.

Erhebliche Schwierigkeiten bereitet ein schalltechnisch einwandfreier und gleichzeitig wasserdichter Wandanschluß von schwimmenden Estrichen bzw. schwimmend verlegten Belägen mit Steinzeugfliesen in Naßräumen. In Abb. A 64 ist eine Ausführung gezeigt, wobei eine verbleibende Fuge zwischen Sockelfliese und Bodenfliese mit einem plastischen Fugenfüller verschlossen ist.

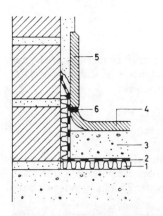

Abb. A 64: Ausführung des Wandanschlusses bei schwimmenden Estrichen mit Fliesenbelägen.
1: Dämmschicht
2: Pappe
3: Estrich (bzw. Mörtelaufzug)
4: Kehlsockel
5: Sockelfliese
6: plastisches Dichtungsmaterial

5.5.2.1.2 *Verhalten verschiedener Dämmschichten*

In Abschnitt 5.3.2.2 wurde ausgeführt, daß die dynamische Steifigkeit der Dämmschichten maßgeblich für die mit einem schwimmenden Estrich erzielbare Dämmwirkung ist. Tafel A 22 enthält die Steifigkeitswerte verschiedener Dämmschichten.

Zur Bewertung der angegebenen Zahlen sei bemerkt, daß für einen guten Trittschallschutz Dämmschichten mit einer dynamischen Steifigkeit von unter 30 MN/m^3 verwendet werden sollten.

---

[56]) Weitere Beispiele in DIN 4109, Ausgabe 1989, Beiblatt 1.

Tafel A 22: **Dynamische Steifigkeit verschiedener Dämmschichten für schwimmende Estriche**
Werte bestimmt nach DIN 52214

lfd. Nr.	Dämmstoff	Dicke im eingebauten Zustand mm	dynamische Steifigkeit MN/m³
1	Steinwolle-Rollfilz	12	19
2	Steinwolleplatten	10	20
3	Glasfaser-Rollfilz	7,9	23
4	Glasfaserplatten	6	32
5	Glasfaserplatten	11	19
6	Schlackenwolleplatten	19,2	50
7	Kokosfasermatten	7	36
8	Kokosfaser-Rollfilz	11,9	29
9	Korkschrotmatten	13	80
10	Korkschrotmatten	7,4	150
11	Korkschrotmatten	4,4	150
12	Gummischrotmatten	6,5	96
13	Polystyrol-Hartschaumplatten, je nach Hersteller	9—10	60—170
14	Polystyrol-Hartschaumplatten, durch Walzen o.ä. vorbehandelt	10—15	20—50
15	Torfplatten	21	100
16	Torfplatten, unterseitig profiliert	15,9	67
17	poröse Holzfaserplatten	13	150
18	Holzwolle-Leichtbauplatten, lose verlegt	25	210
19	Korkplatten, lose verlegt	12	550
20	Wellpappe aus Wollfilz	2,5	180
21	Sandschüttung	26	300
22	Korkschrotschüttung	20	81
23	Blähglimmer-Schüttung	15	175

Dies geht auch aus Abb. A 65 hervor, wo der rechnerische und durch Meßergebnisse unterbaute Zusammenhang zwischen dynamischer Steifigkeit und Verbesserungsmaß VM dargestellt ist[57]. Allerdings handelt es sich dabei um VM-Werte, die für schallbrückenfreie Estriche gelten. Im

[57] Näheres siehe Gösele, K. „Die zahlenmäßige Kennzeichnung der Trittschalldämmung von Fußböden durch das Verbesserungsmaß" in Die Schalltechnik, 1961, Heft 42.

ausgeführten Bau muß bei VM > 30 dB in der Regel mit Abminderungen von etwa 5 bis 8 dB infolge der Auswirkung von kleinen Schallbrücken gerechnet werden. Die Ausführung verschiedener Dämmstoffe wird im folgenden besprochen.

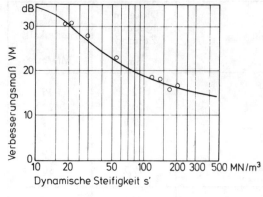

Abb. A 65: Zusammenhang zwischen dem Verbesserungsmaß eines schwimmenden Estrichs und der dynamischen Steifigkeit der Dämmschicht.
Punkte stellen Meßwerte, durchgezogene Linie Rechenwerte[57]) dar.

Fasermatten und -platten nach DIN 18165

Sie können aus
   Glaswolle, Steinwolle, Hüttenwolle (Schlackenwolle), Basaltwolle, Kokosfasern
bestehen. Sie sind in verschiedenen Formen lieferbar, und zwar als
   Bahnen (ohne irgendwelche Bindung der Fasern),
   Matten, ein- oder beidseitig versteppt mit Papier oder Pappe,
   Filze, locker gebunden, z. B. mit Kunstharz oder durch Verschlingen der Fasern (bei Kokos-
       Rollfilz), vorgepreßt, jedoch noch rollbar,
   Platten, locker gebunden, z. B. mit Kunstharz, vorgepreßt, nicht mehr rollbar.
Die Anforderungen, die an eine Trittschall-Dämmschicht aus Faserdämmstoffen zu stellen sind, sind in DIN 18165, Teil 2, enthalten. Erzeugnisse, die sich einer laufenden Güteüberwachung nach dieser Norm unterstellen, tragen eine entsprechende Aufschrift auf der Verpackung, aus der auch ersichtlich ist, wie dick die Dämmstoffe sind und welche Steifigkeit sie aufweisen.
Beispiel:

Faserdämmstoff
DIN 18 165 − Min P − T20 − 040 − B1 − 20/15

Dabei bedeuten:

Min: Dämmschicht aus Mineralfasern
P: Plattenform
T: für Trittschallzwecke
20:     die dynamische Steifigkeitsgruppe (oberer Wert der dynamischen Steifigkeit in MN/m³)
20/15: Nenndicke und Dicke bei genormter Belastung, jeweils in mm
040:   Wärmeleitfähigkeitsgruppe
         (Höchstwert der Wärmeleitfähigkeit in W/Km)
B1:   schwerentflammbarer Baustoff B1 nach DIN 4102, Teil 1

Die Ermittlung der Dicke unter Belastung erfolgt nach einem in DIN 18 165 festgelegten Verfahren. Danach wird eine Probe der Dämmschicht kurzzeitig (etwa zwei Minuten) mit $5 \cdot 10^4$ N/m² belastet und anschließend bei einer Last von $2 \cdot 10^3$ N/m² (ungefähr der Wert für Estrichgewicht und Verkehrslast) die Dicke gemessen. Die kurzzeitige starke Belastung soll die Beanspruchung der

Dämmschicht beim Verlegen des Estrichs etwa nachahmen. A. Eisenberg[58]) hat gezeigt, daß auf diese Weise die tatsächlichen Dicken von Dämmschichten unter verlegten Estrichen relativ gut erfaßt werden. Neuerdings[59]) wird allerdings die hohe Kurzzeitbelastung als nicht mehr praxisgerecht abgelehnt.

Die Steifigkeit von Mineralfaserplatten liegt, von wenigen Ausnahmen abgesehen, bei genügender Dicke der Platten um 10 bis 20 MN/m³. Kokosfasermatten liegen bei genügender Dicke um 20 bis 30 MN/m³. Sie zählen somit zu den besonders wirksamen Dämmschichten.

Schaumstoffplatten

Derartige Platten werden in größerem Umfang unter Estrichen verwendet. Ihre Steifigkeit schwankt, je nach dem verwendeten Herstellungsverfahren der einzelnen Lieferanten. Für 20 mm dicke Platten sind Werte zwischen 20 und 100 MN/m³ festgestellt worden. Ihre Steifigkeit läßt sich durch einen Walzvorgang stark erniedrigen, so daß Steifigkeitswerte von etwa 10–20 MN/m³ erreicht werden können[60]). Auch durch eine besondere Art der Herstellung lassen sich ähnlich niedrige Werte erreichen. Für güteüberwachte Schaumstoffplatten ist DIN 18164, Teil 2, maßgeblich. Es muß bei der Ausschreibung und Bauüberwachung von Estrichen streng darauf geachtet werden, daß nur zusätzlich behandelte Schaumstoffplatten nach DIN 18164, Teil 2, und nicht normal-steife verwendet werden.

Korkschrotmatten

Sie bestehen aus einer meist bituminierten Pappe, auf der, entweder nur unterseitig oder auch beidseitig – Korkschrotteilchen angeklebt sind. Die Korkschrotteilchen sollten expandiert sein, um ein Verrotten zu verhindern. Die Dämmwirkung ist bei den einzelnen Fabrikaten sehr unterschiedlich. Die Steifigkeit liegt bei einigen Fabrikaten zwischen 150 und 200 MN/m³. Anstelle von Korkschrot wird auch Gummischrot verwendet, wodurch die Matten weicher werden.

Holzwolle-Leichtbauplatten

Sie besitzen eine Steifigkeit von rd. 200 MN/m³. Dabei sind die Platten als solche wesentlich steifer (rd. 1 600 MN/m³). Infolge des unvollkommenen Kontakts zwischen Holzwolleplatten und Rohdecke ergibt sich noch eine zusätzliche Federung (Kontaktfederung), die zu dem obengenannten Wert der Steifigkeit führt. Zusammen mit Holzwolle-Leichtbauplatten läßt sich eine hochwirksame Dämmschicht ausbilden, indem man unter den Holzwolle-Leichtbauplatten noch weichfedernde Fasermatten verlegt. Die Holzwolle-Leichtbauplatten tragen dabei zur Erniedrigung der Luftsteifigkeit bei; die Fasermatten können andererseits wegen der lastverteilenden Wirkung der Holzwolleplatten so gewählt werden, daß sie eine besonders geringe Fasersteifigkeit haben. Ein Estrich auf der beschriebenen Dämmschicht-Kombination zählt deshalb zu den hochwertigsten schalltechnischen Maßnahmen, die wir kennen. Er sollte überall dort verwendet werden, wo besonders große Ansprüche zu erfüllen sind. Er hat außerdem den Vorteil, daß das Verlegen des Estrichs auf den robusten Holzwolle-Leichtbauplatten mit geringeren Schwierigkeiten als bei anderen weichfedernden Dämmschichten verbunden ist.

[58]) Eisenberg, A. „Eignungsprüfung an Faserdämmstoffen für schwimmende Estriche". Ges. Ing. 1962 (83), S. 305.
[59]) Royar, J. „Randfugen bei schwimmenden Estrichen" WKSb 32 (1987) Heft 23.
[60]) Gösele, K. siehe Fußnote 46).
Mahler, K., D. Stockberger und E. Heilig. „Dynamische Steifigkeit von Schaumstoffen aus Styropor und ihre Abhängigkeit von den Ausschäumbedingungen sowie der Nachbehandlung" boden, wand, decke 1963, S. 606.
Eisenberg, A. „Schaumkunststoffe als Dämmschichten für schwimmende Estriche" Berichte aus der Bauforschung, Heft 35, 1964, S. 35.

Schüttungen

Sie haben den Vorteil, daß sie sich an Unebenheiten der Rohdecke leicht anschmiegen und meist auch billig sind. Andererseits verschiebt sich die Dämmsicht beim Einbringen des Estrichs relativ leicht. Sie benötigen daher eine stabile Abdeckung. Schüttungen aus Korkschrot, Blähglimmer, Hanfschäben u. ä. sind verwendet worden. Ganz ungünstig verhalten sich Schüttungen mit bituminöser Ummantelung des Schüttgutes. Unter Asphaltestrichen backen sie wegen der hohen Temperatur beim Verlegen des Estrichs zu steifen Platten zusammen, wodurch die Trittschalldämmung weitgehend wegfällt, siehe Decke a in Abb. A 54.

Verschiedenes

Pappen besitzen – schon wegen ihrer geringen Dicke – relativ hohe Steifigkeiten. Wellpappen sind günstiger. Ihre Steifigkeiten können zwischen 100 und 200 MN/m^3 liegen. Bekannt gewordene, erfreulich günstige Verbesserungsmaße für Asphalt-Estriche auf zwei Lagen Wollfilzpappe konnten auf Luftschichten zurückgeführt werden, die zwischen den Pappen und der Rohdecke vorhanden waren. Im Lauf der Zeit verschwanden diese Luftschichten, womit sich auch die Trittschalldämmung wesentlich verschlechterte.

Korkplatten, die irrtümlicherweise oft als ausgesprochen trittschalldämmend gelten, sind völlig unwirksam, wenn sie in Bitumen o. ä. satt auf der Rohdecke verlegt werden (dynamische Steifigkeit über 1 000 MN/m^3). Auch beim losen Verlegen der Platten, wobei die Kontaktfederung – bedingt durch das nicht vollflächige Aufliegen – ausgenutzt wird, ergeben sich noch Steifigkeiten von etwa 200 bis 500 MN/m^3.

5.5.2.1.3 *Einfluß des Estrich-Materials*

Das Material des Estrichs spielt in akustischer Hinsicht bei schwimmenden Estrichen eine untergeordnete Rolle. Von gewissem Einfluß kann seine innere Dämpfung und die flächenbezogene Masse des Estrichs sein. Dieses beeinflußt nach Formel (A 25) in Abschnitt 5.4.2.2 die Resonanzfrequenz und damit die Dämmwirkung, wobei eine hohe flächenbezogene Masse vorteilhaft ist. Eine quantitative Betrachtung zeigt jedoch, daß es sich nicht lohnt, die Estrich-Dicke aus akustischen Gründen besonders groß zu wählen. Vielmehr sollte der Estrich lediglich so dick gemacht werden, daß seine Festigkeit ausreichend ist. Eine hohe innere Dämpfung ist bei Estrichen vorteilhaft. Sie verringert die Schwingungsausbreitung entlang der Estrichplatte, was vor allem im Hinblick auf Schallbrücken von Bedeutung ist. Eine besonders hohe Dämpfung haben Gußasphalt-Estriche. Auch Steinholz-Estriche haben eine höhere Dämpfung als andere hydraulisch gebundenen Estriche. Besonders gering ist die Dämpfung bei Anhydrit-Estrichen. Ausdrücklich sei jedoch vermerkt, daß bei einwandfrei verlegten Estrichen eine gute Trittschalldämmung auch dann erreicht wird, wenn die Materialdämpfung des Estrichs gering ist.

5.5.2.1.4 *Verlege-Einflüsse*

Die gute Dämmwirkung eines schwimmenden Estrichs wird nur erreicht, wenn der Estrich keine festen Verbindungen gegen die Rohdecke oder gegenüber den umgebenden Wänden besitzt. Eine einzige feste Schallbrücke zwischen Estrich und Rohdecke genügt schon, um die Dämmwirkung erheblich zu vermindern[61] wie dies Abb. A 66 an einem Beispiel zeigt. Dort ist der Norm-Trittschallpegel einer Decke mit schwimmendem Estrich dargestellt, ohne, mit einer und mit zehn Schallbrücken (3 cm Durchmesser), die bewußt hergestellt worden waren. Bei zehn Schallbrücken ist der schwimmende Estrich weitgehend wirkungslos geworden. Dies geht auch aus den Werten des Trittschallschutzmaßes der Decke in Abb. A 66 hervor.

Versuche im Laboratorium[62]) haben ergeben, daß die ungünstige Wirkung von Schallbrücken vollkommen wegfällt, wenn zwischen Rohdecke und Dämmschicht eine wasserundurchlässige

---

[61]) Cremer, L. „Berechnung der Wirkung von Schallbrücken", Acustica, 1954, S. 273.

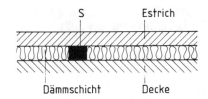

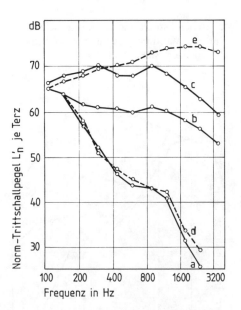

		TSM
a:	ohne Schallbrücken	11 dB
b:	1 Schallbrücke	0 dB
c:	10 Schallbrücken	−7 dB
d:	mit 10 Schallbrücken und einer Pappe	
▪	zwischen Dämmschicht und Rohdecke	
e:	Decke ohne Estrich	−15 dB

Abb. A 66: Einfluß von Schallbrücken (S) zwischen schwimmendem Estrich und Rohdecke auf den Trittschallschutz einer Decke[62].

Pappe verlegt wird. Dies ist aus dem Vergleich der Kurven a und d in Abb. A 66 zu entnehmen. Die (geringe) Federung der Pappe reicht schon aus, um die Schallbrücken unschädlich zu machen.

Dieses auch theoretisch belegte Ergebnis macht die folgende Beobachtung verständlich. Wenn Heizleitungen auf der Rohdecke verlegt werden, tritt das Problem auf, wie Schallbrücken zwischen Estrich und den Leitungen vermieden werden können. Eine bekannte Lösung ist, daß die Rohrleitungen in eine Schüttung eingebettet werden und erst darauf die Trittschalldämmschicht verlegt wird. Überraschenderweise hat sich jedoch gezeigt, daß es genügt, die Rohre innerhalb der Dämmschicht zu verlegen, siehe Abb. A 67 wobei die Rohre dann nur mit einem Streifen aus Bitumenfilz, Rippenpappe o. ä. abgedeckt werden. Trotz der nach der bisherigen Auffassung vorhandenen Schallbrücken erwies sich die Trittschalldämmung als ausgezeichnet (Trittschall-Verbesserungsmaß 33 dB). Die an sich vorhandenen Schallbrücken sind infolge der Federung des Wellpappestreifens o. ä. ausreichend entschärft.

Verbindungen zwischen dem Estrich und den Wänden machen sich vornehmlich bei hohen Frequenzen bemerkbar. Die Wirkung verschieden langer, fester Verbindungen zwischen Estrich und Wand ist aus Abb. A 68 zu entnehmen. Ein Vergleich mit Abb. A 66 zeigt, daß eine Schallbrücke

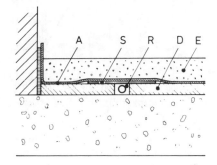

Abb. A 67: Verlegen von schwimmenden Estrichen E auf Heizungsrohren R, die auf der Rohdecke aufgebracht sind
D: Trittschall-Dämmschicht
A: Abdeckpappe
S: Bitumen-Korkfilz-Streifen.

[62] Gösele, K. „Über Schallbrücken bei schwimmenden Estrichen". Die Schalltechnik, 1960, Heft 39/40. „Schallbrücken bei schwimmenden Estrichen und anderen schwimmend verlegten Belägen". Berichte aus der Bauforschung 1964, Heft 35, S. 23–34.

zwischen Estrich und Decke viel schädlicher ist als eine solche zwischen Estrich und Wand. Typisch für die Wirkung von derartigen Schallbrücken ist die Überschreitung der Sollwerte bei hohen Frequenzen (siehe Abb. A 68).

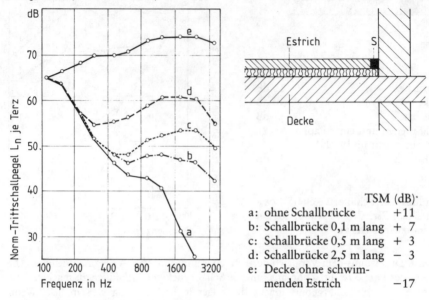

TSM (dB)·

a: ohne Schallbrücke   +11
b: Schallbrücke 0,1 m lang + 7
c: Schallbrücke 0,5 m lang + 3
d: Schallbrücke 2,5 m lang − 3
e: Decke ohne schwim-
    menden Estrich   −17

Abb. A 68: Einfluß von Schallbrücken (S) zwischen schwimmendem Estrich und einer der umgebenden Wände

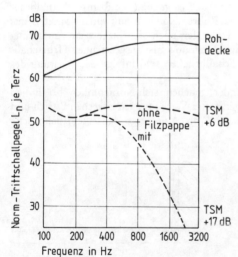

Abb. A 69: Kleinere Ausführungsmängel von schwimmenden Estrichen können mit weichfedernden Gehbelägen unschädlich gemacht werden. Beispiel einer Massivdecke mit schwimmendem Estrich, ohne und mit einer Filzpappe (800 g/m^2) unter Linoleum.

Untersuchungen haben gezeigt, daß die Isolierung gegenüber den Wänden ohne Schaden verhältnismäßig dünn ausgeführt werden kann. Es ist keineswegs nötig, dazu die gleiche Dämmschicht wie unter dem Estrich zu verwenden. Vielmehr reichen 2 bis 3 mm dicke Streifen aus Wellpappe, Kunststoffschaum o. ä. aus, sofern sie noch mit der hochgezogenen Abdeckfolie o. ä. abgedeckt sind. Die kleineren Mängel von schwimmenden Estrichen, vor allem bedingt durch Schallbrücken zwischen Estrich und Wänden, lassen sich leicht durch die Verwendung (mäßig) weichfedernder

Gehbeläge beseitigen. Dies ist aus einem Beispiel in Abb. A 69 zu entnehmen. Derartige Beläge (im Beispiel: Linoleum auf Filzpappe) haben nur bei hohen Frequenzen eine wesentliche Dämmwirkung. Im vorliegenden Fall reicht dies jedoch vollkommen aus, da die schwimmenden Estriche die erforderliche Verbesserung bei tiefen und mittleren Frequenzen bringen.

Besonders ausgeprägt ist diese Verbesserung wenn man Teppichbeläge auf schwimmenden Estrichen (mit mäßigen Mängeln) verlegt. Auf diese Weise kann man die VM-Werte in Abb. A 65 in vollem Umfang erreichen.

Viele Klagefälle bei schwimmenden Estrichen ergeben sich beim Verlegen von Steinzeugfliesen, Steinplatten o. a. auf den Estrichen. Dabei wird häufig der Fliesen-Belag mit Mörtel an die Wände angeschlossen oder über Steinsockel eine feste Verbindung hergestellt, so daß man einen ähnlichen Trittschallverlauf erhält, wie er in Abb. A 68, Kurve d, dargestellt ist. Vor dieser Art der Verlegung von Steinzeugfliesen u. ä. muß dringend gewarnt werden.

Dröhnen von Estrichen

Schwimmende Estriche weisen, wie in Abschnitt 5.4.2.2 bereits besprochen, eine Resonanzfrequenz auf, die bei weichfedernden Dämmschichten zwischen etwa 40 und 80 Hz liegt. Beim Begehen der Estriche wird diese Resonanzfrequenz stark angeregt – stärker als ohne Estrich –, so daß Gehen auf

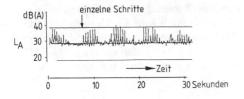

Zeitlicher Verlauf
des A-Schallpegels beim
Begehen der Decke

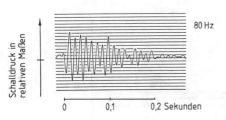

Zeitlicher Verlauf
des Schalldrucks

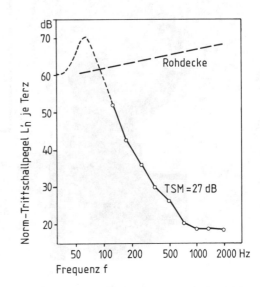

Deckenausführung:

  8 mm Velours
50 mm Estrich
20/15 mm Mineralfaserplatten
25 mm Hartschaumplatten
160 mm Stahlbetonplatte
Putz

Abb. A 70: Beispiel für ein starkes Dröhnen eines schwimmenden Estrichs im Bau.
Trotz eines sehr hohen Trittschallschutzmaßes (TSM = 27 dB) führen Gehgeräusche unterhalb 100 Hz zu erheblichen Störungen.

einem Estrich unter der Decke, aber auch darüber, als ein Dröhnen zu hören ist. In Abb. A 70 ist ein Klagefall dargestellt, wobei trotz eines sehr guten Trittschallschutzmaßes (27 dB) stark störende Gehgeräusche auftraten. Dieser Dröhnvorgang führt beim Begehen je nach Estrichausbildung im darunter liegenden Raum zu Schallpegelmaxima von etwa 25 dB(A) bis in Ausnahmefällen von etwa 40 dB(A). Die Resonanzen sind aus bisher nicht eindeutig geklärten Gründen bei manchen Estrichen besonders stark ausgeprägt, wobei die Ursache in einer unterschiedlich großen Dämpfung des Estrichs zu suchen ist. Vermutet wird, daß die ungünstig sich verhaltenden Estriche wegen einer einseitigen und zu schnellen Austrocknung sich nach oben gekrümmt haben. Die starke Ausbildung des störenden Dröhnens hat nichts mit der Güte der Trittschalldämmung, ausgedrückt durch das Trittschallschutzmaß, zu tun, weil dabei nur die Frequenzen oberhalb 100 Hz berücksichtigt werden.

Vereinfachte Überprüfung

Da die Dämmwirkung eines schwimmenden Estrichs sehr von der Sorgfalt der Ausführung abhängt, und andererseits ein späteres Beheben von Mängeln kaum mehr möglich ist, wenn die Räume bezogen sind, sollten Estriche nach ihrer Verlegung stichprobenweise auf ihren Trittschallschutz hin überprüft werden. Dies kann mit vereinfachten Trittschall-Meßverfahren[63] erfolgen, die einen geringeren Zeit- und Geräteaufwand erfordern als Normverfahren nach DIN 52210.
Bei einem neueren Verfahren[64] wird die Überprüfung durch die Messung der Schwingungsamplituden an der Deckenunterseite vorgenommen, siehe Abb. A 71. Dadurch wird die Messung besonders einfach und zeitsparend. Es wird dadurch möglich, bei mäßigem finanziellem Aufwand viele oder gar alle Decken eines Baus zu überprüfen. Die gegenüber dem Normverfahren von DIN 52210 geringere Genauigkeit des Verfahrens wird durch die größere Zahl von Messungen mehr als aufgewogen.

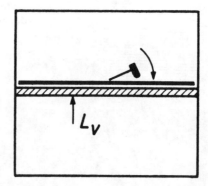

Abb. A 71: Vereinfachte Messung des Trittschallschutzmaßes TSM durch eine Messung des Körperschallpegels L_v und Bewertung nach A-Bewertungskurve.

---

[63] Gösele, K. und O. Bürk „Verfahren zur unmittelbaren Bestimmung des Trittschallschutzmaßes von Decken", in „Berichte aus der Bauforschung" Heft 35, Verlag W. Ernst & Sohn, Berlin, 1964,
[64] Gösele, K. und K. Gießelmann „Ein einfaches Meßverfahren zur Überprüfung des Trittschallschutzes von Massivdecken" Mitteilung 32 des Instituts für Bauphysik, Stuttgart, 1978.

5.5.2.2 Holzfußböden

In akustischer Hinsicht kann man unterscheiden zwischen Riemenböden, die auf Lagerhölzern und Parkettbelägen, die unmittelbar auf der Decke (bzw. einem Estrich) oder auf einer Dämmschicht verlegt werden.

Riemenböden

ergeben, wie aus Tafel A 22 zu entnehmen ist, auch dann eine gewisse Trittschalldämmung, wenn die Lagerhölzer unmittelbar auf der Rohdecke aufgelegt sind. Diese Dämmung wird um ungefähr 10 dB gesteigert, wenn unter den Lagerhölzern Streifen aus geeigneten, genügend weichfedernden Dämmstoffen verlegt werden. Bewährt haben sich Streifen aus Kokosfasermatten und Mineralfaserplatten; unwirksam sind Streifen aus Wollfilzpappe, Weichfaserdämmplatten u. ä. Das Einlegen von Faserdämmstoffen in den Zwischenraum zwischen die Lagerhölzer ist vorteilhaft. Ebenso hat sich das Füllen mit Schlacke o. ä. bewährt. Auch ein Verlegen der Lagerhölzer unmittelbar in einer Schüttung – ohne Dämmstreifen – führte zu günstigen Dämmwerten.

Parkettbeläge,

die unmittelbar auf eine Decke aufgeklebt werden, tragen kaum etwas zur Trittschalldämmung bei. Deshalb sollte ihre Verlegung auf schwimmenden Estrichen erfolgen.
Sie können auch unmittelbar auf geeigneten Dämmschichten aufgebracht werden. Über die Dämmwirkung derartiger Ausführungen liegen zahlreiche Meßergebnisse vor[65]. Für gehobene Ansprüche sind zweischichtige Unterschichten erforderlich, wobei die untere Schicht die eigentliche Dämmung ergibt, und die darüberliegende Schicht zur Lastverteilung dient und gleichzeitig das Aufkleben des Parkettbelages ermöglicht. Als untere Dämmschicht kommen Kokosfasermatten und Mineralfaserplatten in Frage. Als lastverteilende Schicht können poröse Holzfaserplatten und Holzwolle-Leichtbauplatten verwendet werden. Die aus Tafel A 22 zu entnehmenden Ergebnisse zeigen, daß mit derartigen Fußböden dieselben Dämmwerte wie mit guten schwimmenden Estrichen erreicht werden können. Ein besonderer Vorzug derartiger Fußböden ist, daß ihre Dämmwirkung nicht von Zufälligkeiten der Ausführung abhängt und daß sie trocken verlegt werden können.
Bei Parkettbelägen auf schwimmenden Estrichen ist darauf zu achten, daß die Trennfuge zwischen dem Estrich und den Wänden nicht mit Parkett-Klebemasse überbrückt wird.

5.5.2.3 Gehbeläge

Eine gewisse Übersicht über die Trittschalldämmung von Gehbelägen gewinnt man, wenn man sie in drei Gruppen einteilt.

5.5.2.3.1 *Gehbeläge mit geringfügiger Trittschalldämmung*

Zu dieser Gruppe sollen alle Beläge gezählt werden, deren Verbesserungsmaß unter etwa 10 dB liegt, Hierzu zählen Steinzeugfliesen, Parkettbeläge, PVC- und andere Kunststoffbeläge, Linoleum und die meisten Gummibeläge.

5.5.2.3.2 *Gehbeläge mit mittlerer Trittschalldämmung*

Darunter sollen Beläge mit einem Verbesserungsmaß zwischen 10 und 20 dB verstanden werden. Zu dieser Gruppe zählen Korklinoleum, Korkparkett sowie eine Reihe von Bahnenbelägen oder Kunststoff-Fliesen mit einer weichfedernden Unterschicht. Diese Unterschicht kann mit dem Belag bei der Anlieferung bereits verklebt sein oder gesondert verlegt werden. Als Material für die Unterschicht kommen in Frage: Filzpappe, Korkment, Textilfilz, weicher Gummi sowie Schichten aus verschiedenen Kunststoffschäumen. Die zu erwartenden Verbesserungsmaße sind in Tafel A 22 enthalten.

[65] Vgl. Gösele, K. „Die Verbesserung des Schallschutzes durch schwimmend verlegte Parkettbeläge" in Schriftenreihe der FBW, Bericht 27/1953.
Gösele, K. „Die schalltechnischen Eigenschaften von Dämmschichten unter Parkettbelägen" in „Parkett", 1954, Heft 7.

5.5.2.3.3 *Gehbeläge mit hoher Trittschalldämmung*

Gehbeläge, die ein höheres Verbesserungsmaß als 20 dB aufweisen, liegen in erster Linie in Form von textilen Bodenbelägen wie Teppichböden und Kokosläufern u. ä vor. Genügend dicke Teppichböden ergeben dieselbe Trittschalldämmung wie ein hochwertiger, gut verlegter schwimmender Estrich (Verbesserungsmaß: 24–30 dB). Auch Gummibeläge mit einer genügend weichfedernden Porengummi-Unterschicht gehören in diese Gruppe.

An Gehbeläge werden so viele Anforderungen hinsichtlich Verschleißfestigkeit, Eindruckfestigkeit, Gleitsicherheit, leichter Reinigung u. ä. gestellt, daß man ohne Not nicht noch weitgehende Anforderungen bezüglich der Trittschalldämmung stellen sollte. Sie sollten in erster Linie durch einen schwimmenden Estrich erfüllt werden.

Eine gewisse trittschalldämmende Wirkung von Gehbelägen ist allerdings aus zwei Gründen erwünscht:

1. Das im begangenen Raum selbst entstehende Gehgeräusch kann nur durch einen entsprechenden Gehbelag vermindert werden[66]). Das ist vor allem dort von Bedeutung, wo einerseits Ruhe herrschen soll und andererseits viel hin- und hergegangen wird, wie z. B. in Lesesälen von Bibliotheken, in den Fluren von Krankenhäusern und Hotels.

2. Die durch Verlegefehler entstandenen Mängel von schwimmenden Estrichen können schon durch eine mäßige Trittschalldämmung des Gehbelags unschädlich gemacht werden (vgl. Abschnitt 5.5.2.1.4 und Abb. A 69).

5.5.3 Alterungsverhalten von Trittschall-Dämmschichten

Manchmal wird die Frage gestellt, ob die Maßnahmen zur Verbesserung der Trittschalldämmung auf die Dauer wirksam bleiben. Dabei wird behauptet, daß die verwendeten Dämmschichten im Laufe der Zeit ihre Wirkung ganz oder teilweise verlieren. Diese Bedenken betreffen vor allem schwimmende Estriche, bei denen die Beständigkeit der Mineralfaser- aber auch der Kokosfasermatten angezweifelt werden. Zur Klärung dieser Fragen sind zahlreiche Messungen in bewohnten Bauten durchgeführt worden, wobei Decken, deren Trittschallverhalten vor dem Bezug der Wohnungen bestimmt worden war, nach 3- bis 5jährigem Bewohnen der Räume nochmals geprüft worden sind[67]). Das Ergebnis der an mehreren hundert Decken vorgenommenen Messungen zeigt, daß sich in der Regel das Trittschall-Verbesserungsmaß nicht mehr als um etwa 3 bis 4 dB verringert hat. Nur ganz vereinzelt wurden starke Verschlechterungen des Trittschallschutzes gegenüber dem ursprünglichen Zustand beobachtet.

Insgesamt betrachtet, ist die Sorge, daß ursprünglich hochwirksame Dämmschichten nach einigen Jahren ihre Dämmwirkung weitgehend verlieren, bei den üblichen Dämmstoffen unbegründet.

5.6 Trittschallübertragung von Treppen

Auch beim Begehen von Treppen entsteht Trittschall, der in Wohnräume weitergeleitet wird. Dieser Trittschall ist schon deshalb besonders groß, weil die bei der Anregung wirksamen Impulse größer sind als beim normalen Gehen in der Ebene. Der beim Treppenbegehen auftretende Trittschall stellt deshalb eine der am meisten beanstandeten Störungen in Mehrfamilienhäusern dar.

Die Kennzeichnung des Trittschallschutzes gegenüber Treppen erfolgt in gleicher Weise wie bei Decken mit Hilfe des Normhammerwerks nach DIN 52210, wobei der entstehende Normtrittschallpegel in dem benachbarten, fremden Wohnraum gemessen wird.

---

[66]) Es sei ausdrücklich betont, daß das im begangenen Raum entstehende Gehgeräusch durch schwimmende Estriche nicht vermindert, eher sogar verstärkt wird. Schwimmende Estriche sind nur gegenüber der Übertragung in Nachbarräume wirksam.

[67]) Vgl. auch Gösele, K. und C. A. Voigtsberger „Zum Alterungsverhalten von Trittschalldämmstoffen" in: Die Bauzeitung 10. 1958, S. 455. Kristen, Th. und R. Palazy „Trittschallverhalten verschiedenartiger Fußböden nach Wohnbeanspruchung" in: boden, wand und decke 1962, Heft 12.

Anforderungen

In DIN 4109, Ausgabe 1989, wird erstmals ein Mindest-Trittschallschutz von Treppen gefordert. Die Anforderung beträgt:

bei Mehrfamilienhäusern	$\geqq$ 5 dB
bei Einfamilien-Reihenhäusern und -Doppelhäusern	$\geqq$ 10 dB
Vorschlag für einen erhöhten Schallschutz bei beiden Bauten	$\geqq$ 17 dB

Damit man Gehgeräusche praktisch nicht mehr hört, ist ein TSM von etwa 25–30 dB erforderlich.

Massivtreppen

Eine Massivtreppe kann in ihrem Trittschallverhalten praktisch wie eine Massivdecke betrachtet werden. Ohne zusätzliche Dämm-Maßnahmen ist nur die Dämmung durch die Verzweigungsstellen Decke/Wand zwischen etwa 10–20 dB wirksam, so daß bei unmittelbar angrenzenden Wohnräumen sich ein TSM zwischen etwa 0 und 10 dB ergibt[68]). Liegt zwischen Treppenraum und Wohnraum ein weiterer Raum, z.B. ein Bad dazwischen, dann ergibt sich eine weitere Verzweigungsstelle mit entsprechender Dämmung, so daß man im Mittel ein TSM von etwa 15 dB erwarten darf.

Das Trittschallproblem bei Treppen tritt somit in der Regel nur bei Räumen auf, die unmittelbar an den Treppenraum angrenzen.

Die Trittschalldämmung von Treppen kann durch weichfedernde Gehbeläge, im Extremfall durch Teppiche, wesentlich verbessert werden. Die Verbesserung läßt sich durch das Verbesserungsmaß VM des Gehbelags zahlenmäßig angeben. Derartige Beläge werden jedoch wegen der schwierigen Reinigung, der geringeren Haltbarkeit und wegen des Brandschutzes nur wenig angewandt.

Eine Verbesserung ohne diese Nachteile kann beim Treppenlauf durch eine federnde Lagerung der Trittstufen oder des gesamten Treppenpodestes am Auflager erreicht werden[69])[70]). Da die Verbesserung im Gegensatz zu einer Massivdecke nicht bei 100 Hz oder darunter, sondern erst bei Frequenzen oberhalb von etwa 200–300 Hz einsetzen muß, können dabei relativ steife Dämmschichten verwendet werden, z.B. Auflagerung von Treppenpodesten auf Streifen aus Hohlgummistreifen. Damit sind dann TSM-Werte für unmittelbar angrenzende Räume von etwa 20 dB und mehr erreichbar[71]).

Holztreppen

Sie werden vor allem bei Einfamilien-Reihen- und -Doppelhäusern in großem Umfang angewandt. Bei einschaligen Haustrennwänden erreicht man bei unmittelbar an der schweren Trennwand angebrachten Holztreppen ein TSM von 10–14 dB. Bei doppelschaligen Haustrennwänden bewegt sich das TSM oft zwischen etwa 15–20 dB, worüber sich die Bewohner vielfach beklagen. Anzustreben wäre ein TSM von mindestens 25 dB, was bei einwandfreier Ausbildung der Haustrennfuge, vor allem auf der Höhe der Decken auch erreichbar ist. H. Ertl hat über die Verbesserungsmöglichkeiten durch entsprechende weichfedernde Ausbildung der Treppenlagerung in den Wänden berichtet[72]).

---

[68]) K. Gösele und J. Karàdi „Schalldämmung zwischen Wohnung und Treppenraum" FBW-Blätter 1971, Folge 6.

[69]) Ertl, H. „Zum Trittschallschutz von Treppen". Lärmbekämpfung 28, 1981, S. 48–53.

[70]) Malonn, H., H. Paschen und J. Steinert „Zum Schallschutz bei Treppen". Bauingenieur 57, 1982, S. 85–92.

[71]) Ertl, H. „Trittschallschutz an Massivtreppen" in „Treppe und Geländer", 1986, Heft 4.

[72]) Ertl, H. „Schallschutzmaßnahmen an Tragwerkstreppen in Reihen- und Doppel-Häusern" in „Treppe und Geländer" 1987, Heft 1.

6 Schallschutz bei Holzbalkendecken

Holzbalkendecken werden in Mehrfamilienhäusern in Massivbauart nur noch selten eingebaut. Ihr Schallschutz bzw. dessen Verbesserung ist jedoch bei Sanierungsmaßnahmen in alten Bauten von Interesse. Außerdem werden sie in Holzfertighäusern in größerem Umfang verwendet.

Der Schallschutz kann näherungsweise aus den Einzelelementen vorherberechnet[73]) werden, wenn man, wie bei den Massivdecken, zwischen der eigentlichen Holzbalkendecke, im folgenden als Rohdecke bezeichnet, und dem darauf aufgebrachten Fußbodenaufbaus unterscheidet:

$$TSM = TSM_{eqH} + VM_H + VM_{H2} \tag{A 29}$$

TSM_{eqH}: äquivalentes Trittschallschutzmaß der Rohdecke
VM_H: Trittschall-Verbesserungsmaß des Fußbodenaufbaus
VM_{H_2}:   Trittschallverbesserungsmaß des Gehbelags, siehe Abb. A 74.

Die nötigen Angaben sind in Zahlentafel A 23 und A 24 enthalten, siehe auch[73])[74]).

Das bewertete Schalldämm-Maß R'_w läßt sich aus dem berechneten Trittschallschutzmaß TSM – jedoch ohne Berücksichtigung des Gehbelags (VM_2) – näherungsweise nach Abb. A 72 bestimmen.

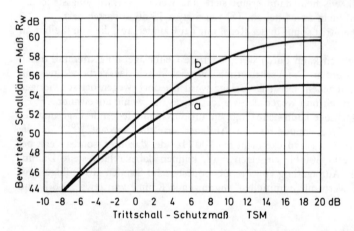

Abb. A 72: Zusammenhang zwischen dem Trittschallschutzmaß TSM von Holzbalkendecken (jedoch ohne Berücksichtigung eines etwaigen Teppichbodens) und dem bewerteten Schalldämm-Maß R'_w der Decken im Bau
a: in Massivbauten (alle Wände mindestens 350 kg/m² schwer)
b: in Holzbauten

6.1 Maßnahmen zur Verbesserung des Schallschutzes

Bei der althergebrachten Holzbalkendecke, siehe Abb. A 73 erfolgt die Schallübertragung im wesentlichen über die Balken. Die früher übliche Füllung im Hohlraum der Holzbalkendecke hat deshalb nur wenig zum Schallschutz beigetragen, weil die Übertragung nicht über den Hohlraum erfolgte. Will man eine wesentliche Verbesserung, dann muß man die Verbindung an der

---

[73]) Gösele, K. „Verfahren zur Vorausbestimmung des Trittschallschutzes von Holzbalkendecken" in Holz als Roh- und Werkstoff 37, 1979, S. 213–220.
[74]) Informationsdienst Holz „Schallschutz mit Holzbalkendecken" 1984.

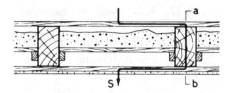

Abb. A 73: Bei einer normalen Holzbalkendecke findet die Schallübertragung auf dem Weg S statt. Eine Verbesserung ist nur durch Unterbrechung des Weges an den Stellen a oder b möglich.

Balkenoberseite oder an der Unterseite lösen. Im allgemeinen hat man bei neuen Decken den letztgenannten Weg beschritten, wobei man durch Befestigung der unterseitigen Verkleidungen über Federbügel oder Federschienen, siehe Abb. A 75, feste Verbindungen mit den Balken gelöst hat. Aus Abb. A 74 ist ersichtlich, daß dadurch der Trittschallschutz wesentlich verbessert wird.

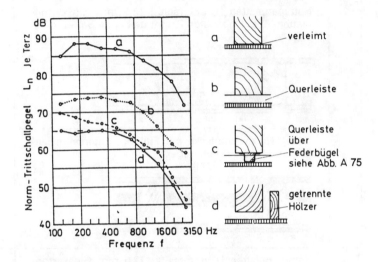

Abb. A 74: Abnahme des Normtrittschallpegels L_n bei Holzbalkendecken durch Lockerung der Verbindung zwischen unterseitiger Verkleidung und Holzbalken.
Vier verschiedene Befestigungsarten a–d dargestellt.

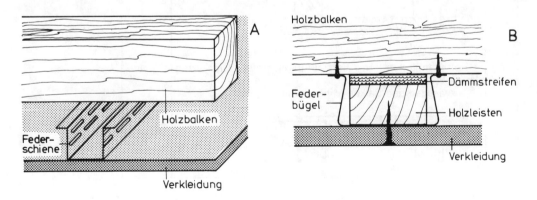

Abb. A 75: Federnde Befestigung der unteren Deckenverkleidung bei Holzbalkendecken.
A: Federschienen.
B: Holzleisten mit Federbügeln.

Tafel A 23. Äquivalentes Trittschallschutzmaß TSM_{eqH} verschiedener Holz-balken-Rohdecken

Lfd. Nr.	Deckenausführung	TSM_{eqH} dB
1	16 mm Holzspanplatten H auf Holzbalken, Balken unterseitig sichtbar 	−19
2	Holzspanplatten H, unterseitig 12,5 mm Gipskarton-platten, über Holzleisten L unmittelbar an Balken befe-stigt 	− 6
3	„Alte" Holzbalkendecke mit Füllung, unterseitig Lat-tung mit Putz auf Putzträger 	− 3 bis − 7
4	Holzspanplatten H, unterseitig 12,5 mm Gipskarton-platten oder 16 mm Holzspanplatten; Befestigung über Federbügel FB bzw. Federschienen 	− 2 bzw. + 1
5	Holzspanplatten H, Verkleidungen aus Gipskarton-platten V, zwischen den Balken Mineralwolle 	− 8

Tafel A 23. Trittschall-Verbesserungsmaß VM_H von Fußbodenaufbauten auf Holzbalkendecken

lfd. Nr.	Fußbodenaufbau	VM_H dB
1	Trockenestriche (aus Gipskarton- oder Holzspanplatten auf Hartschaumplatten)	4–6
2	Holzspanplatten auf 30/25 mm Mineralfaserplatten	9
3	Holzspanplatten auf Leisten, mit Mineralfaserplatten und 30 mm Sand	22
4	Holzspanplatten auf 30/25 mm Mineralfaserplatten und Beschwerungsplatten 50 kg/m² 100 kg/m² 150 kg/m²	20 30 35
5	Schwimmender Zementestrich auf 30/25 mm Mineralfaserplatten	16

Die zweite Verbesserungsmaßnahme ist das Aufbringen eines schwimmend verlegten Belages. Dabei zeigt sich allerdings, daß derartige Beläge – dies gilt auch für gute schwimmende Estriche – bei Holzbalkendecken eine weit geringere Dämmwirkung bringen als bei Massivdecken (9 bis 16 dB statt etwa 20 bis 35 dB). Sie kann jedoch sehr stark erhöht werden, wenn man die Oberseite der Rohdecke mit aufgeklebten Steinen oder Platten z. B. aus Beton oder auch durch Sand beschwert und darauf erst einen schwimmenden Belag aus Holzspanplatten anbringt, siehe Abb. A 76. Je nach der flächenbezogenen Masse der Beschwerung können dann Verbesserungen von 20 bis 35 dB erreicht werden. Mit dieser Lösung ist es sogar möglich, auch mit unterseitig sichtbaren Balken und

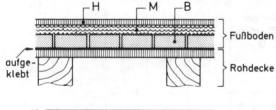

H: Holzspanplatten
M: Mineralfaserplatten
B: Betonsteine bzw. -platten

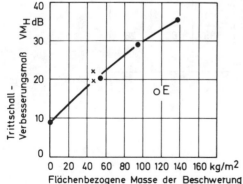

Abb. A 76: Trittschall-Verbesserungsmaß VM_H von schwimmend verlegten Holzspanplatten-Belägen, abhängig von der flächenbezogenen Masse einer Beschwerung B durch Sand (zwischen Leisten) oder durch Betonplatten o. a.
× Sandschüttung
● Betonsteine bzw. -platten
Zum Vergleich: E: Schwimmender Zementestrich

113

Tafel A 25: Schallschutz verschiedener Holzbalkendecken

lfd. Nr.	Deckenausführung	flächenbezogene Masse kg/m²	bewertetes Schall-dämm-maß R_w'*) dB	Tritt-schall-Schutz-maß TSM dB
1	Normalausführung, mit Schlackenfüllung	160	49	– 3 bis – 7
2	Normalausführung (5 cm Sandschüttung); jedoch Putzschale über Leisten befestigt, die ihrerseits über Blechbügel an den Balken angebracht sind	160	54	+ 10
3	unterseitige Verkleidung aus 2 Lagen 12,5 mm Gipskartonplatten G über Federbügel F befestigt; Mineralwolle M im Deckenhohlraum	90	56	+ 8
	mit Teppichboden (VM = 25 dB)			14
4	unterseitige Verkleidung aus Gipskartonplatten G über Federbügel F befestigt; schwimmender Zementestrich Z auf 30/25 mm Mineralfaserplatten D ohne Gehbelag mit Teppichboden (VM = 25 dB)	185	59	13 19
5	unterseitige Verkleidung mit Federbügeln. 25 mm Holzspanplatten H auf 30/25 Mineralfaserplatten D 40 mm Betonplatten B	185	60	26

*) R_w' gültig für Holzbauten

114

ohne eine Verkleidung einen ausreichenden Schallschutz zu erzielen. Die günstige Wirkung der Beschwerungssteine beruht auf dem in Abschnitt 4.2.1.2 beschriebenen und in Abb. A 8 verdeutlichten Effekt, wonach eine schwere Platte mit geringer Biegesteifigkeit sich schalltechnisch besonders günstig verhält. Die aufgeklebten einzelnen Steine erhöhen die Biegesteifigkeit der Holzspanplatten auf den Holzbalken wegen der Fugen zwischen den Steinen nur wenig, dagegen die Masse sehr stark. Durch Teppichbeläge werden Holzbalkendecken in der in Abb. A 77 angegebenen Weise verbessert, wobei man unterscheiden muß, ob der Gehbelag unmittelbar auf der Rohdecke verlegt wird (höhere Werte VM_H) oder erst auf einem zusätzlichen Fußbodenaufbau (VM_{H2}).

In Tafel A 25 sind schließlich die Schallschutzwerte für einige typische Holzbalkendecken eingetragen.

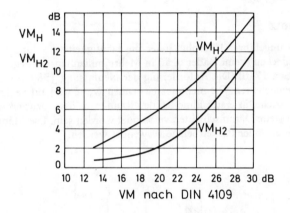

Abb. A 77: Verbesserung VM_H bzw. VM_2 des Trittschallschutzmaßes TSM einer Holzbalkendecke durch Teppichbeläge und andere trittschalldämmende Gehbeläge; als Abszisse aufgetragen das Verbesserungsmaß VM nach DIN 4109, wie es für Massivdecken angewandt wird
VM_H: gültig für Beläge, die unmittelbar auf einer Holzbalken-Rohdecke verlegt sind
VM_{H2}: gültig für Beläge auf Holzbalkendecken mit zusätzlichem Fußbodenaufbau

115

7 Stand des Schallschutzes in Wohnbauten

Für die Beurteilung des Schallschutzes eines Hauses, z. B. im Rahmen von Beanstandungen bis hin zu gerichtlichen Auseinandersetzungen, ist es wichtig zu wissen, welchen Schallschutz man bei einwandfreier Ausführung erwarten kann. Damit kann man den tatsächlich festgestellten Schallschutz vergleichen.

Aber auch für die Planung ist es wichtig zu wissen, was erreichbar ist und was nicht. Von Architekten und von Bauträgern werden oft Zusagen bezüglich eines guten Schallschutzes gemacht, ohne daß die technischen Grenzen beachtet werden. Genauso ist es für den Bauherrn wichtig, daß er keine unangemessen hohen Erwartungen über den in einem Mehrfamilienhaus erreichbaren Schallschutz hat.

7.1 Trittschallschutz

In Abb. A 78 ist ein ungefährer Überblick über die Häufigkeitsverteilung des Trittschallschutzes TSM von Wohnraumdecken (keine Bäder o. ä.) in Mehrfamilienhäusern gegeben. Der Schwerpunkt der Werte liegt bei etwa 17 dB. Die Anforderung der Neufassung 1989 von DIN 4109 wird vom Großteil der Decken eingehalten. Die nicht ausreichenden Werte sind auf Fehler bei der Ausführung der schwimmenden Estriche, in erster Linie bei den Randanschlüssen, zurückzuführen. In manchen Fällen mögen auch zu steife Dämmschichten verwendet worden sein. Die Mängel werden vor allem beobachtet, wenn Fliesen- oder Parkettbeläge verwendet werden.

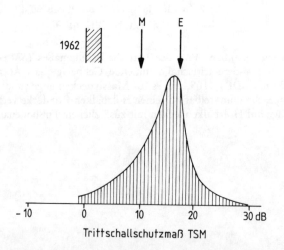

Abb. A 78: Häufigkeitsverteilung des Trittschallschutzmaßes TSM von Wohnungstrenndecken.
M: Mindestanforderungen nach DIN 4109, Ausgabe 1989
E: Empfohlen für einen erhöhten Schallschutz nach Beiblatt 2 zu DIN 4109

7.2 Luftschallschutz von Wohnungstrenndecken

Eine ungefähre Häufigkeitsverteilung des bewerteten Schalldämm-Maßes R'_w von Massivdecken in Mehrfamilienhäusern ist in Abb. A 79 dargestellt. Der Schwerpunkt der R'_w-Meßwerte liegt bei etwa 56 dB. Dies entspricht rechnerisch in etwa einer 160–180 mm dicken Massivplattendecke mit schwimmendem Estrich und einer mittleren flächenbezogenen Masse m'_L der flankierenden Wände von etwa 250 kg/m² , was in etwa auch den praktischen Verhältnissen entspricht. Die unter den Anforderungen liegenden Meßwerte sind auf relativ leichte flankierende Wände, auf Resonanzeffekte (z. B. falsch isolierte Heizkörpernischen) und vor allem auf Fehler bei der Ausführung der schwimmenden Estriche zurückzuführen. Darauf hat P. Lutz[75]) hingewiesen. Danach sind Verschlechterungen im Mittel von etwa 3 dB gegenüber den Rechenwerten durch schwimmende Estriche mit Schallbrücken zu erwarten.

Offensichtlich erfolgt die Längsleitung von dem schwimmendem Estrich über eine feste Verbindung zu den Wänden.

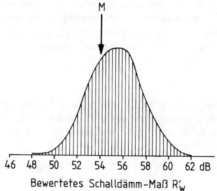

Abb. A 79: Häufigkeitsverteilung des bewerteten Schalldämm-Maßes R'_w von Wohnungstrenndecken.
M: Mindestanforderungen nach DIN 4109, Ausgabe 1989

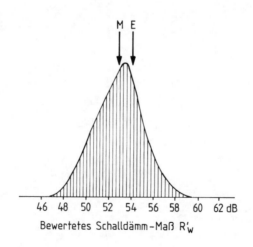

Abb. A 80: Häufigkeitsverteilung des bewerteten Schalldämm-Maßes R'_w von Wohnungstrennwänden in Mehrfamilienhäusern.
M: Mindestanforderungen nach DIN 4109, Ausgabe 1989
E: Empfohlen für einen erhöhten Schallschutz nach Beiblatt 2 zu DIN 4109

[75]) Lutz, P. „Einflüsse von Schallbrücken bei schwimmenden Estrichen auf den Luftschallschutz zwischen Wohnungen", Tagungsbericht der DAGA 1985.

7.3 Luftschallschutz von Wohnungstrennwänden

Die ungefähre Häufigkeitsverteilung ist in Abb. A 80 wiedergegeben. Dabei würden die vor 1989 gemessenen Werte den ab 1989 gültigen Anforderungen von DIN 4109 nahezu zur Hälfte nicht genügen. Woran liegt das? In erster Linie wohl daran, daß die Steine der gemauerten Wände ein zu geringes Raumgewicht haben. Dazu kommt, daß auch hier schwimmende Estriche, wenn sie feste Verbindungen mit der Wohnungstrennwand aufweisen, zu einer Verschlechterung der Luftschalldämmung der Trennwand führen. Nach P. Lutz kann die Verschlechterung 1–3 dB betragen. Schließlich spielt die neuerdings bei einschaligen, leichten Außenwänden beobachtete erhöhte Längsleitung in horizontaler Richtung sicher eine bedeutende Rolle. Sie beruht zum einen auf einer im akustischen Sinne mangelhaften festen Verbindung zwischen Außen- und Wohnungstrennwand, zum anderen auf bestimmten Dickenresonanzen der Außenwand.

7.4 Haustrennwände

Eine überschlägige Häufigkeitsverteilung von zweischaligen Haustrennwänden ist in Abb. A 36 enthalten. An sich wären mit allen dort dargestellten Wänden R'_w-Werte in der Größenordnung von etwa 70 dB erreichbar gewesen, wenn nicht Schallbrücken, vor allem bei den Deckenstößen, vorliegen würden.

8 Schallschutz in Skelettbauten mit leichtem Ausbau

Verwaltungs-, Universitäts-, Schul- und Krankenhausbauten werden meist in Skelettbauweise ausgeführt, wobei demontable oder doch leicht änderbare Zwischenwände verwendet werden. .
Dadurch soll eine flexible Grundrißgestaltung ermöglicht werden, wozu die Fußböden und die Deckenunterseiten von einem Raum zum anderen durchgezogen werden müssen. Diese Bauart hat in vielen Fällen zu einer ausgesprochen geringen Schalldämmung zwischen nebeneinanderliegenden Räumen geführt. Dagegen ist die Schalldämmung zwischen übereinanderliegenden Räumen ausgesprochen gut. Der beobachtete Mangel hat zwei Ursachen:
- Undichtheiten beim Anschluß an andere Bauteile (Fassade, Fußboden, Decke)
- relativ große Schall-Längsleitung der verwendeten flankierenden Bauteile.

Den erstgenannten Mangel kann man nur durch bessere Planung und Ausführung der Fugenanschlüsse beseitigen. Der Einfluß der Schall-Längsleitung muß durch eine entsprechende Vorherberechnung der Schalldämmung im Stadium der Planung und eine präzisere Ausschreibung berücksichtigt werden.

8.1 Vorherberechnung der Luftschalldämmung

Die Schall-Längsleitung über die flankierenden Bauteile ist in den genannten Skelettbauten meist wesentlich größer als in Bauten mit massiven Wänden. Sie hat jedoch im Hinblick auf die Vorherberechnung der Luftschalldämmung den Vorteil, daß sie nicht wesentlich von der speziellen Ausführung der (leichten) Trennwand abhängig ist, im Gegensatz zu den Verhältnissen bei massiven Trennwänden zusammen mit massiven flankierenden Bauteilen.
Das anzuwendende Rechenverfahren beruht darauf, daß man die über die Trennwand und die verschiedenen flankierenden Bauteile[76] jeweils übertragenen Schall-Leistungen addiert und daraus das Bauschalldämm-Maß R' berechnet:

$$R' = -10 \lg (10^{-0,1\,R} + 10^{-0,1\,R'_{L1}} + 10^{-0,1\,R'_{L2}} + 10^{-0,1\,R'_{L3}} + \ldots) \qquad \text{(A 30)}$$

dabei bedeuten:

R = Schalldämm-Maß der Trennwand
R'_{L1} = R_{L1} (Schall-Längsdämm-Maß der oberen Decke bzw. Deckenverkleidung)
R'_{L2} = R_{L2} (Schall-Längsdämm-Maß der unteren Decke bzw. des Fußbodens)
R'_{L3} = $R_{L3} + 10 \lg \dfrac{S_{Tr}}{S_0}$
R_{L3}: Längsdämm-Maß der Fassade
S_{Tr}: Trennwand-Fläche
S_0: Bezugsfläche (= 10 m²)

Die Werte R, R_{L1}, R_{L2}, R_{L3} werden in Prüfständen nach DIN 52210, Teil 2, ermittelt.
Die obige Rechnung erscheint zunächst sehr kompliziert. Sie läßt sich jedoch mit einem elektronischen Taschenrechner relativ schnell durchführen. Sie kann für genauere Untersuchungen für verschiedene Frequenzen vorgenommen werden. Im Normalfall wird man anstelle von R, R_{L1} usw. jeweils die über den gesamten interessierenden Frequenzbereich gemittelten Werte, nämlich die bewerteten Schalldämm-Maße R_w, R_{L1w} usw. einsetzen.[77]

---

[76] Gösele, K. „Vorherberechnung der Luftschalldämmung in Skelettbauten", in: Bauphysik 6, 1985, S. 165.
[77] Gösele, K. „Zur Addition von bewerteten Schalldämm-Maßen", in: Bauphysik 7, 1986.

Man kann diese Rechnung umgehen, indem man davon ausgeht, daß in der Baupraxis selten mehr als vier Übertragungswege (Trennwand, untere und obere Decke, Fassade) von Bedeutung sind. Dann ergibt sich folgende Planungsregel:

Wenn zwischen zwei Räumen ein bewertetes Bauschalldämm-Maß R'_w gefordert ist, dann sollen die bewerteten Schalldämm-Maße bzw. Längsdämm-Maße folgende Bedingung erfüllen:

$$R_w \geqq R'_w + 5 \text{ dB}$$
$$R_{L1w} \geqq R'_w + 5 \text{ dB}$$
$$R_{L2w} \geqq R'_w + 5 \text{ dB}$$
$$R_{L3w} \geqq R'_w + 5 \text{ dB}$$

Beispiel:

Wenn eine demontable Klassentrennwand mit durchlaufender Deckenverkleidung und Fassade vorgesehen ist, muß nach DIN 4109, Ausg. 1989 ein $R'_w = 47$ dB mindestens erreicht werden (*LSM* $= -5$ dB). Dann sind nach der obigen Dimensionierungs-Regel folgende Mindestwerte in der Ausschreibung vorzusehen:

Trennwand	R_w	$= 52$ dB
Deckenverkleidung	R_{Lw}	$= 52$ dB
Fußboden, einschließlich Decke	R_{Lw}	$= 52$ dB
Fassade	R_{Lw}	$= 52$ dB

Diese Anforderungen enthalten erfahrungsgemäß noch einen kleinen Sicherheitszuschlag.

Das hier beschriebene Dimensionierungs-Verfahren wird auch in DIN 4109, Ausgabe 1989, Beiblatt 1, behandelt.

Gewisse Schwierigkeiten bei der Anwendung liegen darin, daß noch verhältnismäßig wenige Werte über das bewertete Schall-Längsdämm-Maß R_{Lw} verschiedener Bauteile vorliegen, siehe jedoch dazu die zahlreichen Tabellen in dem genannten Beiblatt.

8.2 Verhalten verschiedener Bauteile

8.2.1 Durchgezogene Estriche

Der auch im Verwaltungsbau früher öfters verwendete schwimmende Estrich ergibt, wenn er von einem Raum zum anderen durchläuft, eine erhebliche Luft- und Trittschallübertragung zwischen den Räumen. In Abb. A 81 ist die Luftschalldämmung zwischen zwei Räumen für einen solchen Fall in ein Diagramm eingetragen[78]). Die dort dargestellte Luftschalldämmung kann auch bei Verwendung einer noch so guten Trennwand nicht überschritten werden. Das im Verlauf der Dämmkurve auftretende Minimum bei etwa 800 Hz ist auf die bei und oberhalb der Spuranpassungsfrequenz, siehe Abschnitt 4.2.2, auftretende „normale" Schallabstrahlung zurückzuführen. Infolge dieser ungünstigen Eigenschaften sollten schwimmende Estriche in Bauten mit versetzbaren Trennwänden nicht angewendet werden. Man wird fragen, auf welche Weise dann ein ausreichender Luft- und Trittschallschutz gegenüber den darunter liegenden Räumen erreicht werden soll. Das wird im folgenden Abschnitt besprochen.

8.2.2 Bedeutung von Deckenverkleidungen für den Schallschutz der Decken

Wenn untergehängte Deckenverkleidungen und leichte Trennwände aus biegeweichen Schalen verwendet werden, läßt sich in derartigen Bauten ein ausreichender Schallschutz der Decken auch ohne schwimmenden Estrich erreichen. Dies sei an einem Beispiel in Abb. A 82 gezeigt.

Das Trittschallschutzmaß ergab sich zu 24 dB. Besseres hätte auch mit einem schwimmenden Estrich nicht erreicht werden können. Die gemessenen Werte sind so günstig, weil die untergehängten

---

[78]) Siehe auch Eisenberg, A. „Untersuchungen über die Schalldämmung zwischen zwei benachbarten Räumen mit durchlaufendem schwimmenden Estrich" Wärme – Kälte – Schall 2/1961, S. 19.

Abb. A 81: Infolge der Längsübertragung maximal erreichbares Schalldämm-Maß eines über zwei Räume durchgezogenen Zement- oder Anhydrit-Estrichs E (Beispiel) mit einer hochschalldämmenden Trennwand Tr.

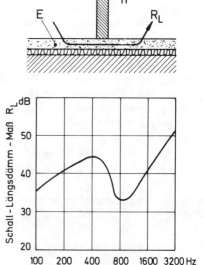

D: Kasettendecke (Druckplatte einschließlich Estrich 155 mm dick)
G: Bahnenbelag auf 3 mm Preßkork
V: Schallabsorbierende Deckenverkleidung aus Leichtspan-Akustikplatten, rückseitig gedichtet (Aufhängung über Metallbänder, nicht gezeichnet).
A: Mineralfaser-Rollfilz, 50 mm
Tr: Leichte Trennwand

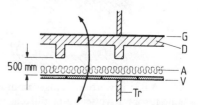

$$R'_w = 65 \text{ dB} \quad \text{TSM} = 24 \text{ dB}$$

Abb. A 82: Guter Luft- und Trittschallschutz einer Decke ohne schwimmenden Estrich in einem Stahlbeton-Skelettbau mit leichtem Ausbau. (Vorsicht! Ergebnis von Ausführung der Fassade wegen der Längsleitung abhängig).

Deckenverkleidungen praktisch einen Ersatz der schwimmenden Estriche darstellen. Die Verkleidungen sind in diesem Fall so wirksam, weil die in Abschnitt 5.4.1 und Abb. A 60 dargestellte Trittschallübertragung von der Decke auf die seitlichen massiven Wände hier wegfällt, und die leichten, mit biegeweichen Schalen versehenen Zwischenwände nicht bis zur Rohdecke hochgezogen sind. Verwendet man dazu noch einen weichfedernden Gehbelag, z. B. einen dünnen Bahnenbelag mit einer Kork- oder Schaumstoffzwischenschicht oder gar einen Teppichbelag, dann ist die Trittschallübertragung geringer und vor allem weniger von Ausführungsmängeln abhängig als bei der Anwendung von schwimmenden Estrichen.

8.2.3 Hohlraumböden

Bei Verwaltungsbauten u. ä. ist es häufig erforderlich, daß unter dem Fußboden ein durchgehender Hohlraum zum nachträglich noch möglichen Unterbringen von elektrischen Kabeln, vor allem zum Anschließen von Rechnern, vorgesehen wird. Dazu wurden bisher meist quadratische Platten über einzelne metallische „Füße" mit Abstand auf der Decke angeordnet, siehe Abb. A 83, Ausführung A.

Die Längsleitung[80)][81)] derartiger Fußböden in horizontaler Richtung ist ziemlich groß, siehe Diagramm in Abb. A 83. Die Übertragung erfolgt entlang des Hohlraumes, wobei R_{Lw} mit zunehmender Hohlraumhöhe besser wird. Sie geschieht bei derartigen Plattenanordnungen über die Undichtheiten an den Plattenstößen[81)].

Dieser Mangel wird bei neuerdings verwendeten, über einzelne Rippen – siehe Abb. A 83, Ausführung B – aufgestützte Fließestriche nach Messungen von E. Sälzer[82)] vermieden, so daß sich ein R_{Lw} von nahezu 50 dB ergibt. Dabei erfolgt die Übertragung nicht mehr über den Hohlraum sondern als Körperschall entlang der Estrichplatte. Diese Übertragung ist geringer als bei durchgezogenem schwimmenden Estrich, teils auf der Rippenstruktur, zum anderen auf der Verbindung mit der Rohdecke ber hend.

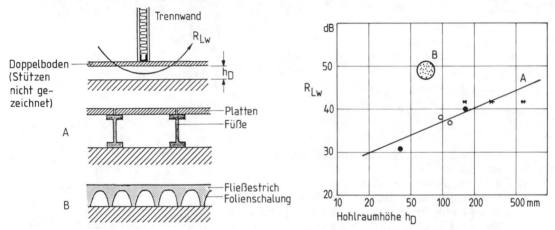

Abb. A 83: Bewertetes Längsdämm-Maß R_{Lw} von Hohlraumböden, abhängig von der Hohlraumhöhe für zwei typische Ausführungen A und B.

8.2.4 Durchgezogene Teppichböden

Eine weitere Schwierigkeit bei einem von Raum zu Raum durchzogenen Fußboden ergibt sich, wenn Teppichbeläge verwendet werden. Zwischen der Trennwand und dem Verbundestrich befindet sich die Teppichschicht, die im akustischen Sinne eine offene Fuge darstellt, die durch die vorhandenen Teppichfasern etwas gedämpft ist. Die Höhe der erreichbaren Dämmung hängt von der Dichtheit des Teppichmaterials ab (mehr oder weniger großer Strömungswiderstand) sowie von Unebenheiten des Fußbodens. Es ist durchaus möglich, daß das bewertete Schalldämm-Maß R'_w zwischen zwei Räumen auf 40 dB und darunter begrenzt wird, bedingt durch eine derartige Übertragung über eine „Teppichfuge". Man kann diesen Mangel vermindern, wenn man den Hohlraum der Wand zur Fuge hin durch einen Schlitz öffnet und dadurch den Wandhohlraum akustisch an die Fuge anschließt, siehe Abb. A 84, rechts. Dadurch wird ein „Schalldämpfer" gebildet, der die Schallübertragung über die Fuge stark vermindert[79)]. Dies kann beispielsweise durch ein einfaches Lochen verwendeter U-Schienen am Fußbodenanschluß erreicht werden.

Eine andere Möglichkeit zum Vermeiden einer Fugenundichtheit an der Wandunterkante besteht darin, den Teppichbelag auf der Höhe der Trennwand-Mitte aufzuschneiden und die Enden an der Wand-U-Schiene hochzuziehen. Wenn die Trennwand später versetzt wird, werden die Teppichenden heruntergeklappt.

[79)] Siehe Fußnote 6 sowie Gösele, K. „Schalldämmung von Montagewänden" Bundesbaublatt, 1972, S. 236.
[80)] Sälzer, E., Moll, W. und H. U. Wilhelm „Schallschutz elementierter Bauteile", Bauverlag, Wiesbaden, 1979.
[81)] Gösele, K. „Der Schallschutz von Doppelböden", Bundesbaublatt, 1980, S. 366.
[82)] Sälzer, E. „Schallschutz mit Hohlraumböden", Bauphysik 7, 1986, S. 45.

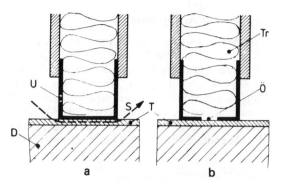

a: Normalfall
b: Verbesserung durch Öffnungen Ö in der Unterkante der Wand-Anschlußschiene
Tr: Trennwand
D: untere Massivdecke.

Abb. A 84: Verringerung der Schall-Längsübertragung über einen Teppichbelag an der Unterkante einer Trennwand Tr, siehe Pfeil S

8.2.5 Durchgezogene Deckenverkleidungen

Unterseitige Deckenverkleidungen haben bei den oben genannten Bauten die Aufgabe, die Installation optisch zu verdecken, eine ebene Deckenunterseite zu schaffen und für eine gewisse Schallabsorption im Raum zu sorgen. Solange man die Deckenverkleidungen nur innerhalb eines Raumes verlegt und die Zwischenwände bis zur Rohdecke hochgezogen hatte, genügte es, wenn die Deckenverkleidungen eine ausreichende Schallabsorption hatten, z. B. in Form von gelochten Metallkassetten mit einer Mineralfaserauflage.

Sobald man jedoch demontable Trennwände verwendet, die nur bis zur Deckenverkleidung reichen, tritt das Problem der Schall-Längsleitung von einem Raum zum andern entlang des Deckenhohlraums auf, siehe Pfeil in Abb. A 85. Man hat diese Schwierigkeit zunächst durch das Anbringen einer sog. vertikalen Abschottung, siehe Abb. A 85, zu lösen versucht. Sie hat sich im allgemeinen nicht bewährt, weil sie häufig nicht ausreichend dicht ausgeführt werden konnte, vor allem dann, wenn Rohrleitungen durch die Abschottung durchgeführt werden mußten. Man ist deshalb später zu Deckenverkleidungen übergegangen, die in sich schon schalldämmend sind. Man spricht dann von einer sog. horizontalen Abschottung. Dies hat man dadurch erreicht, daß man Verkleidungsplatten verwendet, die in sich schon ausreichend dicht und trotzdem noch schallabsorbierend sind, z. B. bestimmte, besonders dichte Mineralfaserplatten. In den meisten Fällen muß die Dichtheit durch eine zusätzliche Dichtschicht D, siehe Abb. A 86, vergrößert werden. Eine andere Lösung besteht darin, die an sich schalldurchlässigen Platten, z. B. gelochte Metallkassetten, mit einer zusätzlichen schalldämmenden Schicht C, z. B. einem zusätzlichen Blech, einer Gipskartonplatte o. ä. zu versehen, siehe Abb. A 86.

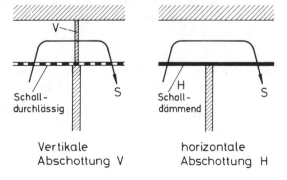

Abb. A 85: Verringerung der Schallübertragung S entlang des Hohlraumes einer Deckenverkleidung, entweder durch „vertikale" Abschottung V oder durch eine „horizontale" Abschottung H.

Vertikale Abschottung V

horizontale Abschottung H

123

Einfluß einer Absorptionsschicht

Als besonders wichtig hat sich erwiesen, daß im Deckenhohlraum, oberhalb der Deckenverkleidung noch eine schallabsorbierende Schicht, meist aus Mineralfasern, angebracht wird, um den Schallpegel im Hohlraum und die Schallfortleitung zum Nachbarraum zu verringern.

In Abb. A 87 ist die große Wirkung von schallabsorbierenden Einlagen auf das bewerte Schall-Längsdämm-Maß R_{Lw} an drei Beispielen gezeigt. Die Verbesserung beträgt zwischen 10 und 20 dB, je nach Dicke der Mineralfaserschicht. Als Faustformel kann man angeben, daß das bewertete Schall-Längsdämm-Maß R_{Lw} von derartigen Deckenverkleidungen um 2 bis 2,5 dB zunimmt, wenn die Mineralfaserschicht um 1 cm erhöht wird[83]).

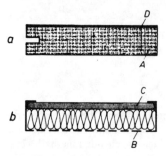

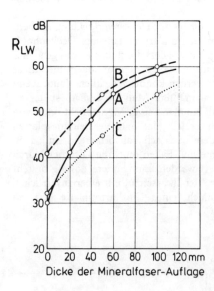

Abb. A 86: Zwei Ausführungsbeispiele für horizontale Abschottungen bei Deckenverkleidungen.
A: offenporöse Platte (Mineralfaser- oder Leichtspanplatte)
B: Lochblech-Kassette
C: dichte, genügend schwere Platte
D: Dichtschicht

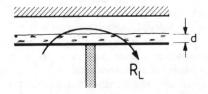

Abb. A 87: Zunahme des bewerteten Schall-Längs-dämm-Maßes R_{Lw} von Deckenverkleidungen mit der Dicke der auf die Verkleidung aufgelegten Mineralfaser-schicht.
A, B, C: Deckenverkleidungen aus verschiedenen Materialien.

In Abb. A 88 ist der Zusammenhang zwischen der flächenbezogenen Masse einer dichten Deckenverkleidung und dem bewerteten Längsdämm-Maß R_{Lw} eingetragen. R_{Lw} steigt mit 40 dB für eine Zunahme von m' um das 10-fache an, wie dies theoretisch zu erwarten ist. Aus Abb. A 88 ist ebenfalls der große Einfluß einer Mineralfaserauflage zu entnehmen.

---

[83]) Gösele, K., B. Kühn und F. Stumm „Schalldämmung von untergehängten Deckenverkleidungen", Bundesbaublatt 1976, S. 132.

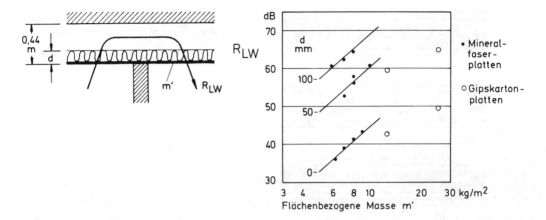

Abb. A 88: Abhängigkeit des bewerteten Längsdämm-Maßes R_{Lw} von dichten Unterdecken von ihrer flächenbezogenen Masse m' und von der Dicke d der Mineralfaser-Auflage. Meßwerte für Mineralfaserplatten, oberseitig mit Anstrich gedichtet, sowie für ein- und zweilagig verlegte Gipskartonplatten, gültig für eine Abhängehöhe von 440 mm.

Einfluß der Abhängehöhe

Bei Unterdecken nimmt das bewertete Längsdämm-Maß R_{Lw} mit zunehmender Abhängehöhe h ab, sofern der Hohlraum mit einer Mineralwolleauflage gedämpft ist.

Die Abnahme beträgt etwa 3 dB bei Verdopplung der Abhängehöhe. Bei leerem, nicht gedämpftem Hohlraum nimmt umgekehrt die Längsdämmung mit größer werdender Abhängehöhe zu, und zwar um 3 dB bei verdoppelter Abhängehöhe.

Die Meßbedingungen zur Bestimmung von R_{Lw} von Unterdecken in Prüfständen sind gegenüber den früher in der Bundesrepublik Deutschland üblichen (Abhängehöhe ca. 440 mm), durch Anpassung an eine internationale Norm verändert worden (Abhängehöhe ca. 600 mm, zusätzliche Dämpfung der Kanten des Unterdecken-Hohlraums). Dies führt dazu, daß neuerdings untersuchte Unterdecken etwas höhere R_{Lw}-Werte ergeben als früher.

Über die bisher kaum angewandte Bestimmung von R_{Lw} bei Unterdecken in ausgeführten Bauten wird von Gösele und Kühn[84] berichtet.

8.2.6 Ausbildung der Zwischenwände

Demontable Zwischenwände bestehen in der Regel aus einzelnen Tafeln, die nicht allzu schwer sein dürfen (20 bis 40 kg/m²). Sie sind fast durchweg zweischalig ausgebildet. Die Schallübertragung findet über die Wandfläche selbst sowie über die einzelnen Anschlußfugen statt. Man kann den Aufbau der Tafeln in schalltechnischer Hinsicht in drei Gruppen gliedern, die in Abb. A 89 schematisch dargestellt sind. Die am häufigsten vertretene Gruppe A besteht aus Tafeln mit einem umlaufenden Rahmen. Soweit Holzwerkstoffe verwendet wurden, können damit Werte des bewerteten Schalldämm-Maßes von etwa 40 dB erreicht werden.

Will man die Schalldämmung dieser Wandtafeln verbessern, dann müssen, wie dies in Abschnitt 4.2.2.3 erwähnt ist, die Innenseiten dieser Wandtafeln mit einem Material, das genügend schwer, körperschalldämpfend und biegeweich ist, beklebt werden, wie z. B. Bleiblech, bituminöse Pappen, sandgefüllte Matten. Die dann erreichten Werte des bewerteten Schalldämm-Maßes liegen zwischen 42 und 46 dB. Auch das punktweise Befestigen von Gipskartonplatten, Holzspanplatten o. ä. wirkt in ähnlicher Weise.

---

[84] Gösele, K. und B. Kühn „Messung der Schall-Längsdämmung von Deckenverkleidungen und Doppelböden am Bau", Bundesblatt, 1980, S. 446.

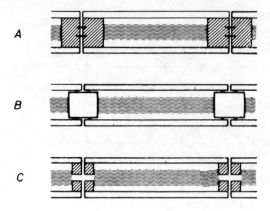

Abb. A 89: Zum Aufbau von demontablen Trennwänden (schematisch).

Bei der Wandgruppe B wird ein Ständerwerk aus Stahlhohlprofilen verwendet, an dem die Wandschalen, meist Holzspanplatten, über Dichtungsstreifen an einzelnen Punkten befestigt werden. Die Dichtungsstreifen wirken auch körperschalldämmend, so daß die Schalen nur punktweise mit den Ständern und damit auch untereinander nur punktweise verbunden sind. Dadurch sind solche Wände schalltechnisch günstiger als die der Gruppe A. Auch bei diesen Schalen wird häufig die obengenannte Beschwerung angewandt, wodurch Schalldämm-Werte von etwa 45 bis 50 dB erreicht werden.

Schließlich können bei Trennwänden, z. B. in Schulen und Krankenhäusern, die Schalen auch völlig voneinander getrennt sein (Ausführung C in Abb. A 89). Werte des bewerteten Schalldämm-Maßes von 50 dB sind dadurch erreichbar. Werden die Schalen in der beschriebenen Weise beschwert, dann sind Werte des Schalldämm-Maßes von 50 bis 55 dB möglich.

Allerdings ist bei den oben genannten Werten vorausgesetzt, daß die Fugen ausreichend gedichtet sind. Die Fugendichtung ist besonders schwierig, wenn eine durchgehende Fuge verwendet wird. Viel günstiger sind die Verhältnisse, wenn die Fugen in den Hohlräumen einer Wand münden.

Mit Doppelwänden aus Gipskartonplatten können R_w-Werte – ohne Schall-Längsleitung – von etwa 53 dB bei einfacher Beplankung und von etwa 58 dB bei doppelter Beplankung erreicht werden, wobei die Schalen an gemeinsamen Ständern befestigt sind.

9 Installationsgeräusche

Auch wenn die Trennwände und -decken eines Hauses gut schalldämmend ausgeführt sind, kann eine störende Geräuschbelästigung zwischen verschiedenen Wohnungen durch Wasserleitungsgeräusche auftreten. Die Geräusche sind oft so stark, daß ein Benützen des Bades oder der Spüleinrichtung des WCs in Mehrfamilienhäusern in den späten Abendstunden und in der Nacht ohne Störung des Nachbarn nicht möglich ist. Dabei sind bezüglich der Geräuschentstehung drei Ursachen zu unterscheiden, was auch bezüglich der Abhilfemaßnahmen sehr wichtig ist. Sie werden im folgenden besprochen.

9.1 Armaturengeräusche

Die hauptsächlichen Störungen traten früher beim Wasserdurchfluß durch die Armaturen auf. Demgegenüber spielen die in den Rohrleitungen selbst erzeugten Geräusche praktisch keine Rolle, weil dort die Querschnitte, verglichen mit denen in den Armaturen, wesentlich größer sind, näheres siehe bei Gösele und Voigtsberger[85]). Der früher, auch in DIN 4109, Blatt 5, Ausgabe 1962, erteilte Rat, aus schalltechnischen Gründen die Rohrleitungsquerschnitte der Wasserleitungen möglichst groß zu machen, ist deshalb unnötig.

Das Armaturengeräusch entsteht im wesentlichen aus zwei Gründen:
durch Wirbelablösung bei Richtungs- und Querschnittsänderungen
durch Kaviation („Sieden" des Wassers) an Stellen
hoher Strömungsgeschwindigkeit und damit verbundenem geringem Wasserdruck.

Das letztgenannte Geräusch, ein helles, prasselndes Geräusch, kann durch einen geeignet dimensionierten Strömungswiderstand an der Auslaufseite der Armatur beseitigt werden, näheres siehe Gösele und Voigtsberger[86]). Die Wirbelablösegeräusche können durch genügend große Strömungsquerschnitte an den Ventilen und durch Vermeiden plötzlicher Richtungsänderungen vermindert werden. Was durch diese Maßnahme erreicht werden kann, sei an einem Beispiel einer Auslaufarmatur in Abb. A 90 dargestellt. Durch einen erhöhten Strömungswiderstand am Auslauf in Form eines sog. Luftsprudlers (Maßnahme A), durch einen etwas vergrößerten Ventilsitzdurchmesser (Maßnahme B) und schließlich durch eine strömungsgünstige Ausbildung des sog. S-Anschlusses an die Leitung (Maßnahme C) konnte eine Geräuschverminderung um mehr als 20 dB erreicht werden.
Das Geräusch einer Armatur wird umso größer, je größer der Durchfluß (je Zeiteinheit) ist. Die Zunahme des Geräuschpegels beträgt 12 dB bei Verdoppelung des Durchflusses. Man ist deshalb bestrebt, den maximal möglichen Durchfluß, soweit es für den praktischen Gebrauch noch vertretbar ist, zu begrenzen.

Prüfzeichenpflicht

Für Armaturen, die in Wohnungsbauten, Krankenhäusern, Hotels u. ä. verwendet werden, muß durch eine Typprüfung im Laboratorium nachgewiesen werden, daß sie bezüglich ihrer Geräusche bestimmten Mindestanforderungen genügen, die in DIN 4109, Ausgabe 1989, festgelegt sind. Dabei wird bezüglich des Geräuschverhaltens zwischen zwei Gruppen I und II unterschieden, siehe Tafel A 26.

---

[85]) Gösele, K. und C. A. Voigtsberger „Rohrleitungsgeräusche von Wasserinstallationen bei der Wasserentnahme" FBW-Blätter, Folge 5, 1976.
[86]) Gösele, K. und C. A. Voigtsberger „Armaturengeräusche und Wege zu ihrer Verminderung". Ges. Ing. 1968, 89, S. 129–135 und 168–177.
„Grundlagen zur Geräuschminderung bei Wasserauslaufarmaturen". Ges. Ing. 91, 1970, S. 108–117.

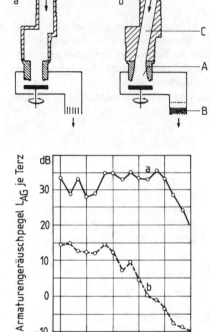

Abb. A 90: Beispiel für die Möglichkeiten der Geräuschminderung bei einer Armatur (darge-stellt die Frequenzverteilung des Armaturen-geräusches) durch folgende Maßnahmen:

A: Vergrößerung des Ventildurchmessers
B: Verwendung eines geräuscharmen Wider-standes (Lochblechscheibe)
C: strömungsgünstige Führung des sog. S-Anschlusses.
a: ursprünglicher Zustand (49 l/min)
b: abgeänderter Zustand (35 l/min)

Armaturen der Gruppe II dürfen nur angewandt werden, wenn die Installationswand nicht unmittelbar an einen Wohn- oder Schlafraum grenzt, siehe Abb. A 91. Im praktischen Fall sollte man stets Armaturen der Gruppe I verwenden. Die Armaturen müssen so gekennzeichnet sein, daß ihre Armaturengruppe von außen erkennbar ist.

Tafel A 26: Schalltechnische Anforderungen an Armaturen

Arma-turen-gruppe	höchstzulässiger Armaturenpegel L_{AG} bei der Prüfung im Labor*) dB(A)	ungefähr im Bau auftretender Installationsschallpegel in dB(A)	
		Nachbarraum unmittelbar angrenzend	Sanitärraum von Wohnraum durch einen zwischenliegen-den Raum getrennt
I	20	30	20
II	30	40	30

*) gültig bei 3 bar Fließdruck

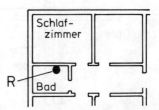

Grundriß-Situation II (günstige Verhältnisse)
(Armaturen der Gruppen I und II zulässig)

Grundriß-Situation I (ungünstige Verhältnisse,
Rohrleitung R an Wohnraumwand)
(nur Armaturen der Gruppe I zulässig)

Abb. A 91: Zur Einstufung von Grundrißanordnungen bezüglich der Installationsgeräuschstörungen R: Installations-Leitungen.

Ausbildung der Trennwand

Die Höhe des in den Nachbarraum unmittelbar abgestrahlten Geräusches hängt nicht nur von der Armatur sondern auch von der Art der Ausbildung der Zwischenwand ab, an der die Rohrleitungen und die Armatur befestigt sind. Je schwerer die Wand ausgebildet ist, umso geringer sind die Geräusche, näheres siehe[87]. Es ist deshalb in DIN 4109, Ausgabe 1989, vorgeschrieben, daß die Wände, an denen in Mehrfamilienhäusern Wasserinstallationen angebracht sind, mindestens 220 kg/m^2 schwer sein müssen. Diese Anforderung wurde vor längerer Zeit damit begründet, daß der Wasserschall bei übereinander liegenden Bädern, siehe Abb. A 92, in der Rohrleitung ziemlich ungeschwächt von einem Raum zum anderen gelangt und dadurch die Anregung im darunter oder darüber liegenden Raum nahezu dieselbe sei wie in dem Raum, wo das Wasser entnommen wird. Deshalb müsse jede Installationswand, die an einen Wohnraum grenze, genügend schwer sein. Untersuchungen in Bauten[88] haben diese Annahme allerdings nicht bestätigt. Danach dürften derartige Wände mit Installationen auch leichter ausgeführt werden. Es wird vermutet, daß die angenommene ungeschwächte Ausbreitung des Wasserschalls entlang der Steigleitung wegen der als Schalldämpfer wirkenden Zweigleitungen nicht auftritt.

Körperschallisolation bei Rohrschellen

Man kann durch das Einlegen von körperschalldämmenden Streifen z. B. aus Gummi o. ä. die Körperschallübertragung von der Wasserleitung auf die Wände um etwa 10–15 dB verringern. Diese günstige Dämmwirkung wird jedoch weitgehend hinfällig, wenn die Armaturen fest mit der Wand verbunden werden, siehe Gösele und Voigtsberger[89]. Sorgt man jedoch dafür, daß diese festen Verbindungen ebenfalls wegfallen, dann ist die zusätzliche Dämmwirkung sehr gut[89].

[87] Gösele, K. und C. A. Voigtsberger „Der Einfluß der Installationswand auf die Abstrahlung von Wasserleitungsgeräuschen". Acustica 35, 1976, S. 310.

[88] Gösele K. und C. A. Voigtsberger „Der Einfluß der Bauart und der Grundrißgestaltung auf das entstehende Installationsgeräusch in Bauten", Ges. Ing. 101, 1980, S. 79.

[89] Gösele, K. und C. A. Voigtsberger „Verminderung von Installationsgeräuschen durch körperschallisolierte Rohrleitungen" Heizung, Lüftung, Haustechnik 26 (1975) S. 216.

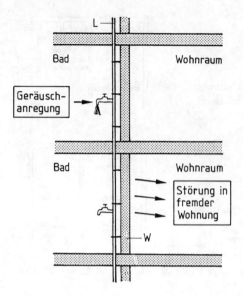

Abb. A 92: Angenommene Übertragung von Armaturengeräuschen über die Wassersäule der Leitung *L* in das darunterliegende Geschoß und auf die Zwischenwand *W*.

9.2 Aufprall- und Abwassergeräusche

Nachdem die Armaturgeräusche durch eine entsprechende Verbesserung der Armaturen durch die Hersteller in der Regel im Bau schon wesentlich unter 30 dB(A) liegen, sind die bisher weniger beachteten Geräusche beim Aufprallen des Wassers auf die Sanitärgegenstände und bei der Nutzung von entscheidender Bedeutung geworden. Dabei werden die Wannen, Duschtassen oder WC-Körper zu Schwingungen angeregt, die auf die Decke und angrenzende Wände übertragen werden. Dies kann man durch Lagerung über einen weichfedernden Dämmstoff vermindern. Infolge der großen Kräfte und dem nötigen wasserdichten Anschluß der Gegenstände an die Wände ist die Wirkung derartiger Maßnahmen sehr begrenzt. Hier liegen die derzeitigen Schwachstellen des Schallschutzes im Wohnungsbau. Die Störungen werden dadurch erhöht, daß die Einrichtungsgegenstände als Resonatoren wirken.

Die Abwasserrohre als solche tragen weniger zu störenden Geräuschen bei, wenn sie körperschallisoliert verlegt werden, was hier nicht auf technische Schwierigkeiten stößt.

10 Schutz gegen Verkehrslärm

Der Schutz gegen Straßenverkehrsgeräusche ist vorwiegend eine Angelegenheit der Planung. Dazu muß das Verkehrsgeräusch vorherberechnet werden können. Dies ist mit ausreichender Genauigkeit möglich. So ist in DIN 18005, Teil 1, ein einfaches Verfahren dazu angegeben. Weitergehende Hinweise sind in der Literatur[91]) gegeben, so z. B. von L. Schreiber[90]). Als kennzeichnendes Maß für den Straßenverkehr wird ein zeitlich gemittelter Schallpegel, der sog. Mittelungspegel, früher auch als Dauerschallpegel bezeichnet, verwendet. Er stellt denjenigen Schallpegel dar, der für einen betrachteten Zeitraum dieselbe Schallenergie enthält wie das zeitlich schwankende, zu beurteilende Verkehrsgeräusch. Für Bauten an geraden, frei einsehbaren Straßen läßt sich dieser Mittelungspegel L_m näherungsweise folgendermaßen berechnen:

$$L_m = L_o + 10 \lg n + 10 \lg \frac{a_o}{a} - K_A - K'_A \tag{A 31}$$

Dabei bedeuten:

n: Zahl der Fahrzeuge je Stunde
a_o: 25 m
a: Abstand des Hauses von der Straße
K_A: Abschirmmaß (Maß für die Abschirmwirkung von „Hindernissen", die zwischen Straße und Haus liegen)
K'_A: Abschirmmaß des betrachteten Hauses selbst, bedingt durch Orientierung
L_o: kennzeichnender Mittelungsschallpegel in dB(A) für ein einzelnes Fahrzeug je Stunde in 25 m Abstand von der Straße

L_o hängt von der Art und der Geschwindigkeit des Fahrzeuges sowie auch vom Straßenbelag ab. Für Pkws auf der Autobahn kann ein Wert von 40 dB(A), für den Stadtverkehr ein solcher von 32 dB(A) angenommen werden.
Im folgenden sollen die weiteren Einflußgrößen auf L_m besprochen werden.

Einfluß der Entfernung

Der Mittelungspegel nimmt natürlich mit der Zahl der Fahrzeuge je Stunde zu, und zwar bei einer Verzehnfachung der Fahrzeuge um 10 dB(A).
Der Einfluß der Entfernung a auf den Mittelungspegel wird meist überschätzt. Bei einer Verzehnfachung der Entfernung, z. B. von 25 m auf 250 m, nimmt der Mittelungspegel nur um 10 dB(A) ab. Wenn man bedenkt, daß in der Nähe einer Hauptverkehrsstraße, etwa einer Bundesstraße, in 25 m Abstand ein Schallpegel L_m von ungefähr 70 db(A) vorhanden ist, dann ist eine Abnahme um 10 dB(A) durch die Vergrößerung der Entfernung auf das zehnfache verhältnismäßig wenig. Durch größere Abstände allein ist der nötige Schutz gegen Straßenverkehrslärm für Wohnhäuser meist nicht zu erreichen.

Einfluß der Abschirmung

Es muß die Abschirmwirkung durch Abschirmwälle oder -wände, durch Geländeerhebungen oder durch den Verlauf einer Straße im Einschnitt hinzukommen, die durch das Abschirmmaß K_A gekennzeichnet ist. Dieses läßt sich vorherberechnen. Für Abschirmwände läßt es sich nach

[90]) Schreiber, L., Wittmann, H., Volberg, G. „Schallausbreitung in der Umgebung von Verkehrswegen und Industriegebieten in Bodennähe in ebenem Gelände" Schriftenreihe „Städtebauliche Forschung" des Bundesm. f. Raumordnung, Bauwesen und Städtebau Nr. 03.008, 1973. „Richtlinien für den Lärmschutz an Straßen, RLS-81" des Bundesmin. f. Verkehr, 1981.
[91]) siehe S. 132

Redfearn, siehe Abb. A 93, angeben. Weitere Rechenunterlagen sind im Schrifttum angegeben[91]). Zusammenfassend ergab sich, daß die „Dicke" eines akustischen Hindernisses – z. B. Wall oder Abschirmwand – nicht von großer Bedeutung für die Abschirmwirkung ist, sondern in erster Linie die Höhe h über der Sichtlinie, siehe Abb. A 93. Das Material einer Abschirmwand ist ebenfalls nicht von großer Bedeutung, sofern die Wand dicht und mindestens etwa 10 kg/m² schwer ist.

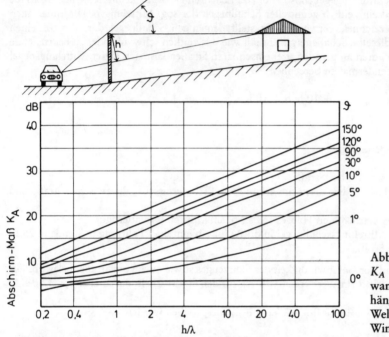

Abb. A 93: Abschirmmaß K_A durch eine Abschirmwand oder einen Wall, abhängig von der Höhe h, der Wellenlänge λ und dem Winkel ϑ (nach Redfearn).

Eine absorbierende Verkleidung derartiger Wände auf der den Autos zugewandten Seite ist in zweierlei Hinsicht vorteilhaft. Einmal wird der Lärm nicht zu anderen Häusern jenseits der betrachteten Straße reflektiert, zum anderen wird bei hohen Fahrzeugen eine Reflexion an diesen Fahrzeugen vermieden. Eine Schallabsorption der straßenabgewandten Seite einer Abschirmwand ist unnötig.

Die Abschirmwirkung derartiger Wände liegt in der Größenordnung von 5 bis 15 dB(A), je nach Wandhöhe und den Abständen. Bei sehr großen Abständen von Abschirmwänden, z. B. 0,5 km und mehr, kann die Abschirmwirkung durch Witterungseinflüsse stark vermindert werden.

Orientierung des betrachteten Baues

Von großer Bedeutung für die Verkehrslärmeinwirkung ist die Orientierung der Fenster der Räume zur Straße. Bei abgewandter Lage der Fenster sind Abschirmwirkungen durch das eigene Haus in der Größe von 15 bis 20 dB(A) erreichbar[92]). Dieser Einfluß ist in der obigen Gleichung durch das

[91]) Maekawa, Z. „Noise reduction by screens" Appl. Ac. 1 (1968) S. 157–173.
  Fleischer, F. „Zur Anwendung von Schallschirmen" Lärmbekämpfung 6 (1960) S. 131.
  Kurze, U. „Noise reduction by barriers" Journ. Ac. Soc. Am. 55 (1974) S. 504–518.
  Reinhold, G. „Die schalltechnischen Anforderungen an Lärmschutzwände" Kampf dem Lärm 22 (1975) S. 36–43.
  Gösele, K. und Schupp G. „Zur Minderung von Verkehrslärm durch Abschirmwände" FBW-Blätter 1974, Folge 6.
  RLS 81 „Richtlinien für Lärmschutz an Straßen" herausgegeben vom Bundesmin. f. Verkehr.
[92]) Näheres siehe P. Lutz „Lärmminderung durch Abschirmwirkung von Gebäuden" baupraxis Nr. 9, 1973.

Abschirmmaß K'_A erfaßt. Er ist größer als der durch die Vergrößerung der Entfernung erreichbare. So sind Wohnbauten in unmittelbarer Nähe einer Autobahn errichtet worden, wobei durch die abgewandte Lage der Fenster die Geräuschstörungen der Autobahn in ausreichender Weise unterdrückt werden konnten.

Einfluß der Fenster

In vielen Fällen ist ein Schutz vor den Geräuschen des Verkehrs weder mit Abschirmwänden möglich, noch ist eine abgewandte Orientierung der Fenster ausnutzbar. Dann verbleibt nur der Schutz über schalldämmende Fenster.
In Abschnitt 4.5.1 ist darauf hingewiesen, daß die Schalldämmung von Fenstern, vor allem bei Verbundfenstern, so verbessert werden kann, daß Verkehrsgeräusche bei geschlossenen Fenstern im Wohnraum nicht mehr stören. Die erforderlichen Werte des bewerteten Schalldämm-Maßes R_w der Fenster sind in Abschnitt 3.2.5.1 und Zahlentafel A 7 angegeben. Im schlimmsten Fall, bei einem Mittelungspegel L_m von mehr als 70 dB(A) bei Tage sind für Wohnungen Fenster mit einem bewerteten Schalldämm-Maß von ettwa 40–45 dB erforderlich. Dies läßt sich sowohl mit Kastenfenstern als auch mit guten Verbund- und Einfachfenstern erreichen.

Lüftungsvorrichtungen

Das Problem liegt somit weniger bei der Ausbildung der Fenster, sondern bei der, auch bei geschlossenen Fenstern, nötigen Lüftung der Räume. Die Lüftung muß so erfolgen, daß zwar die Luft vom Freien ein- bzw. ins Freie austreten kann, das Verkehrsgeräusch jedoch nicht.
Diese Forderung läßt sich dadurch erfüllen, daß man die ins Freie führenden Lüftungsöffnungen in Form eines Schalldämpfers ausführt, d. h. die Begrenzung der Kanäle schallabsorbierend verkleidet und einen Hohlraum in Form eines sog. Abzweigresonators vorsieht[93]). Dies ist auch einigermaßen gelöst. Die Lüftung muß durch ein Gebläse erfolgen, wobei zwei Lösungen gebräuchlich sind:

a. Für jedes Fenster ist an der Oberkante ein Gebläse angeordnet, wobei die Luft unterseitig über einen Schlitz angesaugt und über dem Fenster ausgeblasen wird.
b. Die Luft wird über Lüftungsschlitze an der Unter- oder Oberkante der Fenster in den Raum gesaugt und über einen Schacht im Wohnungsinnern, meist im Bad, durch einen Ventilator am oberen Ende des Schachts wieder ins Freie transportiert[94]), siehe Abb. A 94.

Beide Lösungen sind in schalltechnischer Hinsicht voll befriedigend.

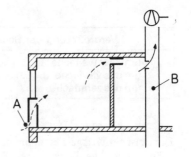

Abb. A 94: Raumlüftung bei starken Verkehrsgeräuschen über eine schallgedämmte Lüftungsöffnung A an der Außenwand und einen Abluftschacht B mit Ventilator.

[93]) Lutz, P. „Schalldämmende Lüftungsschleusen im Fensterbereich". FBW-Blätter 5, 1977.
[94]) Carroux, A. „Schalldämmende Fenster mit zusätzlicher Belüftung für Wohnräume in Wohnungen mit gehobenem Schallschutz" Kampf dem Lärm (1970), S..46.
Authenrieth, B. „Schutz gegen Straßenlärm im Wohnungsbau, Beispiel Wohnanlage Düsseldorf-Reisholz", FBW-Blätter, Folge 6, 1972.

11 Schallschutz durch schallschluckende Verkleidungen

Wird in einem Raum Schall erzeugt, dann wandern von der Schallquelle nach allen Seiten die Schallwellen weg, die nach kurzer Zeit auf die Begrenzungsflächen des Raumes stoßen. Dort wird ihre Energie ganz oder nur zum Teil in den Raum reflektiert. Der im Raum auftretende Schallpegel rührt deshalb nicht nur von dem direkt von der Schallquelle ausgehenden Anteil („Direktschall") her, sondern auch von dem an den Wänden reflektierten Anteil („Diffuses Schallfeld"). In den meisten Fällen ist der letztgenannte Anteil wesentlich stärker als das Direktschallfeld. Gelingt es, die Reflexionen zu verringern, so ist damit eine Senkung der Lautstärke im Raum verbunden. Die Stärke der Reflexionen hängt von der Oberflächenausbildung der Wände und Decken ab. Wird beim Auftreffen einer Schallwelle auf eine Wand ein großer Teil ihrer Schwingungsenergie in Wärme umgewandelt, dann ist die für die Reflexion übrigbleibende Energie gering. Man spricht von einer hohen Schallabsorption der Wand. Zahlenmäßig gekennzeichnet wird sie durch den Schallabsorptionsgrad α.

$$\alpha = \frac{\text{nicht wieder reflektierte Schallenergie}}{\text{auftreffende Schallenergie}}$$

$\alpha \simeq 0$ bedeutet somit völlige Reflexion; $\alpha = 1$ vollkommene Absorption, keine Reflexion.

Zahlenmäßige Überlegungen ergeben, daß der Schallpegel des diffusen, von den Reflexionen herrührenden Schallfeldes L_d davon abhängt wie groß die (äquivalente) Schallabsorptionsfläche A ist, die sich für einen Raum mit vollkommen gleichartigen Wänden und Decken mit dem Schallabsorptionsgrad α und der Gesamtfläche S zu $\alpha \cdot S$ berechnen würde. Wenn die einzelnen Wände und Decken verschieden ($\alpha_1, \alpha_2, \ldots, S_1, S_2, \ldots$) ausgeführt sind, dann errechnet sich A zu

$$A = \alpha_1 \cdot S_1 + \alpha_2 \cdot S_2 \cdot \alpha_3 \cdot S_3 + \ldots \qquad \text{(A 32)}$$

Der Schallpegel L_d ist um so geringer, je größer A ist:

$$L_d = L_P + 6 - 10 \lg A/A_0 \qquad \text{(A 31)}$$

L_P stellt dabei den Schall-Leistungspegel des Geräuscherzeugers, z. B. einer Maschine, dar, A_0 eine Bezugsfläche ($A_0 = 1 \text{ m}^2$). Wird z. B. die Schallabsorptionsfläche A n-mal größer, dann wird der Schallpegel L_d um $10 \lg n$ (dB) erniedrigt.

Vergrößerung der Schallabsorption	Erniedrigung des Schallpegels
um das zweifache	3 dB
um das vierfache	6 dB
um das zehnfache	10 dB

Damit ist ein Weg gewiesen, um den störenden Lärm in einem Raum zu senken. Man muß dafür die Wände oder die Decke eines Raumes mit stark absorbierendem Material verkleiden. Diese Maßnahme wird heutzutage in großem Maße, vor allem in Werkshallen, Büroräumen, Kassenräumen, Restaurants u. ä. angewandt. Ihre Wirkung ist in zweierlei Richtung begrenzt:

a) Die für eine absorbierende Verkleidung in Frage kommenden Flächen eines Raumes sind oft nicht groß.

b) Eine Unterdrückung des diffusen, von den Reflexionen herrührenden Schallfeldes ist nur insoweit lohnend, als dieses größer oder etwa gleich groß wie das Direktschallfeld ist (vgl. Abb. A 95).

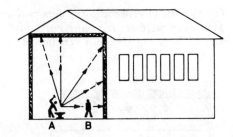

Abb. A 95: Grenzen der Wirksamkeit von schallschluckenden Verkleidungen in Räumen.
Auch bei stark absorbierenden Wänden und Decken
bleibt die Direktausbreitung des Schalls von der
Entstehungsstelle A zur gestörten Person B übrig.

Lohnend ist das Anbringen von schallabsorbierenden Verkleidungen nur in Räumen, die nicht an sich schon eine reichliche, schallabsorbierende Ausstattung (z. B. zahlreiche Möbel, Teppiche) haben. Mit gutem Erfolg können derartige Verkleidungen z. B. in halligen Treppenhäusern und in Gängen angewandt werden, weniger dagegen in Wohnräumen.

Die Größe der Absorption eines Raumes beeinflußt nicht nur den auftretenden Schallpegel eines Störgeräusches im Raum, sondern auch dessen Nachhallzeit. Darunter versteht man jene Zeit, die nach dem Abschalten einer Schallquelle vergeht, bis zu welcher der ursprüngliche Schallpegel im Raum um 60 dB abgenommen hat. Je größer die Absorption, um so geringer die Nachhallzeit. Da die Nachhallzeit mit geeigneten Registriergeräten relativ einfach gemessen werden kann, kann über die Nachhallzeit die Größe der Schallabsorptionsfläche eines Raumes leicht ermittelt werden.
Es gilt:

$$A = 0,163 \, \frac{V}{T} \; (\mathrm{m}^2) \tag{A 34}$$

A: Schallabsorptionsfläche eines Raumes (in m^2)
V: Volumen (in m^3)
T: Nachhallzeit (in Sekunden)

Wirkt ein Raum ausgesprochen hallig (= lange Nachhallzeit), dann ist durch eine zusätzliche schallschluckende Verkleidung sowohl eine Verkürzung der Nachhallzeit als auch eine spürbare Verringerung des Lärmpegels zu erreichen. Wirkt ein Raum dagegen wenig hallig, dann ist von dem zusätzlichen Einbringen von schallschluckenden Verkleidungen keine wesentliche Verringerung des Lärms im Raum mehr zu erwarten.

Schallschluckende Materialien

Hinsichtlich der akustischen Wirkung wird unterschieden zwischen
porösen Schallabsorbern und
Resonanz-Absorbern.
In die erste Gruppe fallen alle Materialien, die nach außen offene Poren oder Kanäle besitzen, wie z. B. Textilien, Mineralwolle, Filze, Holzfaserstoffe, Einkornbeton (unverputzt). Eine auftreffende Schallwelle dringt in die feinen Kanäle ein, wobei die hin und her schwingenden Luftteilchen eine Reibung an den Kanalwandungen erfahren. Dabei wird ein Teil der Schwingungsenergie in Wärmeenergie[95]) umgesetzt. Die Größe der Absorption hängt von der Dicke und dem Strömungswiderstand des Materials ab, der nicht zu groß und nicht zu klein sein soll. Allgemein kann man sagen, daß praktisch brauchbare, schallabsorbierende Verkleidungen, wenn sie unmittelbar an der Wand oder Decke angebracht werden, mindestens eine Dicke von etwa 1 cm besitzen müssen. „Schallschluckende Anstriche" oder „schallschluckende Tapeten" sind daher ziemlich unwirksam. Die Eigenart der porösen Schallabsorber ist, daß ihre Absorption mit der Frequenz stark zunimmt, wie dies in Abb. A 96 schematisch dargestellt ist.

[95]) Allerdings handelt es sich dabei um außerordentlich kleine Wärmemengen, da selbst zur Erzeugung eines lauten Schalls nur eine sehr geringe Leistung nötig ist. (Beispiel: Schall-Leistung eines lauten Radioapparates größenordnungsweise 0,001 Watt – zum Vergleich Glühlampe 40 bis 100 Watt).

Oft sind die Oberflächen derartiger poröser Stoffe wenig ansprechend oder auch zu empfindlich. Man kann sie dann mit einer nur optisch wirksamen Verkleidung, z. B. mit gelochten Platten, Blechen oder mit Geweben versehen, ohne daß die akustische Wirkung wesentlich[96]) beeinflußt wird.

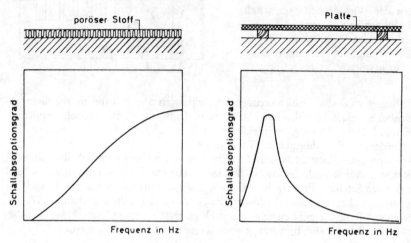

Abb. A 96: Der Verlauf des Schallabsorptionsgrades in Abhängigkeit von der Frequenz bei porösen Schallschluckstoffen und bei mitschwingenden Platten.

In großem Umfang werden gelochte Platten verwendet, hinter denen das absorbierende Material – meist Mineralwolle – angebracht wird, das für die Absorption sorgt. Die Platten selbst dienen lediglich für die Halterung der Matten und ein gutes Aussehen der Verkleidung.

Weit verbreitet sind auch dichte Mineralfaserplatten, die mit unauffälligen Öffnungen versehen sind, welche ein Eindringen des Schalls in das Platteninnere auch dann ermöglichen, wenn die Plattenoberseite stark verdichtet oder mit einem Anstrich versehen ist.

Neben den porösen Absorbern gibt es sog. Resonanz-Absorber, die aus einem „Masse-Feder"-Schwingungsgebilde bestehen, das in der Nähe der Resonanzfrequenz eine ausgeprägte Schallabsorption besitzt. Die praktisch bedeutsamste Form sind irgendwelche Platten mit Luftabstand vor einer Wand oder Decke, z. B. Sperrholzplatten, Gipskartonplatten, Riemenfußböden, wobei zur Erhöhung der Absorption Fasermatten in dem Hohlraum untergebracht werden. Eine große Schallschluckung tritt nur bei tiefen Frequenzen auf, sofern es sich nicht um sehr leichte Platten oder Schichten handelt. Oft kann man beide Absorptionseffekte miteinander verbinden, indem poröse Schallschlucker mit Wandabstand angebracht werden, wodurch ihre Schallabsorption bei tiefen Frequenzen erhöht wird.

Eine zweite wichtige Form von Resonatoren für die Zwecke der Schallabsorption sind sog. Volumresonatoren. Dabei bestehen die Schwingungssysteme aus Volumina, die über einzelne Öffnungen mit dem Raum in Verbindung stehen. Die Volumina stellen die Federungen, die in den Öffnungen hin und her schwingenden Luft-„Pfropfen" die Massen der Schwingungssysteme dar. Außerdem wird noch ein Dämpfungswiderstand benötigt, der aus einer Füllung des Hohlraums mit porösem Material bestehen kann. Auch hier tritt eine hohe Schallabsorption in der Nähe der Resonanzfrequenz der Schwingungssysteme auf. Eine Übersicht über die Schallabsorption verschiedener Materialien gibt Tafel A 27.

Hier wurde die Frage der Verringerung der Lautstärke von Störgeräuschen in Räumen durch schallabsorbierende Verkleidungen besprochen, wobei die Dimensionierungsregel insofern einfach

---

[96]) Bei manchen Verkleidungen, insbesondere bei Lochplatten, wird allerdings die Schallabsorption bei höheren Frequenzen beeinträchtigt.

ist, als man so viel wie möglich an absorbierender Fläche in den in Frage kommenden Raum hereinbringen soll. Das Material soll bei jenen Frequenzen bevorzugt schlucken, die im Störgeräusch hauptsächlich auftreten. In den meisten Fällen sind dies die höheren Frequenzen. Es gibt noch ein zweites wichtiges Anwendungsgebiet für schallabsorbierende Verkleidungen, nämlich die Beeinflussung der Hörsamkeit von Vortragsräumen, Theatersälen u. ä. Dieses Gebiet soll hier nicht behandelt werden[97]).

Tafel A 27: Schallabsorptionsgrad verschiedener Wand- und Deckenverkleidungen

lfd. Nr.	Verkleidung	Schallabsorptionsgrad α_S bei den Frequenzen					
		125 Hz	250 Hz	500 Hz	1000 Hz	2000 Hz	4000 Hz
1	25 mm Zementspritzputz mit Vermiculitezusatz	0,05	0,1	0,2	0,55	0,6	0,55
2	8 mm Schaumstoff-Tapete	0,03	0,1	0,25	0,5	0,7	0,9
3	Bimsbeton, unverputzt	0,15	0,4	0,6	0,6	0,6	0,6
4	115 mm Hochlochziegel, unverputzt Löcher dem Raum zu offen Mineralwolle im 60 mm Hohlraum hinter Ziegel	0,15	0,65	0.45	0,45	0,4	0,7
5	25 mm Holzwolle-Leichtbauplatten, unverputzt						
	unmittelbar an Wand	0,05	0,1	0,5	0,75	0,6	0,7
	24 mm vor Wand, im Hohlraum Mineralwolle	0,15	0,7	0,65	0,5	0,75	0,7
6	50 mm Mineralfaserplatten (100 kg/m³)	0,3	0,6	1,0	1,0	1,0	1,0
7	20 mm Mineralfaserplatten mit Farbe in Flockenstruktur an Oberfläche	0,02	0,15	0,5	0,85	1,0	0,95
8	16 mm Mineralfaserplatten, 375 kg/m³, raumseitig mit Farbschicht, Oberfläche mit feinen Öffnungen versehen, 200 mm Deckenabstand	0,4	0,45	0,6	0,65	0,85	0,85
9	Blechkasetten, gelocht, mit 20 mm Mineralfaserfilz, aufgelegt 300 mm Deckenabstand	0,3	0,7	0,7	0,9	0,95	0,95
10	Gipskartonplatten, gelocht, Mineralfaser-Auflage 100 mm Deckenabstand	0,3	0,7	1,0	0,8	0,65	0,6
11	Holzriemen mit 15 mm breiten, offenen Fugen, 20 mm Mineralfaser-Auflage						
	bei 30 mm Deckenabstand	0,1	0,25	0,8	0,7	0,3	0,4
	bei 200 mm Deckenabstand	0,4	0,7	0,5	0,4	0,35	0,3
12	Plüsch-Bespannung, gefaltet, 0,42 kg/m²						
	50 mm Abstand von Wand	0,15	0,45	0,95	0,9	1,0	1,0
13	7 mm Teppichboden	0	0,05	0,1	0,3	0,5	0,6

[97]) Näheres siehe Cremer, L. u. H. A. Müller „Die wissenschaftlichen Grundlagen der Raumakustik", Band I–III, Hirzel Verlag, Stuttgart.
Furrer, W. „Raum- und Bauakustik für Architekten", Birkhäuser-Verlag, Basel und Stuttgart.

Öfters wird versucht, die ungenügende Luft- oder Trittschalldämmung zwischen zwei Räumen dadurch zu verbessern, daß man an der zu verbessernden Wand oder Decke Schallschluckplatten anbringt. In vielen Fällen ist eine solche Maßnahme wirkungslos. Es gibt jedoch auch Fälle, wo dadurch eine Verbesserung zu erzielen ist. Abgehängte Schallschluckdecken, z. B. Lochplatten mit Mineralwolle-Hinterfüllung tragen nicht nur zur Schallschluckung im Raum bei, sondern verbessern auch den Luft- und Trittschallschutz der Decke in beschränktem Umfang.

Walter Schüle

Teil B Wärmeschutz

Der Wärmeschutz im Hochbau ist in gleichem Maße eine Frage der Hygiene wie der Wirtschaftlichkeit. Eine ungenügende Wärmedämmung von Bauteilen kann zu Feuchtigkeitsschäden, kalten Fußböden und dgl. führen. Die Folge sind unbehagliche und ungesunde raumklimatische Wohnverhältnisse. Die Beheizung der Räume und Bauten erfordert einen verhältnismäßig hohen Energieaufwand und verteuert somit den Betrieb der Bauten.

Der Wärmeschutz ist eng verbunden mit dem Feuchteschutz, da Feuchteschäden an Bauteilen eine Folge mangelnden Wärmeschutzes sein können und die Wärmedämmfähigkeit der Baustoffe in hohem Maße durch den Feuchtegehalt beeinflußt wird. Trotz dieser engen Verknüpfung von Wärme- und Feuchteschutz bei Bauten erscheint eine getrennte Behandlung der beiden Gebiete zweckmäßig. Hierbei werden jeweils zuerst die physikalischen Zusammenhänge erläutert, Rechenverfahren, soweit sie in Frage kommen, behandelt und daran anschließend die Frage des praktischen Wärme- und Feuchteschutzes, einschließlich geltender Vorschriften, erörtert.

1 Grundlagen und physikalische Zusammenhänge

1.1 Die physikalischen Gesetzmäßigkeiten bei Wärmeaustauschvorgängen im Beharrungszustand

Die Wärmeübertragung aus einem beheizten Raum ins Freie durch die Bauteile hindurch erfolgt von der Raumluft an die Innenoberflächen der Bauteile durch Konvektion und Strahlung von erwärmten Flächen der Heizeinrichtungen und von den Außenoberflächen ans Freie ebenfalls durch Konvektion und Strahlung. Im Innern der Bauteile erfolgt die Wärmeübertragung durch Leitung, sofern in diesen Teilen keine Lufträume enthalten sind. Ist dies der Fall, so spielt in diesen Lufträumen die Konvektion und -zwischen den festen Oberflächen – die Strahlung ebenfalls eine Rolle.

Bei Bauteilen handelt es sich fast ausschließlich um ebene, plattenförmige Gebilde (Wände, Decken, Türen, Fenster usw.). Aus diesem Grunde genügt es im allgemeinen für wärmeschutztechnische Rechnungen im Zusammenhang mit Bauten die einfachen Formeln für den Fall des Wärmedurchganges durch ebene Platten anzuwenden.

1.1.1 Wärmeleitung

Die Wärmeleitung durch eine ebene Platte eines Baustoffes im Beharrungszustand der Temperaturverteilung, d. h. nach genügend langer Zeit bei konstanten Temperaturen zu beiden Seiten der Platte, erfolgt nach der Gleichung

$$Q = \frac{\lambda}{s} \cdot A \cdot (\vartheta_1 - \vartheta_2) \cdot t \qquad \text{(B 1)}.$$

Q in Wattsekunden (Ws) bzw. Joule (J) ist die in der Zeit t in Sekunden durch die Fläche A in m² der Platte von der Dicke s in m strömende Wärmemenge, wenn die Oberflächentemperaturen der Platte ϑ_1 und ϑ_2 in °C sind. Die stofflichen Eigenschaften des Materials der Platte im Hinblick auf die Wärmeleitung, werden durch die Wärmeleitfähigkeit λ in W/(m·K) gekennzeichnet. Die Wärmeleitfähigkeit ist eine Stoffeigenschaft. Sie ist bestimmt durch die Wärmemenge, die in einem gegebenen Temperaturfeld eine Fläche unter Wirkung des in Richtung der Flächennormale vorhandenen Temperaturgefälles durchströmt.

Die Begriffe Wärmeleitfähigkeit, Wärmeleitzahl und Wärmeleitkoeffizient werden in der Praxis für den Zahlenwert der Wärmeleitfähigkeit verwendet.

Aus der Gleichung (B 1) folgt, daß die durch die betrachtete Platte fließende Wärmemenge um so größer ist, je größer die Wärmeleitfähigkeit des Plattenmaterials, die Temperaturdifferenz zwischen den Oberflächen, die Plattenfläche und die Zeitdauer des Vorganges ist. Mit zunehmender Plattendicke sinkt der Wärmedurchgang.

1.1.1.1 Zahlenwerte der Wärmeleitfähigkeit von Bau- und Dämmstoffen

Bau- und Dämmstoffe sind in der Regel mehr oder weniger poröse Stoffe, d. h. Stoffe, die Lufträume enthalten. Die Wärmeleitfähigkeit solcher Materialien liegt daher zwischen der der festen Bestandteile und der von Luft. Je poröser der Stoff ist, um so näher liegt seine Wärmeleitfähigkeit bei der der Luft. Da die Rohdichte der porenfreien, festen Bestandteile von Baustoffen nur verhältnismäßig wenig schwankt, ist die Rohdichte eines porösen Baustoffes um so größer, je kleiner der Porenanteil ist. Hieraus folgt, daß die Wärmeleitfähigkeit eines solchen Stoffes um so größer ist, je größer seine Rohdichte ist (Abb. B 1)

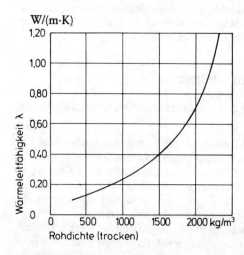

Abb. B 1: Wärmeleitfähigkeit λ lufttrockener Baustoffe, (Durchschnittswerte), abhängig von der Rohdichte (nach J. S. Cammerer).

Diesem allgemeinen Zusammenhang überlagern sich die Einflüsse durch Größe und Anordnung der Poren, sowie durch die chemische Art der festen Bestandteile. Die Wärmeleitfähigkeit von Baustoffen hängt in verhältnismäßig geringem Umfang von der Temperatur und in hohem Maße vom Feuchtegehalt ab.

Die Baustoffe können hinsichtlich ihrer Wärmeleitfähigkeit in drei Gruppen eingeteilt werden:

natürliche Steine: $\lambda = 2,3$ bis 3,5 W/(m·K)
Baustoffe aller Art: $\lambda = 0,15$ bis 2,1 W/(m·K),
Dämmstoffe: $\lambda = 0,02$ bis 0,1 W/(m·K).

Wärmedämmstoffe, bei denen anstelle von Luft, Gase geringerer Wärmeleitfähigkeit enthalten sind (z. B. Trichlorfluormethan $CFCl_3$), können eine Wärmeleitfähigkeit aufweisen, die niedriger als die der ruhenden Luft ist (z. B. Polyurethan-Hartschaum).

Eine Sonderstellung nehmen Luftschichten ein. Sie werden daher in einem besonderen Abschnitt behandelt.

1.1.1.1.1 *Temperatureinfluß*

Die Wärmeleitfähigkeit nimmt bei Bau- und Dämmstoffen aller Art mit der Temperatur zu, und zwar um so mehr, je kleiner die Wärmeleitfähigkeit der Stoffe ist. Dieser Einfluß auf die Wärmeleitfähigkeit ist aber so gering, daß er bei den im Bau vorkommenden Temperaturen in der

Regel vernachlässigt werden kann. Die Zunahme der Wärmeleitfähigkeit mit der Temperatur beträgt bei Baustoffen im allgemeinen unter 0,1% je °C Temperaturerhöhung, bei Dämmstoffen mit einer Wärmeleitfähigkeit unter 0,1 W/(m·K) steigt sie bis auf etwa 0,4% je °C Temperaturzunahme.

1.1.1.1.2 *Einfluß des Feuchtegehaltes*

Die Wärmeleitfähigkeit eines porösen Stoffes wird durch seinen Feuchtegehalt in dem Sinne beeinflußt, daß mit zunehmender Stoffeuchte die Wärmeleitfähigkeit stark ansteigt. Der Grund hierfür liegt weniger darin, daß ein Teil der Porenluft durch Wasser, mit seiner gegenüber der Luft etwa zwanzigfachen Wärmeleitfähigkeit, verdrängt wird, sondern daß in den feuchten Poren erhebliche Wärmemengen infolge Wasserdampfdiffusion übertragen werden. Hinter diesem Effekt treten alle anderen Feuchteeinflüsse auf die Wärmeleitfähigkeit weitgehend zurück.

Die Diagramme der Abb. B 2 und B 3 zeigen den Zusammenhang zwischen der Wärmeleitfähigkeit λ und dem Feuchtegehalt einiger Stoffe.

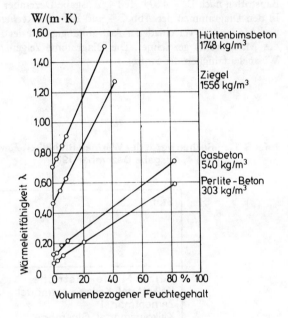

Abb. B 2: Wärmeleitfähigkeit λ verschiedener Baustoffe, abhängig vom volumenbezogenen Feuchtegehalt (nach W. F. Cammerer).

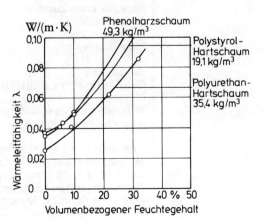

Abb. B 3: Wärmeleitfähigkeit λ verschiedener Schaumkunststoffe, abhängig vom volumenbezogenen Feuchtegehalt (nach W. F. Cammerer).

1.1.1.2 Rechenwerte der Wärmeleitfähigkeit

Bei der rechnerischen Bestimmung der Wärmedämmung von Bauteilen müssen Wärmeleitfähigkeiten verwendet werden, die den praktischen Verhältnissen im normal ausgetrockneten Bauwerk entsprechen und bei denen der Einfluß der stets vorhandenen Feuchte (Dauerfeuchte, praktischer Feuchtegehalt) berücksichtigt ist. Solche Werte sind in DIN 4108, Teil 4 „Wärmeschutz im Hochbau; Wärme- und feuchteschutztechnische Kennwerte" zusammengestellt. Sie werden als „Rechenwerte der Wärmeleitfähigkeit" bezeichnet und müssen bei rechnerischen Ermittlungen der Wärmedämmung von Bauteilen zum Nachweis ausreichenden Wärmeschutzes benützt werden. Soweit neuere Stoffe in der genannten Norm nicht enthalten sind, können Werte verwendet werden, die nach DIN 52612, Teil 1 „Bestimmung der Wärmeleitfähigkeit mit dem Plattengerät; Durchführung und Auswertung" gemessen und nach Teil 2 dieser Norm „Weiterbehandlung der Meßwerte für die Anwendung im Bauwesen" umgerechnet und durch einen Sachverständigenausschuß als Rechenwerte festgelegt worden sind. Tafel B 1 enthält die Rechenwerte der Wärmeleitfähigkeit von Baustoffen nach DIN 4108, Teil 4, Ausgabe Dezember 1985.

In den Diagrammen der Abb. B 4 und B 5 sind Rechenwerte der Wärmeleitfähigkeit von Betonen und Mauerwerk verschiedener Art, abhängig von der Rohdichte des Betons bzw. der Mauersteine des Mauerwerks gezeichnet. Die Diagramme zeigen den großen Einfluß der Rohdichte auf die Wärmeleitfähigkeit der Stoffe.

Tafel B 1:   Rechenwerte der Wärmeleitfähigkeit λ_R von Bau- und Dämmstoffen nach DIN 4108
Teil 4, Ausgabe Dezember 1985

Stoff	Rohdichte oder Rohdichte-klassen kg/m³	Rechenwert der Wärmeleit-fähigkeit λ_R W/(m·K)
Putze, Mörtel, Estriche		
Kalkmörtel, Kalkzementmörtel	1800	0,87
Zementmörtel	2000	1,4
Kalkgipsmörtel, Gipsmörtel		
Anhydritmörtel	1400	0,70
Gipsputz ohne Zuschlag	1200	0,35
Anhydritestrich	2100	1,2
Zementestrich	2000	1,4
Magnesiaestrich	2300	0,70
	1400	0,47
Gußasphalt	2300	0,90
Großformatige Bauteile (Betone)		
Normalbeton, Kies- und Splittbeton mit geschlossenem Gefüge	2400	2,1
Leichtbeton und Stahlleichtbeton mit ge-	800	0,39
schlossenem Gefüge nach DIN 4219 Teil 1	900	0,44
und 2 hergestellt unter Verwendung von	1000	0,49
Zuschlägen mit porigem Gefüge nach DIN	1100	0,55
4226 ohne Quarzsandzusatz	1200	0,62

Stoff	Rohdichte oder Rohdichte-klassen kg/m³	Rechenwert der Wärmeleit-fähigkeit λ_R W/(m·K)
(Bei Quarzsandzusatz erhöhen sich die Rechenwerte der Wärmeleitfähigkeit um 20%)	1300	0,70
	1400	0,79
	1500	0,89
	1600	1,0
	1800	1,3
	2000	1,6
Gasbeton, dampfgehärtet nach DIN 4223	400	0,14
	500	0,16
	600	0,19
	700	0,21
	800	0,23
Leichtbeton mit haufwerksporigem Gefüge z. B. nach DIN 4232 mit nichtporigen Zuschlägen nach DIN 4226 Teil 1, z. B. Kies		
	1600	0,81
	1800	1,1
	2000	1,4
mit porigen Zuschlägen, nach DIN 4226 Teil 2, ohne Quarzsandzusatz		
	600	0,22
	700	0,26
	800	0,28
	1000	0,36
	1200	0,46
	1400	0,57
	1600	0,75
	1800	0,92
	2000	1,2
ausschließlich unter Verwendung von Naturbims	500	0,15
	600	0,18
	700	0,20
	800	0,24
	900	0,27
	1000	0,32
	1200	0,44
ausschließlich unter Verwendung von Blähton	500	0,18
	600	0,20
	700	0,23
	800	0,26
	900	0,30
	1000	0,35
	1200	0,46

Stoff	Rohdichte oder Rohdichte-klassen kg/m³	Rechenwert der Wärmeleit-fähigkeit λ_R W/(m·K)
Bauplatten Asbestzementplatten nach DIN 274 Teil 1 bis 4 und DIN 18517 Teil 1	2000	0,58
Gasbeton-Bauplatten, unbewehrt nach DIN 4166 mit normaler Fugendicke und Mauer-mörtel nach DIN 1053 Teil 1 verlegt		
	500	0,22
	600	0,24
	700	0,27
	800	0,29
dünnfugig verlegt	500	0,19
	600	0,22
	700	0,24
	800	0,27
Wandplatten aus Leichtbeton nach DIN 18162	800	0,29
	900	0,32
	1000	0,37
	1200	0,47
	1400	0,58
Wandbauplatten aus Gips nach DIN 18163, auch mit Poren, Hohlräumen, Füllstoffen oder Zuschlägen	600	0,29
	750	0,35
	900	0,41
	1000	0,47
	1200	0,58
Gipskartonplatten nach DIN 18180	900	0,21
Mauerwerk einschließlich Mörtelfugen Mauerwerk aus Mauerziegeln nach DIN 105, Teil 1 bis 4: Vollklinker,	1800	0,81
Hochlochklinker,	2000	0,96
Keramikklinker	2200	1,2
Vollziegel, Hochlochziegel	1200	0,50
	1400	0,58
	1600	0,68
	1800	0,81
	2000	0,96

Fortsetzung Tafel B 1

Stoff	Rohdichte oder Rohdichteklassen kg/m³	Rechenwert der Wärmeleitfähigkeit λ_R W/(m · K)
Leichthochlochziegel mit Lochung A und Lochung B nach DIN 105, Teil 2,	700	0,36
	800	0,39
	900	0,42
	1000	0,45
Leichthochlochziegel W nach DIN 105, Teil 2	700	0,30
	800	0,33
	900	0,36
	1000	0,39
Mauerwerk aus Kalksandsteinen nach DIN 106, Teil 1 und 2	1000	0,50
	1200	0,56
	1400	0,70
	1600	0,79
	1800	0,99
	2000	1,1
	2200	1,3
Mauerwerk aus Hüttensteinen nach DIN 398	1000	0,47
	1200	0,52
	1400	0,58
	1600	0,64
	1800	0,70
	2000	0,76
Mauerwerk aus Betonsteinen Hohlblocksteine aus Leichtbeton nach DIN 18 151 mit porigen Zuschlägen nach DIN 4226, Teil 2 ohne Quarzzusatz (Die Rechenwerte der Wärmeleitfähigkeit sind bei Hohlblocksteinen mit Quarzsandzusatz für 2-K-Steine um 20% und für 3-K-Steine um 15% zu erhöhen)		
2-K-Steine, Breite ≦ 240 mm	500	0,29
3-K-Steine, Breite ≦ 300 mm	600	0,32
4-K-Steine, Breite ≦ 365 mm	700	0,35
	800	0,39
	900	0,44
	1000	0,49
	1200	0,60
	1400	0,73
2-K-Steine, Breite = 300 mm	500	0,29
3-K-Steine, Breite = 365 mm	600	0,34
	700	0,39
	800	0,46
	900	0,55

Fortsetzung Tafel B 1

Stoff	Rohdichte oder Rohdichteklassen kg/m³	Rechenwert der Wärmeleitfähigkeit λ_R W/(m·K)
	1000	0,64
	1200	0,76
	1400	0,90
Vollsteine und Vollblöcke aus Leichtbeton nach DIN 18152 Vollsteine (V)		
	500	0,32
	600	0,34
	700	0,37
	800	0,40
	900	0,43
	1000	0,46
	1200	0,54
	1400	0,63
	1600	0,74
	1800	0,87
	2000	0,99
Vollblöcke (Vbl) außer Vollblöcken S-W aus Naturbims und aus Blähton	500	0,29
	600	0,32
	700	0,35
	800	0,39
	900	0,43
	1000	0,46
	1200	0,54
	1400	0,63
	1600	0,74
	1800	0,87
	2000	0,99
Vollblöcke S-W aus Naturbims	500	0,20
	600	0,22
	700	0,25
	800	0,28
Vollblöcke S-W aus Blähton	500	0,22
	600	0,24
	700	0,27
	800	0,31
Hohlblocksteine und T-Hohlsteine aus Normalbeton mit geschlossenem Gefüge nach DIN 18153 2-K-Steine, Breite ≦ 240 mm 3-K-Steine, Breite ≦ 300 mm 4-K-Steine, Breite ≦ 365 mm	≦ 1800	0,92
2-K-Steine, Breite = 300 mm 3-K-Steine, Breite = 365 mm	≦ 1800	1,3

Fortsetzung Tafel B 1

Stoff	Rohdichte oder Rohdichte-klassen kg/m³	Rechenwert der Wärmeleit-fähigkeit λ_R W/(m·K)
Wärmedämmstoffe		
Holzwolleleichtbauplatten nach DIN 1101		
Plattendicke ≧ 25 mm	360–480	0,093
= 15 mm	570	0,15
Mehrschicht-Leichtbauplatten nach DIN 1104 Teil 1 aus Schaumkunststoffplatten nach DIN 18164 Teil 1 mit Beschichtung aus mineralisch gebundener Holzwolle		
Schaumkunststoffplatte	≧ 15	0,04
Holzwolleschichten (Einzelschichten)		
Dicke ≧ 10 bis < 25 mm	460–650	0,15
≧ 25 mm	360–460	0,093
Holzwolleschichten (Einzelschichten) mit Dicken < 10 mm dürfen zur Berechnung des Wärmedurchlaßwiderstandes nicht berücksichtigt werden		
Schaumkunststoffe nach DIN 18159 Teil 1 und 2 an der Baustelle hergestellt		
Polyurethan(PUR)-Ortschaum nach DIN 18159 Teil 1	≧ 37	0,030
Harnstoff-Formaldehydharz(UF)-Ortschaum nach DIN 18159 Teil 2	≧ 10	0,041
Korkdämmstoffe		
Korkplatten nach DIN 18161 Teil 1		
Wärmeleitfähigkeitsgruppe 045	80–500	0,045
050		0,050
055		0,055
Schaumkunststoffe nach DIN 18164, Teil 1		
Polystyrol(PS)-Hartschaum		
Wärmeleitfähigkeitsgruppe 025	15 bis 30	0,025
030		0,030
035		0,035
040		0,040
Polyurethan(PUR)-Hartschaum		
Wärmeleitfähigkeitsgruppe 020	≧ 30	0,020
025		0,025
030		0,030
035		0,035
Phenolharz(PF)-Hartschaum		
Wärmeleitfähigkeitsgruppe 030	≧ 30	0,030
035		0,035
040		0,040
045		0,045

Fortsetzung Tafel B 1

Stoff	Rohdichte oder Rohdichte- klassen kg/m³	Rechenwert der Wärmeleit- fähigkeit λ_R W/(m·K)
Mineralische und pflanzliche Faser- dämmstoffe nach DIN 18165, Teil 1		
Wärmeleitfähigkeitsgruppe 035	8–500	0,035
040		0,040
045		0,045
050		0,050
Schaumglas nach DIN 18174		
Wärmeleitfähigkeitsgruppe 045	100–150	0,045
050		0,050
055		0,055
060		0,060
Holz und Holzwerkstoffe		
Holz		
Fichte, Kiefer, Tanne	600	0,13
Buche, Eiche	800	0,20
Holzwerkstoffe		
Sperrholz nach DIN 68705, Teil 2 bis 4	800	0,15
Spanplatten		
Flachpreßplatten nach DIN 68761, Teil 1 und 4 und DIN 68763	700	0,13
Strangpreßplatten nach DIN 68764 Teil 1	700	0,17
Holzfaserplatten		
Harte Holzfaserplatten nach DIN 68750 und DIN 68754, Teil 1	1000	0,17
Poröse Holzfaserplatten nach DIN 68750 und Bitumen-Holzfaserplatten nach DIN 68752	≦200	0,045
	≦300	0,056
Beläge, Abdichtstoffe und Abdichtungsbahnen		
Linoleum nach DIN 18171	1000	0,17
Korklinoleum	700	0,081
Linoleum-Verbundbeläge nach DIN 18173	100	0,12
Kunststoffbeläge z. B. auch PVC	1500	0,23
Asphaltmastix, Dicke ≧7 mm	2000	0,70
Bitumen	1100	0,17
Bitumendachbahnen nach DIN 52128	1200	0,17
nackte Glasvlies-Bitumendachbahnen nach DIN 52129	1200	0,17
Sonstige gebräuchliche Stoffe		
Lose Schüttungen, abgedeckt; aus porigen Stoffen		
Blähperlit	≦ 100	0,060

Fortsetzung Tafel B 1

Stoff	Rohdichte oder Rohdichte- klassen kg/m^3	Rechenwert der Wärmeleit- fähigkeit λ_R (W/(m·K))
Blähglimmer	$\leq$ 100	0,070
Korkschrot, expandiert	$\leq$ 200	0,050
Hüttenbims	$\leq$ 600	0,13
Blähton, Blähschiefer	$\leq$ 400	0,16
Bimskies	$\leq$1000	0,19
Schaumlava	$\leq$1200	0,22
	$\leq$1500	0,27
Lose Schüttungen, abgedeckt;		
aus Polystyrolschaumstoff-Partikeln	15	0,045
Sand, Kies, Splitt	1800	0,70
Fliesen	2000	1,0
Glas	2500	0,80
Natursteine		
Kristalline Gesteine (Granit, Basalt,		
Marmor)	2800	3,5
Sedimentsteine (Sandstein,		
Muschelkalk)	2600	2,3
Vulkanische porige Natursteine	1600	0,55
Böden (naturfeucht)		
Sand, Kiessand		1,4
Bindige Böden		2,1
Keramik und Glasmosaik	2000	1,2
Wärmedämmender Putz	600	0,20
Kunstharzputz	1100	0,70
Metalle		
Stahl		60
Kupfer		360
Aluminium		200
Gummi (kompakt)	1000	0,20

149

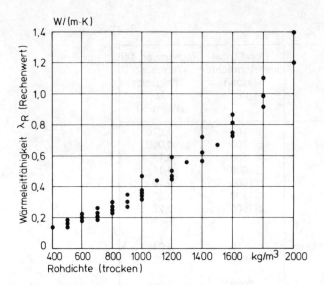

Abb. B 4: Wärmeleitfähigkeit (Rechenwerte) von Betonen, abhängig von der Rohdichte nach DIN 4108, Teil 4

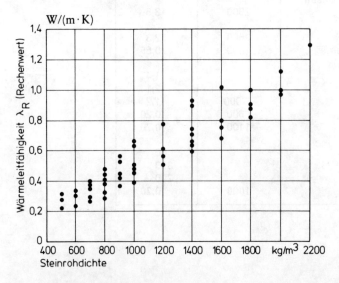

Abb. B 5: Wärmeleitfähigkeit (Rechenwert) von Mauerwerk, abhängig von der Rohdichte der Mauersteine nach DIN 4108, Teil 4

1.1.2 Wärmeübergang

Der Wärmeaustausch zwischen Luft und einer festen Oberfläche (z. B. Wandfläche) bzw. einer solchen Fläche und Luft, läßt sich durch folgende Gleichung erfassen

$$Q = \alpha \cdot A \cdot (\vartheta_L - \vartheta_O) \cdot t \qquad (B\,2)$$

Q, A und t haben dieselbe Bedeutung wie in Gleichung (B 1) (s. Abschnitt 1.1.1). ϑ_L ist die mittlere Lufttemperatur in genügendem Abstand von der Wandoberfläche, ϑ_O deren Oberflächentemperatur. Alle Einflüsse des Bewegungszustandes der Luft, sowie der Oberflächeneigenschaften der Wandfläche, soweit sie den Wärmeübergang beeinflussen (Farbe, Material, Rauhigkeit), werden in der Größe α, dem Wärmeübergangskoeffizienten in $W/(m^2 \cdot K)$ zusammengefaßt. Dieser ist zahlengleich der Wärmemenge, die stündlich auf einer 1 m² großen Fläche mit der Luft ausgetauscht wird, wenn die Temperaturdifferenz zwischen Oberfläche und Luft 1K (1 °C) beträgt.

Für praktische Rechnungen bei Bauteilen werden die in Tafel B 2 zusammengestellten Werte der Wärmeübergangskoeffizienten α und der Wärmeübergangswiderstände $1/\alpha$ verwendet.

Tafel B 2: **Wärmeübergangskoeffizienten α und Wärmeübergangswiderstände $1/\alpha$ bei Bauteilen**

	Wärme-übergangs-koeffizient α $W/(m^2 \cdot K)$	Wärme-übergangs-widerstand $1/\alpha$ $(m^2 \cdot K/W)$
An der Innenseite geschlossener Räume bei natürlicher Luftbewegung		
Wandflächen, Innenfenster und Außenfenster	8	0,13
Fußböden und Decken bei Wärmeübergang		
von unten nach oben	8	0,13
von oben nach unten	6	0,17
in Winkeln und Ecken	5 bis 6	0,20 bis 0,17
An den Außenseiten entsprechend einer mittleren Windgeschwindigkeit von etwa 2 m/sec	23	

Bei der Überprüfung von Bauteilen auf Tauwasserbildung (s. Teil C) ist auf der Innenseite der Bauteile mit $\alpha = 6$ $W/(m^2 \cdot K)$, entsprechend $1/\alpha = 0{,}17$ m² $\cdot$ K/W zu rechnen.

1.1.3 Wärmeaustausch durch Strahlung

Der Wärmeaustausch durch Strahlung zwischen parallelen, ebenen Flächen wird durch eine ähnlich aufgebaute Gleichung erfaßt, wie bei Leitung und Wärmeübergang.

$$Q = \alpha_s \cdot A \cdot (\vartheta_1 - \vartheta_2) \cdot t \tag{B 3}$$

Der Wärmeübergangskoeffizient der Strahlung α_s in $W/(m^2 \cdot K)$ ist durch die Oberflächentemperatur ϑ_1 und ϑ_2 die Strahlungszahlen C_1 und C_2 der beiden Oberflächen und die Strahlungszahl C_s des „absolut schwarzen Körpers"[1] bestimmt:

---

[1] Der absolut schwarze Körper kann durch einen Hohlraum verwirklicht werden, der Wandungen gleicher Temperatur besitzt und mit einer kleinen Öffnung versehen ist. Die Öffnung stellt eine „absolut schwarze" Fläche dar, da jeder darauf fallende Strahl im Innern des Hohlraumes durch die Absorption bei mehrfacher Reflektion praktisch völlig verschluckt wird. Die Strahlungszahl C_s des schwarzen Körpers ist 5.77 $W/(m^2 \cdot K^4)$.

$$\alpha_s = a \cdot \frac{1}{1/C_1 + 1/C_2 - 1/C_s} \qquad (B\ 4)$$

Die Größe a der Gleichung (B 4), der Temperaturfaktor, hängt nur von den Temperaturen der beiden in Strahlungsaustausch stehenden Flächen ab. Er ist in der Nähe der Zimmertemperatur etwa gleich 1 und nimmt mit steigender Temperatur stark zu (vgl. Tafel B 3).

Tafel B 3:   Temperaturfaktor a bei verschiedenen Werten von ϑ_1 und ϑ_2.

ϑ_1 (°C)	ϑ_2 (°C)					
	—10	0	10	20	50	100
— 10	0,728					
0	0,77	0,814				
10	0,814	0,859	0,906			
20	0,862	0,908	0,954	1,008		
50	1,017	1,06	1,119	1,172	1,34	
100	1,32	1,38	1,44	1,49	1,7	2,08

Tafel B 4:   Strahlungszahlen verschiedener Oberflächen bei Temperaturen zwischen 0 und 100 °C (nach E. Schmid und E. Eckert)

Stoff und Oberflächenzustand	Strahlungszahl W/(m² · K⁴)
absolut schwarzer Körper	5,77
Metalle:	
Silber, poliert	0,12 bis 0,17
Kupfer, poliert	0,17
Aluminium, walzblank	0,23
Nickel, poliert	0,26
Eisen, abgeschmirgelt	1,4
Eisen mit Gußhaut	5,2
Eisen stark verrostet	4,9
Stoffe aller Art:	
Asbestschiefer	5,6
Dachpappe	5,4
Gips	5,2
Glas	5,4
Holz	5,4
Papier	5,4
Porzellan	5,4
Reifbelag	5,7
Ziegelstein, Mörtel, Putz	5,4
Anstriche:	
Aluminiumbronzeanstrich	1,2 bis 2,3
Emaillelack, schwarz	5,2
Spirituslack, schwarz	4,8
Heizkörperlack	5,4
beliebige Lacke, Ölfarben und dgl.	4,9 bis 5,5

Eine Oberfläche gibt um so mehr Wärme durch Strahlung an niedriger temperierte Flächen ab, je größer die Strahlungszahl C der Fläche ist. Die höchstmögliche Strahlungszahl besitzt der absolut schwarze Körper, der alle auf ihn auffallende Strahlung absorbiert, gleichzeitig besitzt dieser Körper aber auch das höchste Wärmeabstrahlungsvermögen (Emissionsvermögen), wenn er selbst als Strahler wirkt.

Die Strahlungszahlen von Oberflächen (s. Tafel B 4) hängen von der Temperatur der betreffenden Flächen ab. Bei den im Bauwesen vorkommenden Temperaturen unter 100 °C spielt aber der Einfluß der Temperatur auf die Strahlungszahl eine untergeordnete Rolle.

Die Zusammenstellung in Tafel B 4 zeigt, daß bei den im Bauwesen vorwiegend vorkommenden Temperaturen kein wesentlicher Unterschied im Absorptions- bzw. Emissionsvermögen der nichtmetallischen Stoffe besteht. Lediglich Metalle mit blanker Oberfläche besitzen wesentlich kleinere Strahlungszahlen als die übrigen Stoffe. Auch spielt die Farbe der Oberfläche bei diesen Temperaturen keine Rolle für die Strahlungsverhältnisse. Demnach ist es z. B. für die Wärmeabgabe eines Heizkörpers belanglos, mit welcher Farbe er gestrichen ist. Erfolgt aber der Anstrich mit einer metallhaltigen Farbe, z. B. Aluminiumbronze, so ist eine deutlich geringere Wärmeabgabe durch Strahlung zu erwarten als beim Anstrich mit einer beliebigen anderen, aber nicht metallhaltigen Farbe.

Beim Strahlungsaustausch zwischen Flächen niedriger Temperatur (unter 100 °C) kann mit den in Tafel B 5 zusammengestellten Richtwerten der Wärmeübergangskoeffizienten der Strahlung α_s gerechnet werden.

Die geschilderten Zusammenhänge gelten nicht für die Erwärmung einer Oberfläche durch Sonnenzustrahlung. In diesem Falle handelt es sich um einen Strahler sehr hoher Oberflächentemperatur (etwa 6000 °C). Hierbei spielt die Farbe eine wichtige Rolle. Je heller ein Stoff dem Auge erscheint, um so kleiner ist bei Sonnenstrahlung seine Strahlungszahl, um so geringer ist daher sein Absorptionsvermögen. Diese Tatsache ist vor allem bedeutungsvoll für die Erwärmung von Flachdächern bei Sonnenzustrahlung, bei Sonnenschutzeinrichtungen und dgl. mehr.

Tafel B 5:   Wärmeübergangskoeffizienten der Strahlung α_s (Richtwerte)

Temperatur der Flächen	Wärmeübergangskoeffizienten α_s	
	bei blanken Metallflächen	bei nichtmetallischen Flächen aller Art
°C	W/(m² · K)	W/(m² · K)
0 bis 10	0,12	4,7
10 bis 20	0,12	5,0
20 bis 50	0,17	6,4
50 bis 100	0,23	10,5

1.1.4 Der Wärmedurchgang durch Bauteile und Luftschichten

1.1.4.1 Homogene Bauteile

Der Wärmedurchgang durch einen homogenen Bauteil (ebene Platte aus einheitlichem Material) setzt sich zusammen aus dem Wärmeübergang von der Luft an die eine Seite des festen Stoffes (z. B. die Wandoberfläche), der Leitung durch den Stoff und schließlich wieder dem Wärmeübergang von der anderen Oberfläche an die Luft. Bei stationärer Wärmeströmung ist, da die Strömung auschließlich senkrecht zur Oberfläche des ebenen Bauteils erfolgen soll, die Wärmestromdichte q in W/m² ($q = Q/(A \cdot t)$) bei allen drei Vorgängen dieselbe:

$$q = \alpha_i \cdot (\vartheta_{Li} - \vartheta_{Oi})$$
$$q = \lambda/s \cdot (\vartheta_{Oi} - \vartheta_{Oa}) \qquad \text{(B 5)}$$
$$q = \alpha_a \cdot (\vartheta_{Oa} - \vartheta_{La})$$

Dabei sind α_i und α_a die Wärmeübergangskoeffizienten zu beiden Seiten des Bauteils, ϑ_{Li} und ϑ_{La} die Lufttemperaturen und ϑ_{Oi} und ϑ_{Oa} die Oberflächentemperaturen des Bauteils.

Für die Berechnung des Wärmedurchganges durch einen Bauteil faßt man die drei, die Teilvorgänge kennzeichnenden Größen α_i, α_a und λ/s in einer Größe, dem Wärmedurchgangskoeffiżienten k in W/(m² · K) zusammen:

$$k = \frac{1}{1/\alpha_i + s/\lambda + 1/\alpha_a} \qquad \text{(B 6)}$$

Unter Benützung des Wärmedurchgangskoeffizienten k lautet die Gleichung für die Wärmestromdichte q beim Wärmedurchgang durch einen Bauteil:

$$q = k \cdot (\vartheta_{Li} - \vartheta_{La}) \qquad \text{(B 7)}$$

Die nur vom Material und der Dicke des Bauteils abhängige Größe λ/s wird als Wärmedurchlaßkoeffizient Λ in W/(m² · K) bezeichnet. Die Kehrwerte von α, k und Λ sind Wärmewiderstände, sie werden

Wärmeübergangswiderstand $1/\alpha$ in m² · K/W,
Wärmedurchgangswiderstand $1/k$ in m² · K/W,
Wärmedurchlaßwiderstand $1/\Lambda$ in m² · K/W

genannt.

1.1.4.2 Zusammengesetzte Bauteile

1.1.4.2.1 *Bauteile mit hintereinander liegenden Schichten*

Bei einem aus mehreren hintereinanderliegenden Schichten zusammengesetzten Bauteil (z. B. Wand mit Putzschichten, Dämmschichten oder dgl.) erfolgt die Berechnung des Wärmedurchganges wie bei homogenen Schichten, nur tritt anstelle des Wertes s/λ die Summe der Wärmedurchlaßwiderstände $s_1/\lambda_1, s_2/\lambda_2 \ldots s_n/\lambda_n$ der im Sinne des Wärmestromes hintereinanderliegenden Schichten der Dicken $s_1, s_2 \ldots s_n$ mit den Wärmeleitfähigkeiten $\lambda_1, \lambda_2 \ldots \lambda_n$. Der Wärmedurchlaßwiderstand $1/\Lambda$ – auch als Wärmeleitwiderstand R_λ bezeichnet – des betreffenden Bauteils wird daher folgendermaßen berechnet:

$$\frac{1}{\Lambda} = \frac{s_1}{\lambda_1} + \frac{s_2}{\lambda_2} + \ldots \ldots + \frac{s_n}{\lambda_n} \qquad \text{(B 8)}$$

Der Wärmedurchgangskoeffizient k ist in diesem Falle:

$$k = \frac{1}{1/\alpha_i + s_1/\lambda_1 + s_2/\lambda_2 + \ldots \ldots + s_n/\lambda_n + 1/\alpha_a} \qquad \text{(B 9)}$$

1.1.4.2.2 *Bauteile mit nebeneinander liegenden Bereichen*

Für einen Bauteil, der aus mehreren nebeneinander liegenden Bereichen mit verschiedenen Wärmedurchgangskoeffizienten $k_1, k_2 \ldots \ldots k_n$ besteht, wird entsprechend ihren Flächenanteilen A_1/A, A_2/A .... A_n/A der mittlere Wärmedurchgangskoeffizient k_m nach folgender Gleichung berechnet:

$$k_m = k_1 \cdot A_1/A + k_2 \cdot A_2/A \ldots\ldots + k_n \cdot A_n/A \qquad (B\ 10)$$

Dabei bedeutet A die Summe der Flächenanteile $A_1 + A_2 + \ldots + A_n$ der Bauteilbereiche.

Der mittlere Wärmedurchlaßwiderstand $1/\Lambda_m$ eines Bauteils mit nebeneinander liegenden Bereichen ergibt sich mit k_m zu

$$1/\Lambda_m = 1/k_m - (1/\alpha_i + 1/\alpha_a) \qquad (B\ 11)$$

Dabei dürfen sich die Wärmedurchlaßwiderstände $1/\Lambda_1$, $1/\Lambda_2$ ...$1/\Lambda_n$ der benachbarten Bereiche höchstens um den Faktor 5 unterscheiden.

1.1.4.3 Luftschichten

Am Wärmedurchgang durch eine Luftschicht sind Leitung, Konvektion und Strahlung beteiligt. Da die Wärmeübertragung durch Strahlung von der Beschaffenheit der die Luftschicht begrenzenden Stoffe (blankes Metall, nichtmetallischer Stoff), die durch Konvektion vom Bewegungszustand der Luft abhängt, gelten für die Wärmedämmung von Luftschichten andere Gesetzmäßigkeiten als für die von Schichten fester Stoffe.

Zur Kennzeichnung der Wärmedämmung einer ebenen Schicht wird zweckmäßig der Wärmedurchlaßwiderstand $1/\Lambda$ verwendet (s. Abschnitt 1.1.4.1). Diese Größe ergibt sich bei homogenen, festen Stoffen aus der Schichtdicke s (in m) und der Wärmeleitfähigkeit λ (in W/(m·K)) zu $1/\Lambda = s/\lambda$ (in $m^2 \cdot K/W$).

Mit zunehmender Dicke der Stoffschicht steigt der Wärmedurchlaßwiderstand an. Dieser Zusammenhang ist in Abb. B 6 für einige Stoffe dargestellt. Bei Luftschichten ergeben sich, wie Abb. B 7 zeigt, völlig andere Zusammenhänge zwischen Wärmedämmung und Dicke, außerdem hängen die jeweiligen Werte des Wärmedurchlaßwiderstandes der Luftschichten von der Lage der Schicht (senkrecht oder waagerecht), der Richtung des Wärmestromes (von oben nach unten oder umgekehrt), sowie von dem die Luftschicht begrenzenden Material (blankes Metall oder nichtmetallischer Stoff) ab.

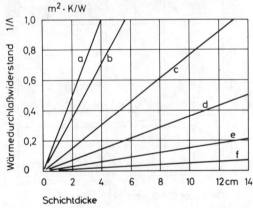

Abb. B 6: Wärmedurchlaßwiderstand $1/\Lambda$ von Stoffen verschiedener Wärmeleitfähigkeit λ, abhängig von der Schichtdicke.

a: Polystyrol-Hartschaum, $\lambda = 0{,}040$ W/(m · K)
b: poröse Holzfaserplatten, $\lambda = 0{,}056$ W/(m · K)
c: Fichtenholz, $\lambda = 0{,}13$ W/(m · K)
d: Bimsbeton 800 kg/m^3, $\lambda = 0{,}28$ W/(m · K)
e: Vollziegelmauerwerk 1600 kg/m^3, $\lambda = 0{,}68$ W/(m · K)
f: Normalbeton 2400 kg/m^3, $\lambda = 2{,}1$ W/(m · K)

Bei Luftschichten zwischen nichtmetallischen Baustoffen nimmt der Wärmedurchlaßwiderstand mit zunehmender Schichtdicke zu und erreicht bei einer Dicke von 2 bis 3 cm nahezu schon den Höchstwert von etwa 0.17 m² · K/W. Mit weiter zunehmender Schichtdicke steigt die Wärmedämmung kaum noch weiter an und bleibt nahezu konstant. Bei senkrechten Luftschichten nimmt die Wärmedämmung bei einer Schichtdicke über 5 cm wieder ab, bei waagerechten Schichten erst bei Dicken über 10 cm. Dieses Verhalten ist durch den Einfluß von Strahlung und Konvektion auf die Wärmeübertragung durch die Luftschicht bedingt. Bei sehr geringen Dicken wird der Wärmedurchlaßwiderstand im wesentlichen durch die Wärmeleitfähigkeit der Luft (etwa 0,026 W/(m · K) bei 20° C) und die Schichtdicke bestimmt, der Wärmedurchlaßwiderstand steigt also mit wachsender Dicke. Bei weiterer Zunahme der Dicke der Luftschicht kommt mehr und mehr die Wärmeübertragung durch Strahlung zur Auswirkung. Diese ist bei parallelen Flächen vom Abstand unabhängig und bestimmt schließlich die Wärmeübertragung durch dickere Luftschichten im wesentlichen, so daß diese über einen größeren Dickenbereich eine nahezu konstante Wärmedämmung aufweisen. Bei großen Schichtdicken beginnt schließlich die Konvektion eine Rolle zu spielen, der Wärmewiderstand der Luftschicht nimmt dann wegen der zusätzlichen konvektiven Wärmeübertragung wieder ab.

Bestehen die beiden Begrenzungsflächen der Luftschichten aus Stoffen mit kleiner Strahlungszahl (blanke Metallflächen), so tritt der Einfluß der Strahlung auf die Wärmeübertragung durch die Luftschicht erst bei größeren Schichtdicken stärker in Erscheinung. Es lassen sich daher durch Luftschichten zwischen blanken Metallflächen wesentlich größere Wärmedämmungen erzielen als durch solche Schichten zwischen nichtmetallischen Stoffen (Abb. B 7). Tafel B 6 gibt eine Zusammenstellung der Wärmedurchlaßwiderstände von Luftschichten verschiedener Dicke und Lage.

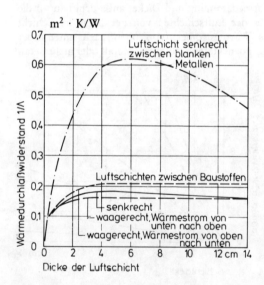

Abb. B 7:   Wärmedurchlaßwiderstand 1/Λ von Luftschichten abhängig von der Dicke.

Auf Grund der oben geschilderten Zusammenhänge zwischen Wärmedämmung und Dicke von Luftschichten ergibt sich, daß die aus Wärmedurchlaßwiderstand und Schichtdicke formal errechenbare, „wirksame Wärmeleitfähigkeit" λ' der Luft ($\lambda' = s \cdot \Lambda$) keine Konstante ist, sondern sich mit der Dicke ändert. Dies geht aus Abb. B 8 hervor, welche die wirksame Wärmeleitfähigkeit von Luftschichten, abhängig von ihrer Dicke, zeigt. Man ersieht aus dem Diagramm, daß die wirksame Wärmeleitfähigkeit bei Luftschichten von einigen cm Dicke zwischen Baustoffen recht erhebliche Werte annimmt.

Tafel B 6:   Wärmedurchlaßwiderstände 1/Λ von Luftschichten

Lage der Luftschicht und Richtung des Wärmestromes	Strahlungszahl C der Begrenzungs- flächen	Dicke der Luftschicht	Wärmedurchlaß- widerstand 1/Λ
	$W/(m^2 \cdot K^4)$	cm	$m^2 \cdot K/W$
Luftschicht senkrecht	5,5 (nichtmetallische Stoffe aller Art)	1 2 5 10 15	0,14 0,16 0,18 0,17 0,16
Luftschicht waage- recht, Wärmestrom von unten nach oben	5,5 (nichtmetallische Stoffe aller Art)	1 2 5 10 15	0,14 0,15 0,16 0,16 0,16
Luftschicht waage- recht, Wärmestrom von oben nach unten	5,5 (nichtmetallische Stoffe aller Art)	1 2 5 10 15	0,15 0,18 0,21 0,21 0,21
Luftschicht senkrecht	0,23 bis 0,35 (blanke Metall- flächen)	1 2 5 10 15	0,28 0,43 0,62 0,58 0,43

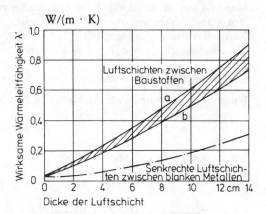

Abb. B 8: Wirksame Wärmeleitfähigkeit λ' von Luftschichten, abhängig von
der Dicke.
a: waagerecht, Wärmestrom von unten
nach oben
b: waagerecht, Wärmestrom von oben
nach unten.

Es ist somit nicht möglich, bei Luftschichten durch beliebige Vergrößerung der Schichtdicke (wie bei festen Stoffen) deren Wärmedämmung beliebig zu erhöhen. Um dies zu ermöglichen, ist es vielmehr notwendig, die Luftschicht durch eingefügte Trennflächen (Pappen, Metallfolien oder dgl.) in Schichten zu unterteilen, deren Dicke nicht größer ist als zum Erreichen des optimalen Wärmedurchlaßwiderstandes benötigt wird. Bei Luftschichten zwischen nichtmetallischen Baustoffen sind dies etwa 2 bis 3 cm. Eine Anwendung dieser Erkenntnis ist z. B. das Einfügen von Luftschichten bei Hohlsteinen aller Art, bei doppeltverglasten Fenstern, oder die „Alfol"-Isolierung, bei der ebene, gespannte Aluminiumfolien in einem Abstand von 10 bis 15 mm durch Abstandshalter getrennt, angeordnet werden (Planverfahren), bzw. die Folien, leicht geknittert, den Luftraum ausfüllen (Knitterverfahren). Bei der Alfol-Isolierung bewirkt außer der Unterteilung der Luftschichten noch die infolge der kleinen Strahlungszahl der Aluminiumoberflächen stark verringerte Wärmeübertragung durch Strahlung eine Vergrößerung der Wärmedämmung.

Für den rechnerischen Nachweis des Wärmeschutzes von Bauteilen und Gebäuden sind in DIN 4108, Teil 4 Rechenwerte des Wärmedurchlaßwiderstandes von Luftschichten festgelegt (s. Tafel B 7).

Tafel B 7:   Rechenwerte der Wärmedurchlaßwiderstände von Luftschichten nach DIN 4108, Teil 4

Lage der Luftschicht	Dicke der Luftschicht mm	Wärmedurchlaß- widerstand $1/\Lambda$ $m^2 \cdot$ K/W
lotrecht	10 bis 20 über 20 bis 500	0,14 0,17
waagerecht	10 bis 500	0,17

1.1.5 Temperaturverhältnisse auf und in Bauteilen

Die Kenntnis der Oberflächentemperaturen, sowie der Temperaturverteilung im Innern der Bauteile ist notwendig, um diese im Hinblick auf etwa auftretendes Tauwasser oder Kondensation im Innern beurteilen zu können (s. Teil C, Feuchteschutz). Außerdem ist die raumseitige Oberflächentemperatur von Bauteilen für die raumklimatischen und damit gesundheitlichen Verhältnisse in den betreffenden Räumen von Bedeutung.

Aufgrund der in Abschnitt 1.1.4.1 angegebenen Gleichungen (B 6) und (B 7) lassen sich die Temperaturverhältnisse auf und in Bauteilen, die homogen oder aus Baustoffschichten der Wärmedurchlaßwiderstände $1/\Lambda_1$, $1/\Lambda_2$, ... $1/\Lambda_n$ aufgebaut sind, unter Verwendung der Wärmestromdichte $q = k \cdot (\vartheta_{Li} - \vartheta_{La})$ errechnen.

1.1.5.1 Oberflächentemperaturen

Temperatur der Bauteilinnenoberfläche:

$$\vartheta_{Oi} = \vartheta_{Li} - 1/\alpha_i \cdot q \qquad \text{(B 12)}$$

Temperatur der Bauteilaußenoberfläche:

$$\vartheta_{Oa} = \vartheta_{La} + 1/\alpha_a \cdot q \qquad \text{(B 13)}$$

1.1.5.2 Temperaturen der Trennflächen

Die Temperaturen ϑ_1, ϑ_2 ..... ϑ_n nach jeweils der 1., 2. bzw. der n-ten Schicht eines mehrschichtigen Bauteils (von innen aus gezählt) werden wie folgt errechnet:

$$\begin{aligned} \vartheta_1 &= \vartheta_{Oi} - 1/\Lambda_1 \cdot q \\ \vartheta_2 &= \vartheta_1 - 1/\Lambda_2 \cdot q \\ \cdot \quad &\cdot \quad \cdot \\ \cdot \quad &\cdot \quad \cdot \\ \vartheta_n &= \vartheta_{n-1} - 1/\Lambda_n \cdot q \end{aligned} \qquad \text{(B 14)}$$

1.1.6 Durchführung wärmeschutztechnischer Rechnungen

Im folgenden wird die Durchführung wärmeschutztechnischer Rechnungen, wie die Ermittlung des Wärmedurchlaßwiderstandes und des Wärmedurchgangskoeffizienten von Konstruktionen, Berechnung der Temperaturverhältnisse in Bauteilen und dgl. an Beispielen behandelt und erläutert.

1.1.6.1 Wärmedurchlaßwiderstand und Wärmedurchgangskoeffizient

1.1.6.1.1 *Homogene Bauteile*

Beispiel 1: 15 cm dicke Deckenplatte aus Normalbeton.

Nach DIN 4108, Teil 4 ist der Rechenwert der Wärmeleitfähigkeit λ des Normalbetons 2,1 W/(m·K). Der Wärmedurchlaßwiderstand $1/\Lambda$ der Platte ergibt sich zu

$$\underline{1/\Lambda} = \frac{\text{Dicke } s \text{ in m}}{\text{Wärmeleitfähigkeit } \lambda \text{ in W/(m} \cdot \text{K)}}$$

$$= \frac{0,15}{2,1} = \underline{0,071 \text{ m}^2 \cdot \text{K/W}}.$$

Der Wärmedurchgangskoeffizient k wird außer vom Wärmedurchlaßwiderstand $1/\Lambda$ von den Wärmeübergangskoeffizienten α_i und α_a zu beiden Seiten des Bauteils bestimmt (s. Gleichung (B 6) und Abb. B 9). Daher müssen die Luftbewegungen zu beiden Seiten des betreffenden Bauteils (der Platte aus Normalbeton des Beispiels 1) und bei waagerechten Teilen, wie Decken, auch die Richtung des Wärmestroms bekannt sein, um die zutreffenden Werte der Wärmeübergangskoeffizienten wählen zu können (s. Tafel B 7).

Unter der Annahme einer Deckenplatte mit dem Wärmestrom von oben nach unten (z. B. Kellerdecke) ist

$$\alpha_i = 6 \text{ W/(m}^2 \cdot \text{K)}, \ 1/\alpha_i = 0,17 \text{ m}^2 \cdot \text{K/W};$$

$$\alpha_a = 6 \text{ W/(m}^2 \cdot \text{K)}, \ 1/\alpha_a = 0,17 \text{ m}^2 \cdot \text{K/W}.$$

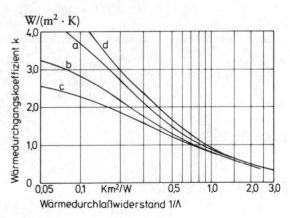

Abb. B 9: Zusammenhang zwischen Wärmedurchgangskoeffizient *k* und Wärmedurchlaßwiderstand $1/\Lambda$ von Bauteilen.
a: Außenwände, Flachdächer, Decken unter Terrassen;
B: Innenwände, Innendecken-Wärmestrom von unten nach oben;
c: Innendecken-Wärmestrom von oben nach unten;
d: Wände und Böden an das Erdreich grenzend.

Der Wärmedurchgangskoeffizient k ergibt sich dann zu

$$k = \frac{1}{0,17 + 0,071 + 0,17} = \frac{1}{0,41}$$
$$= 2,43 \ \text{W/(m}^2 \cdot \text{K)}.$$

Beispiel 2: 240 mm Mauerwerk aus Leichtlochziegeln mit einer Rohdichte von 1000 kg/m^3.

Nach DIN 4108 ist der Rechenwert der Wärmeleitfähigkeit λ des Mauerwerks 0,45 W/(m · K).

Wärmedurchlaßwiderstand:

$$1/\Lambda = \frac{0,24}{0,45} = 0,53 \ \text{m}^2 \cdot \text{K/W}.$$

Wärmedurchgangskoeffizient:

$$k = \frac{1}{0,17 + 0,51 + 0,04} = \frac{1}{0,74} = 1,35 \ \text{W/(m}^2 \cdot \text{K)}.$$

1.1.6.1.2 *Zusammengesetzte Bauteile*

1.1.6.1.2.1 Bauteil mit hintereinanderliegenden Schichten

Beispiel:

15 cm dicke Normalbetonwand, auf der Außenseite 3,5 cm Holzwolleleichtbauplatten, beiderseits je 2 cm Putz (Abb. B 10).

Nach Gleichung (B 8) in Abschnitt 1.1.4.2.1 ergibt sich der Wärmedurchlaßwiderstand eines Bauteils, der aus mehreren im Sinne des Wärmestromes hintereinanderliegenden Baustoffschichten besteht, als Summe der Wärmedurchlaßwiderstände der einzelnen Schichten:

$$1/\Lambda = s_1/\lambda_1 + s_2/\lambda_2 + s_3/\lambda_3 + s_4/\lambda_4$$

Die Schichtdicken s_1 *bis* s_4 *und die Wärmeleitfähigkeiten* λ_1 *bis* λ_4 *im vorliegenden Beispiel sind:*

$$
\begin{aligned}
s_1 &= 0,02 \ \text{m}; &\lambda_1 &= 0,87 \ \text{W/(m} \cdot \text{K)} \\
s_2 &= 0,035 \ \text{m}; &\lambda_2 &= 0,093 \ \text{W/(m} \cdot \text{K)} \\
s_3 &= 0,15 \ \text{m}; &\lambda_3 &= 2,1 \ \text{W/(m} \cdot \text{K)} \\
s_4 &= 0,02 \ \text{m}; &\lambda_4 &= 0,7 \ \text{W/(m} \cdot \text{K)}
\end{aligned}
$$

Wärmedurchlaßwiderstand:

$$1/\Lambda = 0,02/0,87 + 0,035/0,093 + 0,15/2,1 + 0,02/0,7$$
$$= 0,02 + 0,38 + 0,07 + 0,03 = 0,50 \ \text{m}^2 \cdot \text{K/W}$$

Wärmedurchgangskoeffizient:

$$k = \frac{1}{0,13 + 0,50 + 0,04} = \frac{1}{0,67} = 1,49 \ \text{W/(m}^2 \cdot \text{K)}$$

Abb. B 10: Wandaufbau

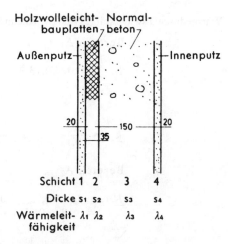

1.1.6.1.2.2 Bauteil mit nebeneinanderliegenden Bereichen

Beispiel: 2,4 cm Holzfußboden auf Lagerhölzern 40/80 mm; 12 cm Normalbetondecke, unterseitig 1,5 cm dick verputzt (Abb. B 11).
Bei Bauteilen in denen verschiedene Bereiche nebeneinader liegen, werden zuerst die Wärmedurchlaßwiderstände und die Wärmedurchgangskoeffizienten der einzelnen Bereiche errechnet und dann der mittlere Wärmedurchgangskoeffizient aufgrund der Flächenanteile der Bereiche ermittelt.

Schichtdicken und Wärmeleitfähigkeiten der Baustoffe:

Bereich A_1
$s_1 = 0,024$ m; $\lambda_1 = 0,13$ W/(m · K)
$s_2 = 0,04$ m; $\lambda_2 = 0,13$ W/(m · K)
$s_3 = 0,12$ m; $\lambda_3 = 2,1$ W/(m · K)
$s_4 = 0,015$ m; $\lambda_4 = 0,7$ W/(m · K)

Bereich A_2
$s_1 = 0,024$ m; $\lambda_1 = 0,13$ W/(m · K)
$s_2 = 0,04$ m; $1/\Lambda_2 = 0,17$ m^2 · K/W*)
$s_3 = 0,12$ m; $\lambda_3 = 2,1$ W/(m · K)
$s_4 = 0,015$ m; $\lambda_4 = 0,7$ W/(m · K)

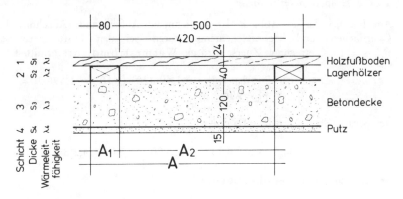

Abb. B 11:
Deckenaufbau

*) Luftschicht waagerecht; Rechenwert des Wärmedurchlaßwiderstandes nach Tafel B 7.

Wärmedurchlaßwiderstände und Wärmedurchgangskoeffizienten der Bereiche:

Bereich A_1

$$1/\Lambda_1 = 0{,}024/0{,}13 + 0{,}04/0{,}13 + 0{,}12/2{,}1 + 0{,}015/0{,}7$$

$$= 0{,}18 + 0{,}31 + 0{,}06 + 0{,}02 = \underline{0{,}57 \ m^2 \cdot K/W}$$

$$\underline{k_1} = \frac{1}{0{,}17 + 0{,}57 + 0{,}17} = 1/0{,}91 = \underline{1{,}10 \ W/(m^2 \cdot K)}$$

Bereich A_2

$$1/\Lambda_2 = 0{,}024/0{,}13 + 0{,}17 + 0{,}12/2{,}1 + 0{,}015/0{,}7$$
$$= 0{,}18 + 0{,}17 + 0{,}06 + 0{,}02 = \underline{0{,}43 \ m^2 \cdot K/W}$$

$$\underline{k_2} = \frac{1}{0{,}17 + 0{,}43 + 0{,}17} = 1/0{,}76 = \underline{1{,}30 \ W/(m^2 \cdot K)}$$

Mittlere Werte des Wärmedurchgangskoeffizienten und des Wärmedurchlaßwiderstandes:

Flächenanteile

$$A_1/A = 0{,}08/0{,}5 = 0{,}16,$$
$$A_2/A = 0{,}42/0{,}5 = 0{,}84.$$

Mittlerer Wärmedurchgangskoeffizient:

$$k_m = 1{,}10 \cdot 0{,}16 + 1{,}30 \cdot 0{,}84 = 0{,}18 + 1{,}09$$
$$= \underline{1{,}27 \ W/(m^2 \cdot K)}$$

Mittlerer Wärmedurchlaßwiderstand:

$$1/\Lambda_m = 1/1{,}27 - (0{,}17 + 0{,}17) = 0{,}79 - 0{,}34$$
$$= \underline{0{,}45 \ m^2 \cdot K/W}$$

1.1.6.2 Temperaturverhältnisse

Am Beispiel der in Abb. B 10 gezeichneten Außenwand (Abschnitt 1.1.6.1.2) werden die Oberflächen- und Trennflächentemperaturen bei den Lufttemperaturen $\vartheta_{Li} = 20\ °C$ und $\vartheta_{La} = -10\ °C$ errechnet. Zuerst wird die Wärmestromdichte ermittelt (s. Abschnitt 1.1.4.1):

$$q = k \cdot (\vartheta_{Li} - \vartheta_{La}) = 1{,}49 \cdot (20-(-10)) - 1{,}49 \cdot 30$$
$$= \underline{44{,}7 \ W/m^2}$$

Temperatur der Innenoberfläche:

$$\underline{\vartheta_{0i}} = 20 - 0{,}13 \cdot 44{,}7 = 20 - 5{,}81 = \underline{14{,}2°3C}$$

Temperatur der Außenoberfläche:

$$\underline{\vartheta_{Oa}} = -10 + 0{,}04 \cdot 44{,}7 = -10 + 1{,}79 = \underline{-8{,}2°3C}$$

Temperatur der Trennflächen (von innen nach außen):

$$\vartheta_1 = 14,2 - \frac{0,02}{0,7} \cdot 44,7 = \underline{12,9\ °C}$$

$$\vartheta_2 = 12,9 - \frac{0,15}{2,1} \cdot 44,7 = \underline{\ 9,7\ °C}$$

$$\vartheta_3 = \ \ 9,7 - \frac{0,035}{0,093} \cdot 44,7 = \underline{-7,1\ °C}$$

In Abb. B 12 ist der Temperaturverlauf über der Wanddicke gezeichnet.

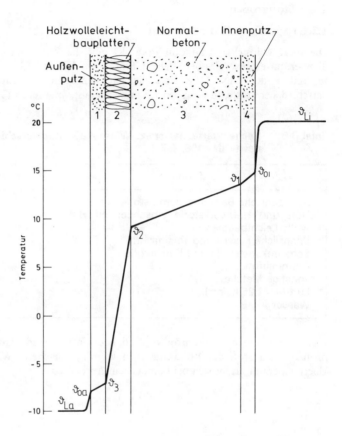

Abb. B 12: Temperaturverlauf in einer Außenwand im Beharrungszustand der Wärmeströmung.

1.2 Instationäre Verhältnisse

Wärmedurchlaßwiderstand $1/\Lambda$ und Wärmedurchgangskoeffizient k genügen zur wärmeschutztechnischen Kennzeichnung eines Bauteils unter stationären Verhältnissen, also bei gleichbleibenden Temperaturen zu beiden Seiten nach Erreichen des Dauerzustandes des Wärmestroms durch den Bauteil. Dies trifft im allgemeinen für Winterverhältnisse bei dauernd beheizten Räumen zu, da die Raumlufttemperaturen weitgehend konstant gehalten werden und die Außentemperaturen sich in der Regel nur verhältnismäßig langsam ändern.

Beim Aufheizen und Auskühlen eines Raumes, bei Sonnenzustrahlung zu einem Bauteil, schnellen Änderungen der Lufttemperaturen zu beiden Seiten von Bauteilen, beim Berühren von Stoffen, Gehen auf Fußböden usw. treten Temperaturänderungen und Änderungen von Wärmeströmen auf, die durch die Werte $1/\Lambda$ und k nicht erfaßt werden können. In diesen Fällen spielt das Wärmespeichervermögen der Stoffe und Bauteile im Zusammenhang mit der Zeit die entscheidende Rolle.

Für die rechnerische Behandlung der genannten Probleme werden Größen benötigt, die aus denen der spez. Wärmekapazität, der Wärmeleitfähigkeit und der Rohdichte der betreffenden Stoffe gebildet werden.

1.2.1 Stoffgrößen

1.2.1.1 Spezifische Wärmekapazität

Die spez. Wärmekapazität c in J/(kg · K) gibt die Wärmemenge an, die benötigt wird, um die Temperatur eines kg des betreffenden Stoffes um 1 K zu ändern.

In Teil 4 der DIN 4108 sind die nachstehenden Rechenwerte der spez. Wärmekapazität verschiedener Stoffe, in Gruppen zusammengefaßt, angegeben (Tafel B 8).

Tafel B 8:   Rechenwerte der spez. Wärmekapazität verschiedener Stoffe nach DIN 4108, Teil 4

Stoff c	J/(kg · K)
Anorganische Bau- und Dämmstoffe	1000
Holz und Holzwerkstoffe einschließlich Holz-wolle-Leichtbauplatten	2100
Pflanzliche Fasern und Textilfasern	1300
Schaumkunststoffe und Kunststoffe	1500
Aluminium	800
sonstige Metalle	400
Luft (ϱ = 1,25 kg/m^3)	1000
Wasser	4200

Das Wärmespeichervermögen Q_s, d. h. die in 1 m^2 eines plattenförmigen Bauteils der Dicke s in m aus einem Stoff der Rohdichte ϱ in kg/m^3 gespeicherte Wärmemenge in J/(m^2 · K) bei 1 K Übertemperatur ergibt sich bei homogenem Aufbau zu

$$Q_s = c \cdot \varrho \cdot s \qquad \text{(B 15)}$$

1.2.1.2 Temperaturleitfähigkeit

Die Ausbreitung eines Temperaturfeldes in einem Stoff wird durch dessen Temperaturleitfähigkeit a in m^2/s bestimmt. Eine Temperaturänderung pflanzt sich in einem Stoff um so schneller fort, je größer der Wert a des Stoffes ist.

Die Temperaturleitfähigkeit a ergibt sich aus der Wärmeleitfähigkeit λ, der spez. Wärmekapazität c und der Rohdichte ϱ des betreffenden Stoffes zu

$$a = \frac{\lambda}{\varrho \cdot c} \qquad \text{(B 16)}$$

Tafel B 9 gibt einen Überblick über die Temperaturleitfähigkeit einiger Stoffe.

Da Stahl und Luft etwa dieselbe Temperaturleitfähigkeit aufweisen, gleichen sich Temperaturunterschiede in Stahl und Luft gleich schnell aus.

Tafel B 9: Temperaturleitfähigkeit einiger Stoffe

Stoff	Temperaturleitfähigkeit a m^2/s
feste Baustoffe je nach Rohdichte	etwa 0,4 bis $1 \cdot 10^{-6}$
Holz	etwa $0,2 \cdot 10^{-6}$
Stahl	etwa $20 \cdot 10^{-6}$
Luft	etwa $20 \cdot 10^{-6}$

1.2.1.3 Wärmeeindringkoeffizient

Für die Beurteilung des Verhaltens von Stoffen bei kurzzeitigen Wärmeströmungsvorgängen (z. B. Aufwärmen von Wänden und Böden bei kurzzeitiger Raumheizung; Temperaturempfindung bei der Berührung von Stoffen; Fußwärme von Böden und dgl.) sind die Wärmeeindringkoeffizienten der beteiligten Stoffe die bestimmenden Größen. Ein Stoff entzieht z. B. bei der Berührung mit der Hand oder dem Fuß dem menschlichen Körper um so weniger Wärme, fühlt sich daher um so wärmer an, je kleiner sein Wärmeeindringkoeffizient b ($J/s^{0,5}m^2 \cdot K$) ist. Bauteile mit Oberflächenschichten aus Stoffen kleiner Wärmeeindringkoeffizienten heizen sich schneller auf als solche, deren Oberfläche aus einem Material mit großem Wärmeeindringkoeffizienten besteht.

Der Wärmeeindringkoeffizient b ergibt sich aus der Wärmeleitfähigkeit λ, der spez. Wärmekapazität c und der Rohdichte ϱ des betreffenden Stoffes zu

$$b = \sqrt{\lambda \cdot \varrho \cdot c} \qquad \text{(B 17)}$$

Die b-Werte einiger Stoffe sind in Tafel B 10 zusammengestellt.

Tafel B 10: Wärmeeindringkoeffizienten einiger Baustoffe

Baustoff	Wärmeeindringkoeffizient b $J/(s^{0,5} \cdot m^2 \cdot K)$
Normalbeton je nach Rohdichte	1600 bis 2400
Leichtbeton je nach Rohdichte	250 bis 1600
Ziegel	1000 bis 1300
Holz	500 bis 650
Kork	160 bis 240
Schaumkunststoffe	30 bis 45

1.2.2 Aufheizen und Auskühlen

Das Aufheizen eines Raumes mit einer bestimmten Wärmeleistung der Heizeinrichtung erfolgt um so schneller, je kleiner der Wärmeeindringkoeffizient b der Raumbegrenzungsflächen, bzw. die Wärmespeicherfähigkeit der betreffenden Bauteile ist.

Bei homogenen, einschichtigen Wänden ist ein kleiner Wärmeeindringkoeffizient gleichbedeutend mit einer geringen Wärmeleitfähigkeit und einer kleinen Rohdichte des Wandmaterials. Abb. B 13 zeigt den zeitlichen Verlauf der raumseitigen Oberflächentemperatur von Raumaußenwänden verschiedener Wärmespeicherfähigkeit bei annähernd gleicher Wärmedämmung $1/\Lambda$ nach Änderung der Raumlufttemperatur von 5 auf 20 °C.

Rasches Aufheizen der Wände ist erwünscht vom Standpunkt der Behaglichkeit. Es wird durch leichte Bauteile und Anordnung von Wärmedämmschichten auf der Raumseite der Bauteile unterstützt.

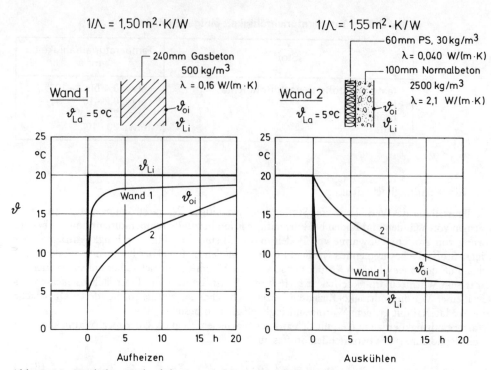

Abb. B 13: Zeitlicher Verlauf der raumseitigen Oberflächentemperatur ϑ_{Oi} verschiedener Außenwände annähernd gleichen Wärmedurchlaßwiderstandes $1/\Lambda$, abhängig von der Zeit nach Erhöhen bzw. Senken der Raumlufttemperatur ϑ_{Li} um 15 K (°C).

Schnelles Aufheizen der raumbegrenzenden Bauteile hat aber auch ein schnelles Abkühlen nach Abstellen der Heizung zur Folge (Abb. B 13). Schichtwände kühlen um so langsamer aus je näher die gut wärmedämmende Schicht an der äußeren Wandoberfläche und die wärmespeichernde Schicht an der inneren Oberfläche liegt.

1.2.3 Außentemperaturschwankungen

Schwankungen der Außentemperatur bzw. der Sonnenzustrahlung sollen sich innerhalb der Bauten möglichst wenig auswirken. Wie stark sich solche Schwankungen innerhalb der Bauten bemerkbar machen, wird durch die „Wärmeträgheit" oder das „Wärmebeharrungsvermögen" der Bauten bzw. der Bauteile bestimmt.
Die Temperaturamplituden, die auf der Außenoberfläche eines Bauteils entstehen, werden durch den Bauteil mit mehr oder weniger gedämpfter Amplitude auf dessen Innenoberfläche auftreten. Das Verhältnis der Temperaturamplitude an der äußeren Bauteiloberfläche zu der an der inneren Oberfläche ist die „Temperaturamplitudendämpfung" des Bauteils, bzw. deren Kehrwert das „Temperatur-Amplitudenverhältnis" v. Mit der Dämpfung der Temperaturamplituden ist eine „Phasenverschiebung" verbunden, d. h. die Temperaturspitzen bzw. -tiefstwerte treten auf der Innenseite zeitlich verschoben gegenüber denen auf der Außenseite des Bauteils auf (s. Abb. B 14). Je kleiner das Temperatur-Amplitudenverhältnis ist, um so größer wird in der Regel die Phasenverschiebung.

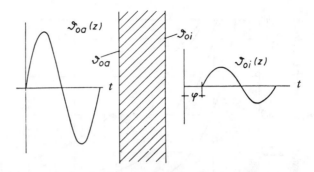

Abb. B 14: Zur Definition des Temperatur-Amplitudenverhältnisses $\vartheta_{o_i}/\vartheta_{o_a}$

ϑ_{o_a}, ϑ_{o_i}: Oberflächentemperaturen auf der Außenseite bzw. der Innenseite der Wand

    t: Zeit   Periode: 24 Stunden.

    φ: Phasenverschiebung

Es ist daher vorgeschlagen worden[2]), in warmen Gegenden die Wohnräume mit schweren Außenwänden zu versehen, damit die nächtliche Kühle im Rauminnern während der Mittagszeit wirksam wird, die Schlafräume sollen dagegen leichte Wände erhalten, damit sie nachts schnell auskühlen.

Für homogene Bauteile läßt sich das Temperatur-Amplitudenverhältnis abhängig vom Wärmedurchlaßwiderstand $1/\Lambda$ der Bauteile für verschiedene Werte des Wärmespeichervermögens $Qs = c \cdot \varrho \cdot s$ (s. Abschnitt 1.2.1.1) nach dem Diagramm der Abb. B 15 bestimmen. Der Einfluß der Dicke homogener Bauteile auf das Temperatur-Amplitudenverhältnis ist für verschiedene Stoffe aus Abb. B 16 zu ersehen.

Bei mehrschichtigen Bauteilen, bei denen schwere Schichten mit Wärmedämmschichten kombiniert werden, wirkt sich die Lage der Dämmschicht auf das Temperatur-Amplitudenverhältnis entscheidend aus (s. Abb. B 17).

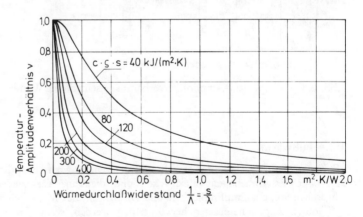

Abb. B 15: Temperatur-Amplitudenverhältnis v homogener Wände, abhängig vom Wärmedurchlaßwiderstand $1/\Lambda$.

s: Wanddicke (m)

λ: Wärmeleitfähigkeit des Wandmaterials (W/m · K)

c: spez. Wärmekapazität des Wandmaterials (kJ/(kg · K))

ϱ: Rohdichte des Wandmaterials (kg/m³).

[2]) Billington, N. S. „Thermal Properties of Buildings". London 1952.

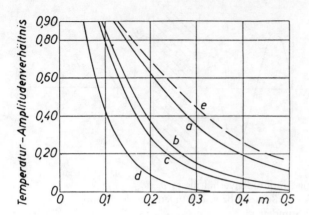

Abb. B 16: Temperatur-Amplitudenverhältnis homogener Wände aus verschiedenen Stoffen, abhängig von der Wanddicke.

a: Normalbeton $\lambda = 2{,}1$ W/(m · K), $\varrho = 2400$ kg/m^3
b: Leichtbeton $\lambda = 0{,}50$ W/(m · K), $\varrho = 1200$ kg/m^3
c: Gasbeton $\lambda = 0{,}16$ W/(m · K), $\varrho = 500$ kg/m^3
d: Holz $\lambda = 0{,}13$ W/(m · K), $\varrho = \ \ 600$ kg/m^3
e: Wärmedämmstoff $\lambda = 0{,}040$ W/(m · K), $\varrho = \ \ \ \ 30$ kg/m^3

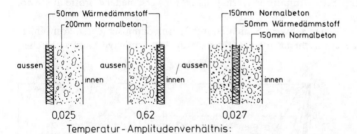

Abb. B 17: Temperatur-Amplitudenverhältnis geschichteter Wände

1.2.4 Fußwärme

„Fußwärme" oder „Fußkälte" sind Empfindungen des Menschen, die einen Zustand der Behaglichkeit oder des Unbehagens ausdrücken und die ganz verschiedene Ursachen haben können. Abgesehen von der Empfindlichkeit und Disposition des Menschen, kann das Gefühl der Fußkälte z. B. durch Zugerscheinungen hervorgerufen werden, wenn dabei die Beine und vor allem die Knöchelpartie durch den kalten Luftstrom getroffen werden. Bei unbekleidetem Fuß entsteht das Gefühl der Fußkälte beim Stehen und Gehen auf Bodenflächen niedriger Temperatur. Allerdings spielt in diesem Falle erfahrungsgemäß das Bodenmaterial ebenfalls eine Rolle. Ein Betonboden fühlt sich kälter an als ein Holzfußboden oder gar ein Korkbelag. Offenbar ist das Gefühl der Fußwärme oder Fußkälte eng verknüpft mit der dem Fuß oder dem Bein entzogenen Wärme. Dabei kann der Wärmeentzug an der Fußsohle durch Berührung mit dem Boden oder am Bein, etwa durch Kaltluft, erfolgen. Welche dieser beiden Ursachen im einen oder anderen Fall für die Empfindung bestimmend ist, hängt wohl in erster Linie von der Art der Fußbekleidung ab. Bei nacktem Fuß ist der

Wärmeübergang von der Fußsohle zum Boden ausschlaggebend und die Wärmeabgabe vom Bein tritt in ihrer Wirkung zurück. Beim bekleideten Fuß, bei dem zwischen Fußsohle und Boden der oft erhebliche Wärmedurchlaßwiderstand von Schuhsohle und Strumpf liegt, werden Zugerscheinungen und niedrige Lufttemperaturen in Bodennähe die Hauptursache kalter Füße sein.

1.2.4.1 Unbekleideter Fuß

Beim Begehen eines Bodens mit unbekleideten Füßen entscheiden die oberflächennahen Schichten des Bodens zusammen mit der Bodentemperatur über das Gefühl der Fußwärme oder Fußkälte. Und zwar ist es der Wärmeeindringkoeffizient b dieser Stoffe (s. Abschnitt 1.2.1.3), die den Wärmefluß vom Fuß zum Boden und die am Fuß empfundene Temperatur bestimmt. Aus diesem Grunde können Fußböden, deren Gehschicht verhältnismäßig dick ist (einige cm), auf Grund des Wärmeeindringkoeffizienten des Bodenmaterials im Hinblick auf die Fußwärme beurteilt werden. Je kleiner der b-Wert des Bodens ist, um so wärmer wirkt der Boden. Bei Schichtböden, insbesondere Bahnenbelägen auf Estrichen und dgl., wird der Boden auf Grund seiner „Wärmeableitung" beurteilt.

Die Wärmeableitung eines Bodens wird mittels eines auf diesen aufgesetzten Heizkörpers bestimmt, bei dem entweder die sich an der Berührungsfläche einstellende Temperatur oder der Wärmefluß vom Heizkörper zum Boden, abhängig von der Zeit, gemessen und aufgezeichnet wird. Die so gewonnene Wärmeableitungskurve erlaubt eine Beurteilung des Bodens im Hinblick auf die Fußwärme beim Begehen mit unbekleidetem Fuß.

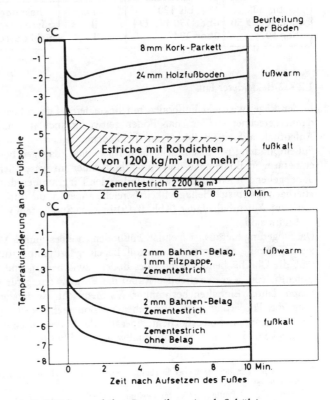

Abb. B 18: Wärmeableitungskurven von Fußböden und ihre Beurteilung (nach Schüle).

Abb. B 18 zeigt die Wärmeableitungskurven einiger Fußböden, und zwar die Temperatur der Fußsohle beim Stehen auf dem betreffenden Boden, abhängig von der Berührungszeit. Sinkt die Berührungstemperatur während der Meßzeit von 10 Minuten um mehr als 4 °C, so wird der betreffende Boden als nicht mehr ausreichend fußwarm empfunden[3]).

Die Wärmeableitungskurve der beschriebenen Art ist zwar sehr anschaulich und gibt einen guten Einblick in das wärmetechnische Verhalten von Böden im Hinblick auf die Fußempfindung. Da aber die Ermittlung dieser Kurven meßtechnisch recht aufwendig ist und da das Ergebnis nicht ohne weiteres in einer Zahl ausgedrückt werden kann, wurde für die Bestimmung der Wärmeableitung von Fußböden ein von Cammerer[4]) vorgeschlagenes Verfahren als Norm-Prüfverfahren in dem Normblatt DIN 52614 festgelegt. Nach dem Normverfahren wird die innerhalb einer Meßzeit von 1 Minute und von 10 Minuten von einem Prüfheizkörper an den Boden fließende Wärmemenge (in kJ/m^2) bestimmt. Je nach der ermittelten „Wärmeableitung" W_1 bzw. W_{10} kann der Fußboden einer „Wärmeableitungsstufe" I bis III zugeordnet werden. Auf Grund dieser Wärmeableitungsstufen kann der Boden beurteilt werden. In Tafel B 11 sind die Wärmeableitungen nach DIN 52614 und die zugehörigen Wärmeableitungsstufen und Beurteilungen zusammengestellt.

Tafel B 11: Wärmeableitung von Fußböden nach DIN 52614, Wärmeableitungsstufe und Beurteilung der Böden

Wärmeableitung in kJ/m²		Wärme-ableitungs-stufe	Beurteilung des Bodens
W_1 (1 Minute)	W_{10} (10 Minuten)		
bis 38	bis 190	I	besonders fußwarm
über 38 bis 50	über 190 bis 294	II	ausreichend fußwarm
über 50	über 294	III	nicht ausreichend fußwarm

1.2.4.2 Bekleideter Fuß

In der Regel wird ein Fußboden mit bekleideten Füßen begangen. Lediglich in Wohnungen muß damit gerechnet werden, daß Böden zeitweilig auch mit nackten Füßen betreten werden. Beim Aufenthalt auf einem Boden mit bekleideten Füßen ist ein Einfluß des Bodenmaterials auf die Fußempfindung praktisch nicht mehr feststellbar, dagegen bestimmen Fußbodentemperatur, Lufttemperatur in Bodennähe und Aufenthaltsdauer im wesentlichen die Empfindungen am Fuß. Die dabei geltenden Zusammenhänge sind in den Diagrammen der Abb. B 19 und B 20 wiedergegeben. Hiernach lassen sich Behaglichkeitsbereiche angeben, die durch das Verhältnis der Fußbodentemperatur zur Aufenthaltsdauer (Abb. B 19) bzw. Fußbodentemperatur zur Lufttemperatur (Abb. B 20) bestimmt sind[5]).

Die Folgerung hieraus ist die, daß Fußböden eine bestimmte Mindesttemperatur aufweisen müssen, wenn Fußkälte vermieden werden soll. Bei einer Lufttemperatur im beheizten Raum von etwa 20 °C muß die Oberflächentemperatur des Bodens zwischen 16 und 19 °C liegen, um bei mehrstündigem Aufenthalt in dem betreffenden Raum die Voraussetzung für behagliche Fußwärmeverhältnisse zu bieten. Durch Einhalten bestimmter Wärmedurchlaßwiderstände der Decken kann bei Dauerheizung die Forderung nach ausreichender Bodentemperatur erfüllt werden, da in diesem Falle (Dauerheizung) die Oberflächentemperatur der Böden durch die Lufttemperaturen zu beiden Seiten der Decke und deren Wärmedurchlaßwiderstand bestimmt ist (Abb. B 21).

---

[3]) Schüle, W. „Untersuchungen über die Hauttemperatur des Fußes beim Stehen auf verschiedenartigen Fußböden". Ges.-Ing. 75 (1954), S. 380.

[4]) Cammerer, J. S. „Prüfung der Wärmeableitung von Fußböden in der Praxis", boden, wand und decke (1959), S. 66.

[5]) Frank, W. „Fußwärmeuntersuchungen am bekleideten Fuß". Ges.-Ing. 80 (1959), S. 193.

Abb. B 19: Behaglichkeitsempfindungen bei bekleidetem Fuß in Räumen von 20 °C Lufttemperatur, abhängig von Fußbodentemperatur und Aufenthaltsdauer (nach Frank).

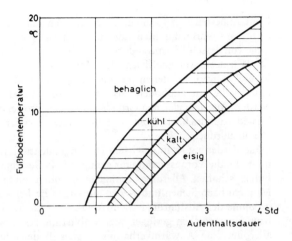

Abb. B 20: Zusammenhang zwischen Fußbodentemperatur und Lufttemperatur für verschiedene Behaglichkeitsempfindungen bei einer Aufenthaltsdauer von 4 Stunden (nach Frank).

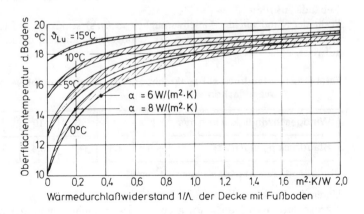

Abb. B 21: Oberflächentemperatur von Fußböden auf Decken, abhängig vom Wärmedurchlaßwiderstand der Decke ausschließlich Fußboden bei einer Raumlufttemperatur von 20 °C und Wärmeübergangskoeffizienten $\alpha = 6$ bzw. 8 W/(m² · K) zu beiden Seiten der Decke. ϑ_{Lu}: Lufttemperatur unterhalb der Decke.

Beim Anheizen von Räumen hängt die sich dabei einstellende Oberflächentemperatur der Böden nicht vom Wärmedurchlaßwiderstand der Decken, sondern vom Bodenmaterial, und zwar in erster Linie von dessen Wärmeeindringkoeffizient b ab. Ein Boden erwärmt sich um so schneller, je kleiner der Wärmeeindringkoeffizient des Materials ist.

In Wohnungen, bei denen mit kurzzeitiger und häufig unterbrochener Heizung gerechnet werden muß, sollte ein Fußboden aus einem Stoff mit kleinem Wärmeeindringkoeffizienten verwendet werden. Aus dem gleichen Grunde sind Dämmstoffe, die zur Erzielung des verlangten Wärmedurchlaßwiderstandes bei Decken mit Fußböden verwendet werden, möglichst nahe der Fußbodenoberfläche anzuordnen.

Diese Forderung ist in gewissem Umfange identisch mit der nach Böden mit geringer Wärmeableitung, um die Voraussetzung für genügende Fußwärme beim Begehen des Bodens mit unbekleidetem Fuß zu schaffen. Allerdings genügt es – bedingt durch die relativ kurze Berührungszeit von wenigen Minuten beim Stehen und Gehen auf einem Boden – zur Erzielung einer geringen Wärmeableitung im Sinne der Ausführungen von Abschnitt 1.2.4.1, eine dünne Dämmschicht unter dem Gehbelag bzw. einen solchen geringer Wärmeableitung zu verwenden. Eine allzu dünne Dämmschicht wird allerdings die Anwärmverhältnisse eines Bodens nicht wesentlich verbessern können, da der Anheizvorgang sich über wesentlich längere Zeit als einige Minuten erstreckt.

1.3 Wärmeverluste durch luftdurchlässige Bauteile (Fenster und Türen)

Besteht zwischen den beiden Seiten eines Bauteils eine Temperaturdifferenz, so wird Wärmeenergie durch diesen Teil von der warmen zur kalten Seite strömen. Die Größe dieses Wärmestromes ist durch den Wärmedurchgangskoeffizienten k des betreffenden Bauteils, seine Fläche und die Temperaturdifferenz bestimmt.

Dies gilt jedoch nur, wenn der Bauteil keine Luftdurchlässigkeit besitzt. Handelt es sich aber um Bauteile, die Fugen, Spalten und dgl. aufweisen, wie Fenster, Türen usw., so kommt zu dem sogenannten Transmissionswärmeverlust noch ein weiterer Wärmetransport hinzu, infolge des dann möglichen Luftdurchganges. Luft und damit Wärmeenergie wird durch einen luftdurchlässigen Bauteil transportiert, sofern eine Luftdruckdifferenz zu beiden Seiten des Bauteils besteht. Ein Luftdruckunterschied zu beiden Seiten eines Bauteils tritt vor allem bei Wind auf, der das betreffende Gebäude anströmt.

Prallt der Wind mit der Geschwindigkeit w (m/s) senkrecht auf eine Hauswand, so entsteht ein Staudruck p_{st}, der, abhängig von der Windgeschwindigkeit, die in Tafel B 12 angegebenen Werte aufweist.

Tafel B 12: Staudruck auf senkrecht zur Oberfläche angeblasenen Wandflächen

Windgeschwindigkeit w in m/s	4	6	8	10	12	15
Staudruck p_{st} in $daPa$*)	~ 1	2,3	4,1	6,4	9,2	14,3

*) 1 $daPa$ = 10 Pa = 0,1 mbar = 1 kp/m² = 1 mmWS

Unter der Wirkung des Staudruckes dringt ein Teil der aufgeprallten Luft in den Raum ein und erzeugt dort einen Druckanstieg auf p_i, dessen Höhe davon abhängt, wie rasch die Luft auf der Leeseite oder nach einer windstillen Seite abziehen kann. Der für den Luftdurchgang durch den Bauteil und damit für den dadurch bedingten Wärmeverlust maßgebende Druckunterschied $p_a - p_i$ ist daher nur ein Bruchteil des Staudruckes p_{st}. Dieser Bruchteil beträgt bei Gebäuden, je nach Raumanordnung, Größe und Zahl der Fenster bzw. Türen ¼ bis ½.

Die Luftmenge V (m³/h), die stündlich infolge des Druckunterschiedes $p_a - p_i$ (da Pa) durch Fugen der Fenster, Türen und dgl. strömt, ist gegeben durch

$$V = l \cdot a \, (p_a - p_i)^{2/3} \tag{B 18}$$

Dabei ist l die Länge der Fugen des Fensters oder der Tür und a eine Größe in der die Fenster-(Türen-)bauart zum Ausdruck kommt. a ist zahlengleich der Luftmenge, die stündlich durch 1 m der Fenster- oder Türfugen bei einem Druckunterschied zu beiden Seiten von 1 $daPa$ strömt (Fugendurchlaßkoeffizient a_n in m³/(h · m · daPa$^{2/3}$)).
Der Zusammenhang zwischen der Druckdifferenz $p_a - p_i$ und der Luftmenge V ist für 1 m Fugenlänge und für verschiedene Werte von a_n in Abb. B 22 dargestellt.
Der Wärmeverlust q_L der infolge des Luftdurchganges entsteht, ergibt sich aus der Temperaturdifferenz $\vartheta_{Li} - \vartheta_{La}$ zu beiden Seiten des Bauteils, dem Luftdurchgang V und der spez. Wärmekapazität c (auf das Volumenbezogen) der Luft zu:

$$q_L = V \cdot c \cdot (\vartheta_{Li} - \vartheta_{La}) \tag{B 19}$$

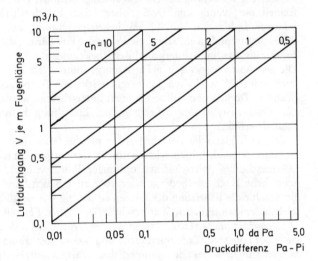

Abb. B 22: Luftdurchgang V durch Fenster- und Türfugen je m Fugenlänge, abhängig v. der Druckdifferenz $p_a - p_i$ bei verschiedenen a_n-Werten der Fugen.

2 Praktischer Wärmeschutz

Im folgenden werden die wärmeschutztechnischen Anforderungen behandelt, die an Bauteile zu stellen sind und daran anschließend die Maßnahmen erörtert, die zur Verwirklichung des notwendigen Wärmeschutzes bei Bauten getroffen werden müssen.

2.1 Die wärmeschutztechnischen Anforderungen

Das Bestreben, gesunde und wirtschaftlich beheizbare Wohnungen zu schaffen, hat im Laufe der Zeit zu bestimmten Anforderungen an die Bauteile (Wände, Decken, Dächer und Fußböden) hinsichtlich ihrer Wärmedämmung geführt.

An und für sich führen verschiedene Wege zur Bemessung von Bauteilen. Neben den statischen Anforderungen können wirtschaftliche Überlegungen sowie hygienische Betrachtungen zum Ziele führen. Erfahrungen mit den seit langem üblichen Bauarten und hygienische Gesichtspunkte waren es, die zu den Mindestwerten des Wärmedurchlaßwiderstandes der Bauteile führten. Die wichtigste hygienische Forderung bei Außenbauteilen (Wände, Dachdecken) war hierbei die Kondenswasserfreiheit der Wand- und Deckenoberflächen bei durchschnittlicher Lufttemperatur (20 °C) und relativer Luftfeuchte (50%) im beheizten Raum; bei Decken mit Fußböden (Kellerdecken, Wohnungstrenndecken) stand die Frage der Fußwärme, die eine genügend hohe Fußbodentemperatur voraussetzt, im Vordergrund der Überlegungen.

Die genannten hygienischen Forderungen führen letzten Endes dazu, daß bei normalem Wohnbetrieb während der kalten Jahreszeit bestimmte Temperaturen der raumseitigen Oberflächen von Wänden, Decken und Fußböden nicht unterschritten werden dürfen. Diese Forderung läßt sich, für den Dauerzustand der Beheizung, bei Einhaltung bestimmter Wärmedurchlaßwiderstände der Bauteile erfüllen.

Während hygienische Gesichtspunkte für die Festlegung von Mindestwerten des Wärmeschutzes bestimmend sind, führen wirtschaftliche Gesichtspunkte entweder zu ganz bestimmten Werten des Wärmeschutzes (wirtschaftlich optimaler Wärmeschutz), dessen Über- und Unterschreiten wirtschaftliche Nachteile bedingt oder aber zu möglichst hohem Wärmeschutz, um den Energieverbrauch für die Beheizung der Bauten so niedrig wie möglich zu halten.

Neben dem winterlichen Wärmeschutz, der sich auf beheizte Bauten bezieht, darf der sommerliche Wärmeschutz nicht vernachlässigt werden. Durch ihn sollen unbehagliche raumklimatische Verhältnisse bei hohen Außentemperaturen und Sonnenzustrahlung zu den Bauten vermieden werden. Der wirtschaftliche Aspekt des sommerlichen Wärmeschutzes, der bei der Klimatisierung der Bauten von Bedeutung ist, tritt beim Wohnungsbau, bei dem in der Regel auf eine Klimatisierung verzichtet werden kann, weitgehend zurück.

Wärmeschutztechnische Anforderungen an Bauteile sind in DIN 4108, Ausgabe 1981 „Wärmeschutz im Hochbau", Teil 2, niedergelegt. Die aufgrund des Energieeinsparungsgesetzes vom 22. Juli 1976 und der Änderung des Gesetzes vom 20. Juni 1980 erlassene „Verordnung über einen energiesparenden Wärmeschutz bei Gebäuden" („Wärmeschutzverordnung") legt wärmeschutztechnische Anforderungen an ganze Gebäude, sowie in bestimmten Fällen für einzelne Außenbauteile fest.

2.1.1 Wärmeschutztechnische Anforderungen und Empfehlungen der DIN 4108

Die DIN 4108 Ausgabe 1981 besteht aus 5 Teilen. In Teil 2 „Wärmedämmung und Wärmespeicherung; Anforderungen und Hinweise für Planung und Ausführung" sind Anforderungen für den Wärmeschutz im Winter und Empfehlungen für den Wärmeschutz im Sommer enthalten. Die Teile 4 „Wärme- und feuchteschutztechnische Kennwerte" und 5 „Berechnungsverfahren" liefern die erforderlichen Stoffwerte und Rechenverfahren. Auf diese Teile ist an den entsprechenden Stellen der Teile B und C dieser Schrift eingegangen.

2.1.1.1 Geltungsbereich des Teils 2 der DIN 4108

Die Norm enthält Anforderungen an den Mindestwärmeschutz der Bauteile von Aufenthaltsräumen in Hochbauten, die ihrer Bestimmung nach auf normale Innentemperaturen ($\geqq$ 19 °C) beheizt werden.

2.1.1.2 Anforderungen an den Wärmeschutz im Winter

Die Mindestanforderungen, die bei Räumen nach Abschnitt 2.1.1.1 an Einzelbauteile gestellt werden, sind in Tafel B 13 angegeben. Zusätzliche Anforderungen an Außenwände, Decken unter nicht ausgebauten Dachräumen und Dächer mit einer flächenbezogenen Gesamtmasse unter 300 kg/m² („leichte Bauteile") enthält Tafel B 14. Die Anforderungen nach Tafel B 14 gelten auch als erfüllt, wenn im Gefachbereich des Bauteils der Wärmedurchlaßwiderstand $1/\Lambda \geqq 1{,}75$ m² · K/W bzw. der Wärmedurchgangskoeffizient $k \leqq 0{,}52$ W/(m² · K) (Bauteile mit nicht hinterlüfteter Außenhaut) oder $\leqq 0{,}51$ W/(m² · K) (Bauteile mit hinterlüfteter Außenhaut) beträgt.

Tafel B 13: **Mindestwerte der Wärmedurchlaßwiderstände $1/\Lambda$ und Maximalwerte der Wärmedurchgangskoeffizienten k von Bauteilen (mit Ausnahme leichter Bauteile nach Tafel B 14) nach DIN 4108, Teil 2**

Bauteile		Wärmedurchlaßwiderstand $1/\Lambda$		Wärmedurchgangskoeffizient k	
		im Mittel	an der ungünstigsten Stelle	im Mittel	an der ungünstigsten Stelle
		m² · K/W		W/(m² · K)	
Außenwände[1]	allgemein	0,55		1,39; 1,32[2]	
	Für kleinflächige Einzelbauteile (z. B. Pfeiler) bei Gebäuden mit einer Höhe des Erdgeschoßfußbodens (1. Nutzgeschoß) $\leqq 500$ m über NN	0,47		1,56; 1,47[2]	
Wohnungstrennwände[3] und Wände zwischen fremden Arbeitsräumen	in nicht zentralbeheizten Gebäuden	0,25		1,96	
	in zentralbeheizten Gebäuden[4]	0,07		3,03	
Treppenraumwände[5]		0,25		1,96	
Wohnungstrenndecken[3][6] und Decken zwischen fremden Arbeitsräumen[6][7]	allgemein	0,35		1,64[8]; 1,45[9]	
	in zentralbeheizten Bürogebäuden[4]	0,17		2,33[8]; 1,96[9]	

Fortsetzung Tafel B 13

Bauteile		Wärmedurchlaßwiderstand $1/\Lambda$		Wärmedurchgangskoeffizient k	
		im Mittel	an der ungünstigsten Stelle	im Mittel	an der ungünstigsten Stelle
		$m^2 \cdot K/W$		$W/(m^2 \cdot K)$	
Unterer Abschluß nicht unterkellerter Aufenthalts-räume[6])	unmittelbar an das Erdreich grenzend	0,90		0,93	
	über einen nicht belüfteten Hohlraum an das Erdreich grenzend			0,81	
Decken unter nicht ausgebauten Dachräumen[6])[10])		0,90	0,45	0,90	1,52
Kellerdecken[6])[11])		0,90	0,45	0,81	1,27
Decken, die Aufenthaltsräume gegen die Außenluft abgrenzen	nach unten[6])[12])	1,75	1,30	0,51; 0,50[2])	0,66; 0,65[2])
	nach oben[6])[13])	1,10	0,80	0,79	1,03

[1]) Gilt auch für Wände, die Aufenthaltsräume gegen Bodenräume, Durchfahrten, offene Hausflure, Garagen (auch beheizte) oder dergleichen abschließen oder an das Erdreich angrenzen.

[2]) Gilt für Bauteile mit hinterlüfteter Außenhaut.

[3]) Wohnungstrennwände und -trenndecken sind Bauteile, die Wohnungen voneinander oder von fremden Arbeitsräumen trennen.

[4]) Als zentralbeheizt im Sinne dieser Norm gelten Gebäude, deren Räume an eine gemeinsame Heizzentrale angeschlossen sind, von der ihnen die Wärme mittels Wasser, Dampf oder Luft unmittelbar zugeführt wird.

[5]) Gilt auch für Wände, die Aufenthaltsräume von fremden, dauernd unbeheizten Räumen trennen, wie abgeschlossenen Hausfluren, Kellerräumen, Ställen, Lagerräumen usw.

[6]) Bei schwimmenden Estrichen ist für den rechnerischen Nachweis der Wärmedämmung die Dicke der Dämmschicht im belasteten Zustand anzusetzen. Bei Fußboden- oder Deckenheizungen müssen die Mindestanforderungen an den Wärmedurchlaßwiderstand durch die Deckenkonstruktion unter- bzw. oberhalb der Ebenen der Heizfläche eingehalten werden.

[7]) Gilt auch für Decken unter Räumen zwischen gedämmten Dachschrägen und Abseitenwänden bei ausgebauten Dachräumen.

[8]) Wärmestromverlauf von unten nach oben.

[9]) Wärmestromverlauf von oben nach unten.

[10]) Gilt auch für Decken, die unter einem belüfteten Raum liegen, der nur bekriechbar oder noch niedriger ist, sowie für Decken unter belüfteten Räumen zwischen Dachschrägen und Abseitenwänden bei ausgebauten Dachräumen.

[11]) Gilt auch für Decken, die Aufenthaltsräume gegen abgeschlossene, unbeheizte Hausflure o. ä. abschließen.

[12]) Gilt auch für Decken, die Aufenthaltsräume gegen Garagen (auch beheizte), Durchfahrten (auch verschließbare) und belüftete Kriechkeller abgrenzen.

[13]) Zum Beispiel Dächer und Decken unter Terrassen.

Außenliegende Fenster und Fenstertüren von beheizten Räumen sind mindestens mit Isolier- oder Doppelverglasung auszuführen.

Fugen in der wärmeübertragenden Umfassungsfläche des Gebäudes sind dauerhaft und luftundurchlässig abzudichten. Die Eindichtung von Fenstern in die Außenwand hat dauerhaft und luftundurchlässig zu erfolgen.

Tafel B 14: Mindestwerte der Wärmedurchlaßwiderstände $1/\Lambda$ und Maximalwerte der Wärmedurchgangskoeffizienten k für Außenwände, Decken unter nicht ausgebauten Dachräumen und Dächer mit einer flächenbezogenen Gesamtmasse unter 300 kg/m² (leichte Bauteile) nach DIN 4108, Teil 2

Flächenbezogene Masse der raumseitigen Bauteilschichten[1][2] kg/m²	Wärmedurchlaßwiderstand des Bauteils $1/\Lambda$[1][2] m² · K/W	Wärmedurchgangskoeffizient des Bauteils k[1][2] W/(m² · K)	
		Bauteile mit nicht hinterlüfteter Außenhaut	Bauteile mit hinterlüfteter Außenhaut
0	1,75	0,52	0.51
20	1,40	0.64	0.62
50	1.10	0.79	0.76
100	0.80	1.03	0.99
150	0.65	1.22	1.16
200	0,60	1.30	1.23
300	0.55	1.39	1.32

[1]) Als flächenbezogene Masse sind in Rechnung zu stellen:
– bei Bauteilen mit Dämmschicht die Masse derjenigen Schichten, die zwischen der raumseitigen Bauteiloberfläche und der Dämmschicht angeordnet sind. Als Dämmschicht gilt hier eine Schicht mit $\lambda_R \leq 0,1$ W/(m · K) und $1/\Lambda \geqq 0.25$ m² · K/W

– bei Bauteilen ohne Dämmschicht (z. B. Mauerwerk) die Gesamtmasse des Bauteils
Werden die Anforderungen nach Tafel B 14 bereits von einer oder mehreren Schichten des Bauteils – und zwar unabhängig von ihrer Lage – (z. B. bei Vernachlässigung der Masse und des Wärmedurchlaßwiderstandes einer Dämmschicht) erfüllt, so braucht kein weiterer Nachweis geführt zu werden.

Holz und Holzwerkstoffe dürfen näherungsweise mit dem 2-fachen Wert ihrer Masse in Rechnung gestellt werden.
[2]) Zwischenwerte dürfen geradlinig interpoliert werden.

2.1.1.3 Empfehlungen für den Wärmeschutz im Sommer

Für den sommerlichen Wärmeschutz spielt die Wärmedurchlässigkeit der nicht transparenten Außenbauteile des Gebäudes eine untergeordnete Rolle. Durch Einhalten der Anforderungen nach Abschnitt 2.1.1.2 wird ein ausreichender sommerlicher Wärmeschutz der nichttransparenten Bauteile erreicht.

Tafel B 15:   **Empfohlene Höchstwerte ($g_F \cdot f$) in Abhängigkeit von den natürlichen Lüftungsmöglichkeiten und der Innenbauart nach DIN 4108, Teil 2**

Innenbauart	Empfohlene Höchstwerte ($g_F \cdot f$)[1]	
	Erhöhte natürliche Belüftung nicht vorhanden[2]	Erhöhte natürliche Belüftung vorhanden[3]
leicht[4]	0,12	0,17
schwer[4]	0,14	0,25

Hierin bedeuten:

g_F Gesamtenergiedurchlaßgrad

f Fensterflächenanteil, bezogen auf die Fenster enthaltende Außenwandfläche (lichte Rohbaumaße):

$$f = \frac{A_F}{A_W + A_F}$$

Bei Dachfenstern ist der Fensterflächenanteil auf die direkt besonnte Dach- bzw. Dachdeckenfläche zu beziehen. Fußnote 1 ist nicht anzuwenden.

In den Höchstwerten ($g_F \cdot f$) ist der Rahmenanteil an der Fensterfläche mit 30% berücksichtigt.

[1] Bei nach Norden orientierten Räumen oder solchen, bei denen eine ganztägige Beschattung (z. B. durch Verbauung) vorliegt, dürfen die angegebenen ($g_F \cdot f$)-Werte um 0.25 erhöht werden.
Als Nord-Orientierung gilt ein Winkelbereich, der bis zu etwa 22,5° von der Nord-Richtung abweicht.

[2] Fenster werden nachts oder in den frühen Morgenstunden nicht geöffnet (z. B. häufig bei Bürogebäuden und Schulen).

[3] Erhöhte natürliche Belüftung (mindestens etwa 2 Stunden), insbesondere während der Nacht- oder in den frühen Morgenstunden. Dies ist bei zu öffnenden Fenstern in der Regl gegeben (z. B. bei Wohngebäuden).

[4] Zur Unterscheidung in leichte und schwere Innenbauart wird raumweise der Quotient aus der Masse der raumumschließenden Innenbauteile sowie gegebenenfalls anderer Innenbauteile und der Außenwandfläche ($A_W + A_F$), die die Fenster enthält, ermittelt.
Für einen Quotienten >600 kg/m^2 liegt eine schwere Innenbauart vor.
Für die Holzbauweise ergibt sich in der Regel leichte Innenbauart.
Die Massen der Innenbauteile werden wie folgt berücksichtigt
- Bei Innenbauteilen ohne Wärmedämmschicht wird die Masse zur Hälfte angerechnet.
- Bei Innenbauteilen mit Wärmedämmschicht darf die Masse derjenigen Schichten angerechnet werden, die zwischen der raumseitigen Bauteiloberfläche und der Dämmschicht angeordnet sind, jedoch höchstens die Hälfte der Gesamtmasse. Als Dämmschicht gilt hier eine Schicht mit $\lambda_R \leqq 0,1$ W/(m · K) und $1/\Lambda \geqq 0,25$ m^2 · K/W.
- Bei Innenbauteilen mit Holz oder Holzwerkstoffen dürfen die Schichten aus Holz oder Holzwerkstoffen näherungsweise mit dem 2-fachen Wert ihrer Masse angesetzt werden

Art und Größe der Fenster, deren Sonnenschutz, Raumlüftung, innere Wärmequellen bei Bauten sowie das Wärmespeichervermögen der Bauteile (Innenwände, Decken, Fußböden und Außenbauteile) entscheiden über die unter Sommerverhältnissen in den Räumen sich einstellenden Temperaturen. Aus diesen Gründen legt die DIN 4108, Teil 2, den entscheidenden Wert auf eine Begrenzung der Energiedurchlässigkeit der Fenster, abhängig von der Wärmespeicherfähigkeit der Bauteile und der Lüftungsmöglichkeit des Gebäudes.

Für die transparenten Bauteile sind in Tafel B 15, abhängig von der Innenbauart, den Lüftungsmöglichkeiten im Sommer sowie der Gebäude- oder Raumorientierung raumweise die empfohlenen maximalen Werte für das Produkt $g_F \cdot f$ aus Gesamtenergiedurchlaßgrad g_F des Fensters und Fensterflächenanteil f angegeben.

Tafel B 16: Gesamtenergiedurchlaßgrade g von Verglasungen nach DIN 4108, Teil 2

Verglasung	g
Doppelverglasung aus Klarglas	0,8
Dreifachverglasung aus Klarglas	0,7
Glasbausteine	0,6
Mehrfachverglasung mit Sondergläsern (Wärmeschutzglas, Sonnenschutzglas)*	0,2 bis 0,8

* Die Gesamtenergiedurchlaßgrade g von Sonnenschutzverglasungen können aufgrund von Einfärbung bzw. Oberflächenbehandlung der Glasscheiben sehr unterschiedlich sein. Im Einzelfall ist der Nachweis gemäß DIN 67507 zu führen.
Ohne Nachweis darf nur der ungünstigere Grenzwert angewendet werden.

Tafel B 17: Abminderungsfaktoren z von Sonnenschutzvorrichtungen in Verbindung mit Verglasungen nach DIN 4108, Teil 2.

Sonnenschutzvorrichtung	z
fehlende Sonnenschutzvorrichtung	1,0
innenliegend und zwischen den Scheiben liegend	
Gewebe bzw. Folien	0,4 bis 0,7
Jalousien	0,5
außenliegend	
Jalousien, drehbare Lamellen, hinterlüftet	0,25
Jalousien, Rolläden, Fensterläden, feststehende oder drehbare Lamellen	0,3
Vordächer, Loggien	0,3
Markisen, oben und seitlich ventiliert	0,4
Markisen, allgemein	0,5

Für die näherungsweise Ermittlung des Gesamtenergiedurchlaßgrades g_F einer Verglasung mit zusätzlicher Sonnenschutzvorrichtung gilt

$$g_F = g \cdot z.$$

g: Gesamtenergiedurchlaßgrad der Verglasung

z: Abminderungsfaktor für Sonnenschutzvorrichtungen; bei mehreren hintereinander geschalteten Sonnenschutzvorrichtungen das Produkt aus den einzelnen Abminderungsfaktoren.

Die Tafeln B 16 und B 17 enthalten Werte für g und z.

Für Räume mit natürlicher Belüftung kann bei schwerer Innenbauart (s. Tafel B 15) bei einem Fensterflächenanteil $f \leqq 0,31$ oder einem Gesamtenergiedurchlaßgrad $g_F \leqq 0,36$ und für leichte Innenbauart bei $f \leqq 0,21$ oder $g_F \leqq 0,24$ auf die Ermittlung verzichtet werden.

2.1.2 Wärmeschutzverordnung

Die Norm DIN 4108 „Wärmeschutz im Hochbau" enthält nur die Mindestanforderungen für den Wärmeschutz, die sich aus bauphysikalischer Sicht ergeben

— Gesundheit der Bewohner durch hygienisches Raumklima,
— Schutz der Baukonstruktion vor klimabedingten Feuchteeinwirkungen und deren Folgen.

Die Anforderungen unter den Gesichtspunkten

— geringer Energieverbrauch für die Heizung,
— Herstellungs- und Bewirtschaftungskosten

bleiben dem Energieeinsparungsgesetz und den zugehörigen Durchführungsverordnungen, insbesondere der Wärmeschutzverordnung überlassen.

Aufgrund des Energieeinsparungsgesetzes vom 22. 7. 1976 hat die Bundesregierung die Wärmeschutzverordnung vom 11. 8. 1977 erlassen. Eine zweite Verordnung mit erhöhten Anforderungen ist am 24. 2. 1982 erlassen worden. Sie trat am 1. 1. 1984 in Kraft.

Die Verordnung hat den Zweck, eine Einsparung von Heiz- und Kühlenergie durch baulichen Wärmeschutz zu sichern. Sie legt hierzu Maximalwerte des mittleren Wärmedurchgangskoeffizienten der wärmeabgebenden Umfassungsflächen bzw. einzelner Bauteile des betreffenden Gebäudes fest. Bei Gebäuden mit raumlufttechnischer Anlage, bei der die Luft selbsttätig auf bestimmte Werte gekühlt wird, ist der Energiedurchgang bei Fenstern und Fenstertüren im Sommer zu begrenzen.

Bei der Festlegung der maximalen Wärmedurchgangskoeffizienten hat sich die Verordnung weitgehend an dem Beiblatt DIN 4108 „Wärmeschutz im Hochbau; Erläuterungen und Beispiele für einen erhöhten Wärmeschutz" (November 1975) und an der neuen Ausgabe (1981) der DIN 4108 orientiert.

Die Wärmeschutzverordnung unterscheidet „Gebäude mit normalen Innentemperaturen" (Innentemperatur $\geqq$ 19 °C), „Gebäude mit niedrigen Innentemperaturen" (Innentemperatur von mehr als 12 °C und weniger als 19 °C, jährlich mehr als 4 Monate lang beheizt) und „Gebäude für Sport- und Versammlungszwecke", die jährlich mehr als 3 Monate auf eine Innentemperatur von mindestens 19 °C beheizt werden.

Die Festlegung des maximalen mittleren Wärmedurchgangskoeffizienten der wärmeabgebenden Umfassungsfläche erfolgt abhängig vom Quotienten A/V der Umfassungsfläche A zu dem durch das von dieser Fläche eingeschlossenen Bauwerksvolumen V. Hierdurch wird der Einfluß der Größe und der Form des Bauwerkes auf den spezifischen Wärmebedarf des Gebäudes berücksichtigt. Unter bestimmten Umständen gelten die Anforderungen zur Begrenzung des Transmissionswärmeverlustes eines Gebäudes auch dann als erfüllt, wenn die wärmeübertragenden Außenbauteile allein bestimmte Werte der Wärmedurchlaßkoeffizienten nicht überschreiten.

2.1.2.1 Gebäude mit normalen Innentemperaturen

In Tafel B 18 sind die *mittleren Wärmedurchgangskoeffizienten* $k_{m,\,max}$ in Abhängigkeit vom Verhältnis A/V angegeben, die nicht überschritten werden dürfen.

Tafel B 18: **Maximale mittlere Wärme-durchgangskoeffizienten $k_{m,\,max}$, abhängig vom Verhält-nis A/V bei Gebäuden mit nor-malen Innentemperaturen**

A/V[1]	$k_{m,\,max}$[1]
m^{-1}	W/(m$^2\cdot$K)
$\leqq$ 0,22	1,20
0,30	1,00
0,40	0,86
0,50	0,78
0,60	0,73
0,70	0,69
0,80	0,66
0,90	0,63
1,00	0,62
$\geqq$ 1,10	0,60

[1] Zwischenwerte sind nach folgender Gleichung zu ermitteln:

$$k_{m,\,max} = 0,45 + \frac{0,165}{A/V} \ (W/(m^2\cdot K)).$$

Der Verlauf des maximalen mittleren Wärmedurchgangskoeffizienten $k_{m,\,max}$ ist in Abb. B 23, abhängig von A/V dargestellt. Diese Darstellung erlaubt eine Festlegung eines Bereiches des

Abb. B 23: Maximaler mittlerer Wärme-durchgangskoeffizient $k_{m,\,max}$ in Abhängig-keit vom Wert A/V des Bauwerks (Bereichs-grenze).

„erhöhten Wärmeschutzes", der anstelle des unklaren und unbefriedigenden Begriffes „Vollwärmeschutz" treten sollte. Als „erhöhter Wärmeschutz" ist der zu verstehen, bei dem der mittlere Wärmedurchgangskoeffizient k_m kleiner ist als $k_{m,max}$.

Die wärmeabgebende Umfassungsfläche A eines Gebäudes ergibt sich als Summe der Flächen A_W der an die Außenluft grenzenden Außenwände, der Fensterflächen A_F, der wärmegedämmten Dach- oder Dachdeckenfläche A_D, der Grundfläche A_G des Gebäudes, sofern sie nicht an die Außenluft grenzt und der Deckenflächen A_{DL}, die das Gebäude nach unten gegen die Außenluft abgrenzen:

$$A = A_W + A_F + A_D + A_G + A_{DL} \qquad \text{(B 20)}$$

Der Quotient A/V wird ermittelt, indem man die nach Gleichung (B 20) errechnete Umfassungsfläche des Gebäudes durch das von dieser eingeschlossene Bauwerksvolumen V teilt.

Der mittlere Wärmedurchgangskoeffizient $k_m = Q_T/(A \cdot \Delta\vartheta)$ gibt die Transmissionswärmeverluste in Watt an, die je m^2 Umfassungsfläche und je K (°C) Temperaturdifferenz $\Delta\vartheta$ zwischen Innen- und Außenluft aus dem Gebäude abfließen. Für den mittleren Wärmedurchgangskoeffizienten k_m gilt:

$$k_m = \frac{k_W \cdot A_W + K_F \cdot A_F + 0,8 \cdot k_D \cdot A_D + 0,5 \cdot k_G \cdot A_G + k_{DL} \cdot A_{DL}}{A} \qquad \text{(B 21)}$$

dabei sind k_W, k_F, k_D, k_G und k_{DL} die Wärmedurchgangskoeffizienten der betreffenden Flächen. Die Anforderungen zur Begrenzung der Transmissionswärmeverluste gelten auch als erfüllt, wenn für die wärmeübertragenden *Außenbauteile* von beheizten Räumen die in Tafel B 19 angegebenen Werte der *Wärmedurchgangskoeffizienten* nicht überschritten werden.

Der mittlere Wärmedurchganskoeffizient $k_{m,W+F}$ der Außenwände einschließlich der Fenster ergibt sich wie folgt:

$$k_{m,W+F} = \frac{k_W \cdot A_W + k_F \cdot A_f}{A_W + A_F} . \qquad \text{(B 22)}$$

Geht man von dem höchstzulässigen Wärmedurchgangskoeffizienten k_F von Fenstern und Fenstertüren aus ($k_F = 3,1$ W/(m$^2 \cdot$ K), so lassen sich maximale Fensterflächenanteile $p_{F,max}$, abhängig vom Wärmedurchgangskoeffizienten k_W der Wand angeben, damit die Werte $k_{m,W+F}$ der Außenwände einschließlich Fenster und Fenstertüren nach Tafel B 19 (1,20 und 1,50 W/(m$^2 \cdot$ K)) nicht überschritten werden (s. Abb. B 24).

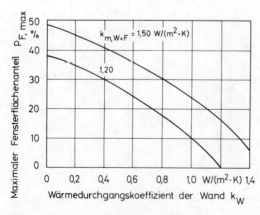

Abb. B 24: Maximaler Fensterflächenanteil $p_{F,max}$ bei Außenwänden, abhängig von ihrem Wärmedurchgangskoeffizient k_w damit der mittlere Wärmedurchgangskoeffizient $k_{m,W+F}$ der Fassade die Werte 1,20 und 1,50 W/(m$^2 \cdot$ K) nicht überschreitet. Wärmedurchgangskoeffizient der Fenster: $k_F = 3,1$ W/(m$^2 \cdot$ K).

Tafel B 19: Wärmedurchgangskoeffizient für einzelne Bauteile

Bauteile		maximaler Wärme-durchgangs-koeffizient W/(m² · K)
Außenwände einschließl. Fenster und Fenstertüren	Gebäude, deren Grundriß ein Quadrat mit einer Seitenlänge von 15 m nicht umschreibt (Abb. B 25 a und b)	$k_{m,W+F} \leqq 1{,}20$
	Gebäude, deren Grundriß ein Quadrat mit einer Seitenlänge von 15 m umschreibt (Abb. B 25 c)	$k_{m,W+F} \leqq 1{,}50$
Decken unter nicht ausgebauten Dachräumen und Decken (einschl. Dachschrägen), die Räume nach oben und unten gegen die Außenluft abgrenzen		$k_D \leqq 0{,}30$
Kellerdecken, Wände und Decken gegen unbeheizte Räume sowie Decken und Wände, die an das Erdreich grenzen		$k_G \leqq 0{,}55$

Für die Einordnung in die beiden ersten Zeilen ist das Vollgeschoß zugrunde zu legen, das den kleinsten Wert $k_{m,W+F}$ ergibt. Bei geschoßweise unterschiedlichen äußeren Grundrißabmessungen darf geschoßweise verfahren werden.

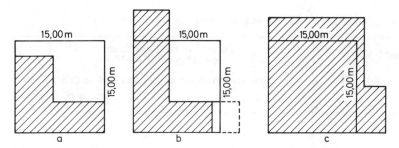

Abb. B 25: Zur Festlegung der Wärmedurchgangskoeffizienten für einzelne Außenbauteile

Bei *Decken und Wänden, die an das Erdreich* grenzen, dürfen für Gebäudegrundflächen von mehr als 1250 m² die Werte k_G nach Tafel B 20 angewendet werden, da beiderseits großer Bodenflächen

183

die Temperaturdifferenz zum Erdreich im Mittel nur etwa 10 K (°C) beträgt, so daß für die betreffenden Bauteile ein günstiger Rechenwert des Wärmedurchgangskoeffizienten angenommen werden kann.

Tafel B 20: Wärmedurchgangskoeffizient k_G für den unteren Gebäudeabschluß gegen Erdreich

Gebäude-grundfläche A_G[1])	k_G[1])
m^2	W/(m² · K)
$\leqq$ 100	2,15
500	1,26
1000	1,00
1500	0,87
2000	0,79
2500	0,74
3000	0,69
5000	0,58
$\geqq$ 8000	0,50

[1]) Zwischenwerte sind nach folgender Gleichung zu ermitteln:

$$k_G = \frac{10}{\sqrt[3]{A_G}} \ (W/(m^2 \cdot K))$$

Außenliegende *Fenster und Fenstertüren* von beheizten Räumen sind mindestens mit Isolier- oder Doppelverglasungen auszuführen, deren Wärmedurchgangskoeffizient k_F den Wert 3,1 W/(m² · K) nicht überschreiten darf.

Bei *Gebäuden mit einer raumlufttechnischen Anlage* darf zur *Begrenzung des Energiedurchganges bei Sonneneinstrahlung* das Produkt ($g_F \cdot f$) aus Gesamtenergiedurchlaßgrad g_F und Fensterflächenanteil f den Wert 0,25 nicht überschreiten (s. Abschnitt 2.1.1.3). Ausgenommen sind nach Norden orientierte oder ganztägig beschattete Fenster. Die Fugendurchlaßkoeffizienten a der außenliegenden Fenster und Fenstertüren von beheizten Räumen dürfen die in Tafel B 21 genannten Werte nicht überschreiten.

Tafel B 21: Fugendurchlaßkoeffizient a für Fenster und Fenstertüren

Geschoßzahl	Fugendurchlaßkoeffizient a in m³/(h.m.(daPa)²ᐟ³) Beanspruchungsgruppe nach DIN 18 055[1])	
	A	B und C
Gebäude bis zu 2 Vollgeschossen	2,0	–
Gebäude mit mehr als 2 Vollgeschossen	–	1,0

[1]) Beanspruchungsgruppe A: Gebäudehöhe bis 8 m
B: Gebäudehöhe bis 20 m
C: Gebäudehöhe bis 100 m

2.1.2.2 Gebäude mit niedrigen Innentemperaturen

Abhängig von A/V darf der mittlere Wärmedurchgangskoeffizient k_m die Werte der Tafel B 22 nicht überschreiten.

Tafel B 22: **Maximale mittlere Wärmedurchgangskoeffizienten $k_{m,max}$, abhängig vom Verhältnis A/V bei Gebäuden mit niedrigen Innentemperaturen**

A/V[1])	$k_{m,max}$
m^{-1}	W/(m$^2 \cdot$ K)
= 0,22	1,35
0,30	1,18
0,40	1,06
0,50	0,99
0,60	0,94
0,70	0,91
0,80	0,89
= 0,90	0,85

[1]) Zwischenwerte sind nach folgender Gleichung zu ermitteln:

$$k_{m,max} = 0,71 + \frac{0,14}{A/V} \; (W/(m^2 \cdot K)).$$

Bei der Berechnung von k_m sind für nicht unterkellerte Gebäude oder Gebäudeteile ohne Wärmedämmung des Fußbodens die in Tafel B 20 in Abhängigkeit von der Gebäudegrundfläche A_G angegebenen Wärmedurchgangskoeffizienten k_G anzunehmen.

Bei außenliegenden *Fenstern und Fenstertüren* in beheizten Räumen ist bei Einfachverglasung mit einem Wärmedurchgangskoeffizienten k_F für diese Bauteile von mindetens 5,2 W/(m$^2 \cdot$ K) zu rechnen.

Für Gebäude mit raumlufttechnischen Anlagen gelten die entsprechenden Bestimmungen nach Abschnitt 2.1.2.1.

Die Fugendurchlaßkoeffizienten a der außenliegenden Fenster und Fenstertüren in beheizten Räumen dürfen 2,0 m^3/(h.m.(daPa)$^{2/3}$) nicht überschreiten.

2.1.2.3 Gebäude für Sport- und Versammlungszwecke

Für die mittleren Wärmedurchgangskoeffizienten k_m bzw. die Wärmedurchgangskoeffizienten einzelner Außenbauteile gelten die gleichen Anforderungen wie bei Gebäuden mit normalen Innentemperaturen (s. Abschnitt 2.1.2.1). Die entsprechenden Anforderungen des Abschnittes 2.1.2.1 gelten auch für Gebäude mit raumlufttechnischen Anlagen. Für die an das Erdreich grenzenden Bauteile ohne zusätzliche Dämmung gelten die Wärmedurchgangskoeffizienten nach Tafel B 20.

Fenster und Fenstertüren dürfen keine größeren Wärmedurchgangskoeffizienten k_F als 5,2, bei Hallenbädern 3,1 W/(m$^2 \cdot$ K) aufweisen.

Die Fugendurchlaßkoeffizienten a der außenliegenden Fenster und Fenstertüren in beheizten Räumen dürfen 2,0 m^3/(h.m.(daPa)$^{2/3}$), bei Hallenbädern 1,0 m^3/(h.m.(daPa)$^{2/3}$) nicht überschreiten.

2.1.3 Berechnungsbeispiel

Am Beispiel eines Bungalows mit Flachdach (Abb. B 26) soll die wärmeschutztechnische Bemessung der Bauteile nach DIN 4108, Teil 2 (Abschnitt 2.1.1) und nach der Wärmeschutzverordnung (Abschnitt 2.1.2) erläutert werden.

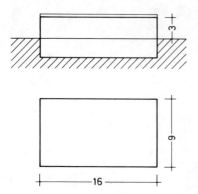

Abb. B 26: Bungalow des Berechnungsbeispiels (Grundfläche 9 m × 16 m; Höhe 3 m).

2.1.3.1 Bemessung der Bauteile nach DIN 4108

Nach DIN 4108, Teil 2 müssen die Bauteile des Bungalows (Außenwände, Flachdach, Kellerdecke und Fenster die in Tafel B 23 angegebenen Mindestwerte des Wärmedurchlaßwiderstandes 1/Λ bzw. Höchstwerte des Wärmedurchgangskoeffizienten k einhalten.

Tafel B 23: **Anforderungen an den Wärmeschutz der Bauteile des Bungalows nach Abb. B 26 nach DIN 4108, Teil 2**

Bauteil	Mindestwert des Wärme-durchlaßwiderstandes 1/Λ	Höchstwert des Wärmedurchgangs-koeffizienten k
	$m^2 \cdot K/W$	$W/(m^2 \cdot K)$
Außenwände	0,55	1,39
Flachdach	1,10	0,79
Kellerdecke	0,90	0,81
Fenster	–	mit Isolier- oder Doppelverglasung

Die Bauteile können beispielsweise durch den Aufbau nach Tafel B 24 realisiert werden.

Tafel B 24: Aufbau der Bauteile mit Wärmedämmung nach DIN 4108, Teil 2

Bauteil	Aufbau	Wärmedurchlaß-widerstand $1/\Lambda$	Wärmedurch-gangskoeffi-zient k
		$m^2 \cdot K/W$	$W/(m^2 \cdot K)$
Außenwände	240 mm Mauerwerk aus Leichtlochziegeln (1000 kg/m³) beiderseits verputzt	0,57	1,35
Flachdach	Dachhaut 35 mm Polystyrolhart-schaum PS 035 Dampfsperre 140 mm Normalbeton	1,10	0,79
Kellerdecke	35 mm Zementestrich 30 mm Mineralfaser-platten 035 140 mm Normalbeton	0,95	0,78
Fenster	mit Holzrahmen und Isolierverglasung mit $\geq$ 8 bis $\leq$ 10 mm Luftzwischenraum	–	2,8

2.1.3.2 Beurteilung und Bemessung der Bauteile nach der Wärmeschutzverordnung

2.1.3.2.1 *Anforderungen nach dem k_m-Verfahren*

Bei Gebäuden mit normalen Innentemperaturen darf, abhängig vom Verhältnis A/V des Gebäudes, der mittlere Wärmedurchgangskoeffizient $k_{m,max}$ den Wert k_m nach Tafel B 18 nicht überschreiten. Beim Bungalow nach Abb. B 18 ergeben sich nachstehende Werte, unter der Annahme eines Fensterflächenanteils $p_F = A_F/(A_F+A_W) = 0,3$ (30%) an der Außenwandfläche:

$$A = A_W + A_F + A_D + A_G = 105 + 45 + 144 + 144 = 438 \ m^2;$$
$$V = 3 \cdot 9 \cdot 16 = 432 \ m^3;$$
$$A/V = 438/432 = 1,01 \ m^{-1};$$
$$k_{m,max} = 0,45 + 0,165/1,01 = \underline{0,61 \ W/(m^2 \cdot K)}.$$

Nach Gleichung (B 21) ergibt sich der mittlere Wärmedurchgangskoeffizient k_m bei dem Bungalow unter Zugrundelegung der in Tafel B 24 angegebenen Wärmedurchgangskoeffizienten k zu:

$$k_m = \frac{105 \cdot 1,35 + 45 \cdot 2,8 + 0,8 \cdot 144 \cdot 0,79 + 0,5 \cdot 144 \cdot 0,78}{438}$$
$$= \frac{414,92}{438} = \underline{0,95 \ W/(m^2 \cdot K)}.$$

187

Die nach DIN 4108, Teil 2 wärmeschutztechnisch bemessenen Bauteile genügen danach den Anforderungen der Wärmeschutzverordnung nicht.

2.1.3.2.2 *Verbesserung des Wärmeschutzes der Bauteile*

Um der Forderung der Wärmeschutzverordnung ($k_m \leq 0,61$ W/(m² B K)) zu genügen, müssen die k-Werte der Bauteile des Bungalows durch Änderungen des Aufbaus entsprechend gesenkt werden.

Die Verwendung von Fenstern mit einem niedrigeren k-Wert, als bisher angenommen, sowie die Senkung des Fensterflächenanteils unter 0,3 (30%), können bei Beibehaltung der bisher angenommenen k-Werte der übrigen Bauteile nach DIN 4108, Teil 2, nicht zum Ziel führen (s. Abb. B 27). Der durch Fensterart und Fensterflächenanteil erreichbare niedrigste k_m-Wert liegt bei 0,8 W/(m² · K).

Der mittlere Wärmedurchgangskoeffizient k_m des Bungalows mit Fenstern verschiedenen k-Wertes ($k_F = 1,5$; 2,0; 2,8 und 3,0 W/(m² · K)) ist, abhängig von den Wärmedurchgangskoeffizienten der übrigen Bauteile (Außenwände, Flachdach und Kellerdecke) in Abb. B 28 dargestellt. Erst bei k-Werten dieser Bauteile unter 0,45 bzw. 0,7 W/(m² · K) wird – je nach Fensterart – der Wert von $k_{m,\max}$ erreicht bzw. unterschritten.

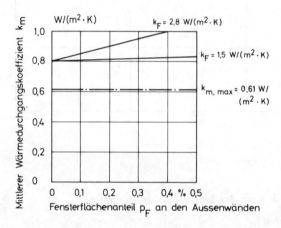

Abb. B 27: Mittlerer Wärmedurchgangskoeffizient k_m des Bungalows nach Abb. B 26, abhängig vom Fensterflächenanteil $p_F = A_F/(A_F + A_W)$ an den Außenwänden bei Fenstern mit dem Wärmedurchgangskoeffizienten $k_F = 1,5$ und 2,8 W/(m² · K). Wärmedurchgangskoeffizienten der Außenwände, des Flachdaches und der Kellerdecke nach DIN 4108, Teil 2.

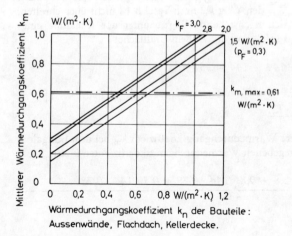

Abb. B 28: Mittlerer Wärmedurchgangskoeffizient k_m des Bungalows nach Abb. B 26, abhängig vom Wärmedurchgangskoeffizienten k_m der Bauteile (Außenwände, Flachdach, Kellerdecke) bei Fenstern mit den k_F-Werten 1,5, 2,0, 2,8 und 3,0 W/(m² · K) bei einem Fensterflächenanteil p_F von 0,3 (30%).

Bei Bauten anderer Abmessungen und Form und damit anderer Werte von A/V ergeben sich $k_{m,\,max}$-Werte, die von dem des durchgerechneten Beispiels abweichen, so daß möglicherweise die Einhaltung der Mindestwerte der Wärmedämmung nach DIN 4108, Teil 2 zu einer Erfüllung der Forderung der Wärmeschutzverordnung, insbesondere bei sehr großen Bauten, führen kann.

2.1.3.2.3 *Bemessung der Bauteile nach dem „Bauteilverfahren"*

Die Anforderung der Wärmeschutzverordnung gilt auch dann als erfüllt, wenn die Bauteile wärmeschutztechnisch den in Tafel B 19 angegebenen Werten genügen („Bauteilverfahren").

Je nach Größe des betreffenden Gebäudes sind unterschiedliche Anforderungen an die Außenwände, einschließlich der Fenster, einzuhalten (s. Abb. B 29). Diese Anforderungen beziehen sich auf den mittleren Wärmedurchgangskoeffizienten $k_{m,\,W+F}$ (s. Gleichung (B 22)). Beim vorliegenden Rechenbeispiel darf der Wert $k_{m,\,W+F} = 1{,}20$ W/(m² · K) nicht überschritten werden, da der Grundriß des Bungalows ein Quadrat mit der Seitenlänge von 15 m nicht umschreibt (Abb. B 25 a).

Geht man von einem k-Wert der Fenster von $k_F = 2{,}8$ W/(m² · K) bei einem Fensterflächenanteil p_F von 0,3 (30%) aus, so wird die vorstehend genannte Forderung ($k_{m,\,W+F} \leqq 1{,}2$ W/(m² · K)) erfüllt, wenn die Außenwände einen k-Wert aufweisen, der höchstens 0,50 W/(m² · K) beträgt.

Das Flachdach darf höchstens einen k-Wert von 0,30 W/(m² · K) und die Kellerdecke keinen größeren k-Wert als 0,55 W/(m² · K) aufweisen. In Tafel B 25 sind die wärmeschutztechnischen Anforderungen an die Bauteile des Bungalows nach DIN 4108, Teil 2 und der Wärmeschutzverordnung nach den beiden Verfahren zusammengestellt. Um die nach den beiden Verfahren der

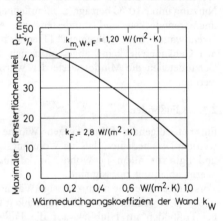

Abb. B 29: Maximaler Fensterflächenanteil $p_{F,\,max}$ bei Außenwänden, abhängig von ihren Wärmedurchgangskoeffizienten k_W damit der mittlere Wärmedurchgangskoeffizient $k_{m,\,W+F}$ der Fassade den Wert 1,20 W/(m² · K) bei einem Wärmedurchgangskoeffizienten k_F der Fenster von 2,8 W/(m² · K) nicht überschreitet.

Tafel B 25: **Anforderungen an die Bauteile des Bungalows nach DIN 4108, Teil 2 und nach der Wärmeschutzverordnung.**

Bauteil	Maximaler Wärmedurchgangskoeffizient		
	nach DIN 4108/2	nach der Wärmeschutzverordnung	
		k_m-Verfahren	Bauteilverfahren
	W/(m² · K)	W/(m² · K)	W/(m² · K)
Außenwände	1,39	0,48	0,50
Flachdach	0,79	0,48	0,30
Kellerdecke	0,81	0,48	0,55
Fenster	2,80	2,80	2,80
($p_F = 0{,}30$)			

Wärmeschutzverordnung gestellten Forderungen zu erfüllen, müßte bei den Außenwänden und bei der Kellerdecke, gegenüber den Angaben in Tafel B 24, eine zusätzliche Wärmedämmschicht von rd. 50 mm Dicke (z. B. Polystyrolhartschaum PS 035) angebracht werden. Das Flachdach wäre nach dem Bauteilverfahren mit einer rd. 100 mm dicken Wärmedämmschicht (z. B. PS 035) auszuführen.

Das k_m-Verfahren läßt eine größere Variation der wärmeschutztechnischen Anforderungen an die einzelnen Bauteile zu, als das Bauteilverfahren, das feste Werte für Dächer und Decken vorschreibt. Durch die Wahl der Fensterart und des Fensterflächenverhältnisses wird beim Bauteilverfahren auch der maximale k-Wert der Außenwände festgelegt (s. Abb. B 29).

2.1.4 Bemerkungen zu den Wärmeschutztechnischen Anforderungen an Bauteile

2.1.4.1 Außenwände

Der Mindestwärmeschutz muß an jeder Stelle vorhanden sein. Hierzu gehören u. a. auch Nischen unter Fenstern, Fensterbrüstungen von Fensterelementen, Fensterstürze, Rolladenkästen einschließlich dem Kastendeckel, Wandbereiche auf der Außenseite von Heizkörpern und Rohrkanäle für in Außenwänden verlegte, wasserführende Leitungen.

2.1.4.2 Treppenraumwände und Trenndecken zu Gebäudeteilen mit wesentlich niedrigerer Innentemperatur

Wesentlich niedrigere Innentemperaturen liegen vor, wenn die Raumtemperatur bei üblicher Nutzung unter 10 °C beträgt (z. B. außenliegende Treppenräume, Lagerräume). Für die Trennwände und Trenndecken sind mindestens die Anforderungen „in nicht zentralbeheizten Gebäuden" (Trennwände) bzw. „allgemein" (Trenndecken) nach Tafel B 13 anzuwenden. Wenn die angrenzenden Gebäudeteile keine abgeschlossenen Räume bilden, müssen für die Trennwände zu diesen Gebäudeteilen die Mindestwerte der Wärmedurchlaßwiderstände für „Außenwände" eingehalten werden.

2.1.4.3 Fußböden

Ein befriedigender Schutz gegen Wärmeableitung (ausreichende Fußwärme) soll sichergestellt werden. Dies bedeutet, daß bei Wohnungstrenndecken, Decken über Kellern, offenen Durchfahrten und dgl. vor allem in Wohn-, Schlafräumen und Kinderzimmern nur Fußböden mit geringer Wärmeableitung zulässig sind.

Vorschriften über die noch zulässige Wärmeableitung bestehen nicht. Doch gibt das Normblatt DIN 52614 (s. Abschnitt 1.2.4) die Möglichkeit hierzu. Nach den Ausführungen im Abschnitt 1.2.4 muß bei Fußböden im Hinblick auf die Fußwärme unterschieden werden, ob die Böden nur mit bekleideten Füßen begangen werden, wie Büroräume, Fabrikräume und dgl. oder ob, wie bei Wohn- und Schlafräumen, auch damit gerechnet werden muß, daß die Böden auch zeitweilig mit nackten Füßen begangen werden. Außerdem spielt die Beheizungsart der Räume eine Rolle (Dauerheizung, zeitweilige Heizung).

Man kann demnach die Anforderungen an Böden in zwei Gruppen, entsprechend dem Verwendungszweck der Räume, einteilen:

Fußböden in Wohnhäusern müssen eine genügend kleine Wärmeableitung (z. B. Wärmeableitungsstufe I und II bei 1 und bei 10 Minuten Meßzeit) aufweisen. An die Fußböden in Geschäftsräumen, die im allgemeinen dauernd beheizt sind, braucht in der Regel keine besondere Anforderung hinsichtlich der Wärmeableitung gestellt zu werden. Mit Rücksicht auf empfindliche Personen (insbesondere Frauen) erscheint es gerechtfertigt, zu fordern, daß die Fußböden wenigstens bei 10 Minuten Meßzeit nach DIN 52 614 eine Wärmeableitung entsprechend der Stufe I oder II aufweisen[6]).

---

[6]) Schüle, W., „Fußwärme und Wärmeableitung von Fußböden". Berichte aus der Bauforschung, Heft 40 (1964) S. 7/16.

2.1.4.4 Wärmebrücken

Für den Bereich von Wärmebrücken sind die Anforderungen der Tafel B 13 einzuhalten, wobei teilweise für die „ungünstigste Stelle" geringere Anforderungen gelten.

Ecken von Außenbauteilen mit gleichartigem Aufbau sind nicht als Wärmebrücken zu behandeln. Bei anderen Ecken von Außenbauteilen ist der Wärmeschutz durch konstruktive Maßnahmen zu verbessern.

Für übliche Verbindungsmittel wie z. B. Nägel, Schrauben, Drahtanker braucht kein Nachweis der Wärmebrückenwirkung geführt zu werden.

2.1.4.5 Wärmespeicherung

Die Entwicklung von Leichtbauweisen hat zu Bauteilen, insbesondere zu Wänden und Decken geführt, die wegen ihres geringen Gewichts nur eine verhältnismäßig kleine Wärmespeicherfähigkeit besitzen.

Die Auffassung, daß dies als prinzipieller Mangel anzusehen sei, ist weit verbreitet. Betrachtet man aber die durch hohe bzw. geringe Wärmespeicherfähigkeit der Bauteile bedingten Wirkungen, so findet man, daß die Frage der Wärmespeicherfähigkeit sicher nicht die große Bedeutung besitzt, die ihr oft beigemessen wird.

Eine hohe Wärmespeicherfähigkeit der Bauteile hat folgende Wirkungen:

> langsame Raumerwärmung beim Aufheizen,
> geringe Abkühlung beim Stillegen der Heizung,
> geringe Erwärmung der Räume an heißen Tagen.

Von diesen Wirkungen ist die der geringen Abkühlung nach Abstellen der Heizung wohl am wenigsten bedeutungsvoll, da sie mit den Heizgeräten weitgehend ausgeglichen werden kann (Verwendung speichernder Öfen, bzw. Benützung von Dauerbrandöfen, bei denen die Wärmemengen im Brennstoff gespeichert sind und die bei nächtlichem Schwachbrand eine übermäßige Auskühlung der Räume weitgehend vermeiden lassen). Bei zentralbeheizter Wohnung spielt die Frage der Auskühlung praktisch überhaupt keine Rolle, da solche Anlagen nur bei Dauerbrandbetrieb wirtschaftlich sind.

Dagegen ist die langsame Erwärmung der Räume mit Wänden hoher Wärmespeicherfähigkeit dann ein eindeutiger Nachteil, wenn die Räume täglich nur kurzzeitig beheizt werden, wie dies bei Berufstätigen häufig der Fall ist. Hier ist ein schnelles Aufheizen der Raumluft und der Wandflächen notwendig, um behagliche und damit gesundheitlich befriedigende Verhältnisse zu schaffen. In solchen Fällen erscheinen Wände geringer Wärmespeicherfähigkeit auf jeden Fall zweckmäßig.

Die Erwärmung von Räumen mit Wänden und Decken kleiner Wärmespeicherfähigkeit durch Sonnenzustrahlung und hohe Lufttemperaturen im Sommer, bleibt schließlich als einziges Argument, das für ein höheres Wärmespeichervermögen der Bauteile spricht.

Eine geringe Wärmespeicherung der Bauteile kann aber durch die folgenden Maßnahmen weitgehend ausgeglichen werden:

> Entlüfteter Dachraum; zusätzliche Wärmedämmung;
> Sonnenschutz der Fenster durch Läden, Jalousien und dgl.;
> Geschlossenhalten der Fenster am Tage;
> Lüftung der Räume bei Nacht.

2.2 Die Bauteile und ihre wärmeschutztechnischen Eigenschaften

2.2.1 Wände

Ein großer Teil der im Hochbau verwendeten Baustoffe, insbesondere Mauersteine aller Art, sind hinsichtlich ihrer Abmessungen, Rohdichten und Druckfestigkeiten, genormt. Da bei Einhaltung bestimmter Rohdichten und bei einer einheitlichen Form der Mauersteine, deren Wärmedurchlässigkeit mit einer praktisch ausreichenden Genauigkeit festliegt, können für Wände aus solchen Steinen die Mindestdicken festgelegt werden, bei denen diese Wände die wärmetechnischen Mindest-Forderungen nach DIN 4108 erfüllen.

Das Diagramm der Abb. B 30 zeigt den Zusammenhang zwischen dem Wärmedurchlaßwiderstand von Wänden verschiedener Dicke und der Wärmeleitfähigkeit des Wandmaterials.

In der Tafel B 26 sind die Wärmedurchlaßwiderstände von Mauerwerkswänden verschiedener Dicke aus genormten Mauersteinen zusammengestellt. Dabei sind die Wärmeleitfähigkeiten des Mauerwerks nach DIN 4108 zugrunde gelegt. Die stark umrandeten Werte des Wärmedurchlaßwiderstandes in dieser Tafel übersteigen 0,55 m²·K/W (Mindestwert für Außenwände nach DIN 4108).

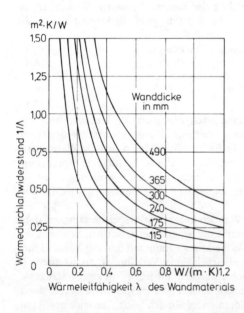

Abb. B 30: Wärmedurchlaßwiderstand $1/\Lambda$ von Wänden verschiedener Dicke, abhängig von der Wärmeleitfähigkeit λ des des Wandmaterials.

Das Diagramm der Abb. B 30 und die Tafel B 26 zeigen, daß mit Mauerwerkswänden von 240 und 300 mm Dicke je nach Art der Mauersteine im günstigsten Falle Wärmedurchlaßwiderstände zu erreichen sind, die kaum dem zweifachen Wert des Mindestwertes für Außenwände entsprechen.

Die Mindestdicke homogener Bauteile (z. B. Wände aus Leichtbeton) um den Mindestwert des Wärmedurchlaßwiderstandes (0,55 m²·K/W) zu erreichen, sind aus dem Diagramm der Abb. B 31 zu entnehmen. Durch Kombination der Mauerwerkswände mit Wärmedämmschichten lassen sich beliebig große Wärmedurchlaßwiderstände bzw. entsprechend niedrige Wärmedurchgangskoeffizienten erzielen (Abb. B 32).

Durch Kombination dieser Wände mit Wärmedämmschichten lassen sich beliebig große Wärmedurchlaßwiderstände erzielen. Dabei sind jedoch verschiedene bauphysikalische Gesichtspunkte zu beachten, je nachdem, ob die zusätzliche Wärmedämmschicht auf der Innen- oder der Außenseite des Mauerwerks angebracht wird. Diese sind Fragen des klimabedingten Feuchteschutzes (Regenschutz, Kondensation im Wandinnern infolge von Wasserdampfdiffusion), des Schallschutzes, (Flankenübertragung) sowie der thermischen Beanspruchung der Bauteile. Hierzu kommen noch Fragen der Haltbarkeit, des Aussehens und der Kosten sowie die des Brandschutzes. Im allgemeinen

Tafel B 26: Wärmedämmung von Mauerwerkswänden (ohne Putz) (Wärmedurchlaßwiderstand $1/\Lambda$ in $m^2 \cdot K/W$) nach DIN 4108 Teil 4, Ausgabe 1985

Mauersteine	Steinroh-dichte kg/m³	Wärmeleit-fähigkeit λ_R (W/m · K)	Wärmedurchlaßwiderstand $1/\Lambda$ bei einer Wanddicke ohne Putz von ($m^2 \cdot K/W$)				
			175 mm	240 mm	300 mm	365 mm	490 mm
Gasbeton-blocksteine nach DIN 4165	500	0,22	0,80	1,09	1,36	1,66	2,33
	600	0,24	0,73	0,00	1,25	1,52	2,04
	700	0,27	0,65	0,89	1,11	1,35	1,81
	800	0,29	0,60	0,83	1,03	1,26	1,69
Hüttensteine nach DIN 398	1000	0,47	0,37	0,51	0,64	0,78	1,04
	1200	0,52	0,34	0,46	0,58	0,70	0,94
	1400	0,58	0,30	0,41	0,52	0,63	0,84
	1600	0,64	0,27	0,38	0,47	0,57	0,77
	1800	0,70	0,25	0,34	0,43	0,52	0,70
	2000	0,76	0,23	0,32	0,39	0,48	0,64
Vollsteine aus Leichtbeton nach DIN 18152	500	0,32	0,55	0,75	0,94	1,14	1,53
	600	0,34	0,51	0,71	0,88	1,07	1,44
	700	0,37	0,47	0,65	0,81	0,99	1,32
	800	0,40	0,44	0,60	0,75	0,91	1,23
	900	0,43	0,41	0,56	0,70	0,85	1,14
	1000	0,46	0,38	0,52	0,65	0,79	1,07
	1200	0,54	0,32	0,44	0,56	0,68	0,91
	1400	0,63	0,28	0,38	0,48	0,58	0,78
	1600	0,74	0,24	0,32	0,41	0,49	0,66
	1800	0,87	0,20	0,28	0,34	0,42	0,56
	2000	0,99	0,18	0,24	0,30	0,37	0,49
Kalksandsteine nach DIN 106	1000	0,50	0,35	0,48	0,60	0,73	0,98
	1200	0,56	0,31	0,43	0,54	0,65	0,88
	1400	0,70	0,25	0,34	0,43	0,52	0,70
	1600	0,79	0,22	0,30	0,38	0,46	0,62
	1800	0,99	0,18	0,24	0,30	0,37	0,49
	2000	1,1	0,16	0,22	0,27	0,33	0,45
	2200	1,3	0,13	0,18	0,23	0,28	0,38
Ziegel nach DIN 105 (Lochung A/B)	700	0,36	0,49	0,67	0,83	1,01	1,36
	800	0,39	0,45	0,62	0,77	0,94	1,26
	900	0,42	0,42	0,57	0,71	0,87	1,17
	1000	0,45	0,39	0,53	0,67	0,81	1,09
	1200	0,50	0,35	0,48	0,60	0,73	0,98
	1400	0,58	0,30	0,41	0,52	0,63	0,84
	1600	0,68	0,26	0,35	0,44	0,54	0,72
	1800	0,81	0,22	0,30	0,37	0,45	0,60
	2000	0,96	0,18	0,25	0,31	0,38	0,51
	2200	1,2	0,15	0,20	0,25	0,30	0,41

wird der außenseitigen Anbringung der zusätzlichen Wärmedämmschicht der Vorzug zu geben sein, da dann die Probleme des Schallschutzes, der Kondensation infolge von Dampfdiffusion und der thermischen Beanspruchung der Bauteile entfallen.

Bei Außenwänden, die z. B. aus zwei Betonschalen bestehen, zwischen denen eine Wärmedämm-schicht liegt (Sandwichwände), muß die äußere Schale an der tragenden inneren Schale befestigt werden. Die Verbindung der Betonschalen erfolgt durch Stahlanker, Normalbetonstege und dergl.; die entweder die Wärmedämmschicht durchdringen oder um diese herumgreifen. Diese konstruktiv bedingten Verbindungsteile stellen Wärmebrücken dar.

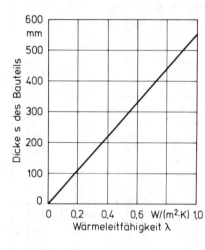

Abb. B 31: Dicke s eines homogenen Bauteils, der den Mindestwert des Wärmedurchlaßwiderstandes $1/\Lambda$ für Außenwände nach DIN 4108 aufweist (0,55 m² · K/W), abhängig von der Wärmeleitfähigkeit λ des verwendeten Materials.

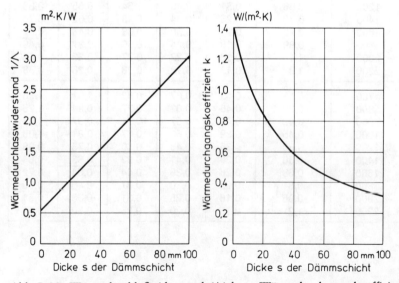

Abb. B 32: Wärmedurchlaßwiderstand $1/\Lambda$ bzw. Wärmedurchgangskoeffizient k von Wänden mit dem Mindestwärmedurchlaßwiderstand nach DIN 4108 (0,55 m² · K/W) mit zusätzlicher Wärme-dämmschicht der Dicke s ($\lambda = 0{,}04$ W/(m · K), Abhängig von der Dicke der Dämmschicht.

Untersuchungen[7]) haben gezeigt, daß die Auswirkung von Wärmebrücken auf die Oberflächentemperatur des Bauteils um so geringer ist, je kleiner die Ausdehnung der Wärmebrücke und je größer deren Überdeckung durch gut wärmeleitende Stoffe ist. Diese Voraussetzungen werden bei Sandwichwänden mit Normalbetonschalen in den meisten Fällen erfüllt.

Untersuchungen im Laboratorium und an ausgeführten Bauten[8]) haben ergeben, daß die Verbindungsstellen der Betonschalen bei Sandwichwänden die Oberflächentemperatur dieser Bauteile nicht so stark erniedrigen, wie aufgrund einer elementaren Rechnung zu erwarten ist. Die innenliegende, dicke Betonschale wirkt wegen ihrer hohen Wärmeleitfähigkeit temperaturausgleichend. Dieser Temperaturausgleich kann aber eine wesentliche Erniedrigung des mittleren Wärmedurchlaßwiderstandes im Vergleich zu dem rechnerisch ermittelten Wert ohne Berücksichtigung der Wärmebrücken bewirken.

Dies geht aus dem Diagramm der Abb. B 33 hervor, die den Einfluß von Stahlankern in Sandwichwänden auf deren mittlere Wärmedämmung zeigen. $1/\Lambda_0$ ist der rechnerisch ermittelte Wärmedurchlaßwiderstand der Wände, der sich ohne Berücksichtigung der Stahlanker aufgrund der Baustoffschichten der Wände ergibt und $1/\Lambda$ ist der an Wänden mit Stahlankern gemessene mittlere Wärmedurchlaßwiderstand. Im Bereich der untersuchten Anordnungen ist die Anzahl der Verbindungsanker je m² Bauteilfläche für deren Wirkung entscheidend. Dagegen tritt der Querschnitt der Anker zurück. Aus diesem Grunde ist die Anzahl der Anker je Flächeneinheit des Bauteils so gering wie möglich zu wählen, um dessen Wärmedämmung nicht unzulässig zu mindern. Der Stahlquerschnitt ist, sofern statische Erfordernisse dies notwendig machen, zu erhöhen, wenn damit die Anzahl der Anker verringert werden kann.

Die Diagramme der Abb. B 34 und B 35 zeigen den Einfluß durchbetonierter Betonstege bei Sandwichwänden sowie einzelner Stahlanker auf die Wärmedämmung der Wände, abhängig von den Wandabmessungen auf die die betreffende Wärmebrücke entfällt[9]).

Eine umfangreiche Zusammenstellung von Bauteilen mit Wärmebrücken mit den durch diese bedingten Temperaturverhältnissen, Isothermen und zusätzlichen Wärmeverlusten aufgrund rechnerischer Untersuchungen durch Mainka und Paschen liegt neuerdings vor[10]).

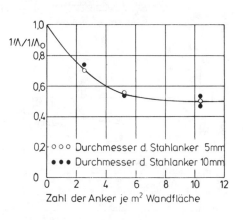

Abb. B 33: Einfluß der Anzahl von Stahlankern in Sandwichwänden auf deren Wärmedämmung.

$1/\Lambda_o$: Wärmedurchlaßwiderstand ohne Stahlanker

$1/\Lambda$: Wärmedurchlaßwiderstand mit Stahlankern.

Wandaufbau von außen nach innen:
  40 mm Normalbeton
  30 mm Polystyrol-Hartschaum
  100 mm Normalbeton.

[7]) Schüle, W. und H. Künzel, „Untersuchungen über die Wirkung von Wärmebrücken in Wänden". Schriftenreihe der Forschungsgemeinschaft Bauen und Wohnen, Stuttgart Heft 30, Teil B, 1953.
[8]) Schüle, W., „Untersuchungen über die Wirkung von Wärmebrücken in Montagewänden". FBW-Blätter, Heft 3, 1963.
   Künzel, H., „Der Wärmeschutz von Betonmontagewänden mit Dämmung aus Schaumkunststoff". Betonstein-Zeitung, Heft 30, (1964), S. 225.
   Schüle, W., R. Jenisch und H. Lutz, „Wärmeschutztechnische und raumklimatische Untersuchungen an Montagebauten". Berichte aus der Bauforschung, Heft 60 (1969).
[9]) Schüle, W., „Wärmeschutz und Temperaturverhältnisse bei Sandwichwänden mit Wärmebrücken". Ber. des Inst. f. Bauphysik BW 147/76 an das Bundesministerium für Raumordnung, Bauwesen und Städtebau, Bonn-Bad Godesberg
[10]) Mainka, G.-W. und Paschen, H. „Wärmebrückenkatalog", Stuttgart 1986.

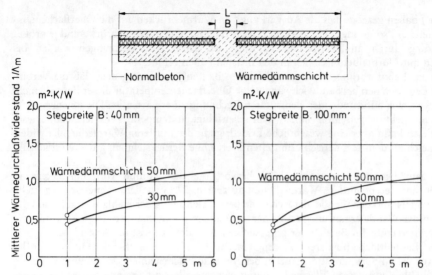

Abb. B 34: Mittlerer Wärmedurchlaßwiderstand $1/\Lambda_m$ von Sandwichwänden mit durchbetonierten Stegen verschiedener Breite B, abhängig von der Wandlänge L, auf die ein Steg entfällt, bei verschiedenen Dicken der Wärmedämmschicht.

Wandaufbau von außen nach innen:

   60 mm Normalbeton

 30 bzw. 50 mm Polystyrol-Hartschaum

   110 mm Normalbeton

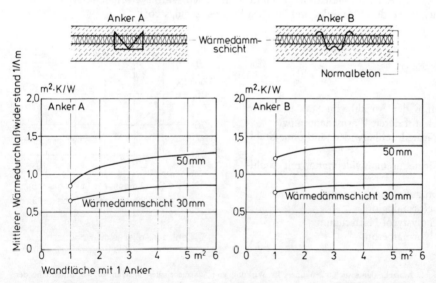

Abb. B 35: Mittlerer Wärmedurchlaßwiderstand $1/\Lambda_m$ von Sandwichwänden mit verschiedenen Stahlankern (A und B), abhängig von der Wandfläche auf die ein Anker entfällt, bei verschieden dicken Wärmedämmschichten.

Wandaufbau von außen nach innen:

   60 mm Normalbeton

 30 bzw. 50 mm Polystyrol-Hartschaum

   110 mm Normalbeton

2.2.2 Decken und Fußböden

Der nach DIN 4108 erforderliche Wärmedurchlaßwiderstand der gesamten Deckenkonstruktion, einschließlich des Fußbodenaufbaues, setzt sich aus den Wärmedurchlaßwiderständen der Rohdecke und des Fußbodens zusammen. Diese beiden Anteile werden daher im folgenden gesondert behandelt.

2.2.2.1 Rohdecken

Bei der Betrachtung der Decken wird – etwas abweichend vom üblichen Sprachgebrauch – als Rohdecke eine solche Decke verstanden, bei der lediglich der Fußbodenaufbau (Gehbelag mit Unterschichten) fehlt, die aber den unterseitigen Verputz trägt.

Massivdecken erfüllen durch die Rohdecke allein die Forderungen der DIN 4108 hinsichtlich der Wärmedämmung vielfach nicht. In Tafel B 27 sind die Wärmedurchlaßwiderstände einiger häufig verwendeter Massivdecken zusammengestellt. Man ersieht daraus, daß die Mehrzahl der Decken Wärmedurchlaßwiderstände aufweisen, die je nach Material, Aufbau und Dicke der Decke, zwischen 0,13 und 0,36 $m^2 \cdot K/W$ liegen.

Zweischalige Massivdecken lassen je nach Art der Tragdecke und der Unterdecke höhere Wärmedurchlaßwiderstände erreichen. Durch den Luftraum zwischen Tragdecke und Unterdecke wird ein Wärmedurchlaßwiderstand von rd. 0,17 $m^2 \cdot K/W$ erzielt. Die Unterdecke selbst kann, je nach ihrem Aufbau, die in Tafel B 28 zusammengestellten Wärmedämmungen aufweisen.

Tafel B 27: Wärmedurchlaßwiderstände von Decken nach DIN 4108, Teil 4

Spalte	1	2	3	4
			Wärmedurchlaß-widerstand $1/\Lambda$ $m^2 \cdot K/W$	
Zeile	Bezeichnung und Darstellung	Dicke s mm	im Mittel	an der ungünstigsten Stelle
1	**Stahlbetonrippen- und Stahlbetonbalkendecken** nach DIN 1045 mit Zwischenbauteilen nach DIN 4158			
1.1	Stahlbetonrippendecke (ohne Aufbeton, ohne Putz)	120 140 160 180 200 220 250	0,20 0,21 0,22 0,23 0,24 0,25 0,26	0,06 0,07 0,08 0,09 0,10 0,11 0,12
1.2	Stahlbetonbalkendecke (ohne Aufbeton, ohne Putz)	120 140 160 180 200 220 240	0,16 0,18 0,20 0,22 0,24 0,26 0,28	0,06 0,07 0,08 0,09 0,10 0,11 0,12

Fortsetzung S. 198

Tafel B 27:   (Fortsetzung)

Spalte	1	2	3	4
Zeile	Bezeichnung und Darstellung	Dicke s mm	Wärmedurchlaß- widerstand 1/Λ m² K/W im Mittel	an der ungün- stigsten Stelle
2	**Stahlbetonrippen- und Stahlbetonbalkendecken** nach DIN 1045 mit Deckenziegeln nach DIN 4160			
2.1	Ziegel als Zwischenbauteile nach DIN 4160 ohne Querstege (ohne Aufbeton, ohne Putz) 300 300 300 300 300	115 140 165	0,15 0,16 0,18	0,06 0,07 0,08
2.2	Ziegel als Zwischenbauteile nach DIN 4160 mit Querstegen (ohne Aufbeton, ohne Putz) 300 300 300 300 300	190 225 240 265 290	0,24 0,26 0,28 0,30 0,32	0,09 0,10 0,11 0,12 0,13
3	**Stahlsteindecken** nach DIN 1045 aus Deckenziegeln nach DIN 4159			
3.1	Ziegel für teilvermörtelbare Stoßfugen nach DIN 4159 250 250 250 250	115 140 165 190 225 240 265 290	0,15 0,18 0,21 0,24 0,27 0,30 0,33 0,36	0,06 0,07 0,08 0,09 0,10 0,11 0,12 0,13
3.2	Ziegel für vollvermörtelbare Stoßfugen nach DIN 4159 250 250 250 250	115 140 165 190 225 240 265 290	0,13 0,16 0,19 0,22 0,25 0,28 0,31 0,34	0,06 0,07 0,08 0,09 0,10 0,11 0,12 0,13
4	**Stahlbetonhohldielen** nach DIN 1045			
	(ohne Aufbeton, ohne Putz)	65 80 100	0,13 0,14 0,15	0,03 0,04 0,05

Holzbalkendecken lassen ohne Schwierigkeiten die gestellten wärmetechnischen Forderungen erreichen, da die Lufträume bei diesen Decken mit losen Schüttungen, Dämmstoffen und dgl. ausgefüllt werden können und da außerdem die Holzbalken nicht als Wärmebrücken wirken.
Um bei einschaligen Massivdecken die Forderungen der DIN 4108 zu erfüllen, ist also vielfach eine zusätzliche Wärmedämmung notwendig, die je nach dem Verwendungszweck der Decken einen

Tafel B 28: Wärmedurchlaßwiderstände 1/Λ der Schalen von Unterdecken

Unterdecke	Wärmedurchlaßwiderstand 1/Λ K m²/W
Putz auf Streckmetall, Ziegeldrahtgewebe und dgl.	ca. 0,02
Putz auf Doppelrohrmatte	ca. 0,07
Putz auf 2,5 cm dicken Holzwolle-Leichtbauplatten	ca. 0,28
desgl. auf 3,5 cm dicken Holzwolle-Leichtbauplatten	ca. 0,40
Putz auf 2 cm dicken Schilfrohrplatten	ca. 0,34

Tafel B 29: Wärmedurchlaßwiderstände von Fußböden

Fußbodenaufbau	Wärmedurchlaßwiderstand 1/Λ K m²/W
2,5 mm Linoleum	etwa 0,02
2,5 mm Linoleum auf Filzpappe	etwa 0,03
2,5 mm Linoleum auf 5 mm Weichfaserdämmplatte	0,10
2,5 mm Linoleum auf Filzpappe	
35 mm schwimmender Zement-estrich auf 10 mm Mineralwolleplatte	0,26
2,5 mm Linoleum auf 30 mm Steinholzestrich	0,10
2 mm Spachtelbelag	etwa 0,01
25 mm Steinholzestrich, zweischichtig begehbar	0,07
6 mm Korkparkett	0,10
24 mm Buchenparkett	0,14
24 mm Eichenparkett	0,11
24 mm Eichenparkett auf 25 mm Holzwolle-Leichtbauplatte	0,38
24 mm Eichenparkett auf 10 mm Weichfaserdämmplatte	0,33
24 mm tannener Riemenboden auf Lagerhölzern, Faserdämm-stoffe in den Feldern zwischen den Lagerhölzern	0,7 bis 1,05

Wärmedurchlaßwiderstand bis zu 0,77 m² · K/W (Kellerdecken) haben muß. Bei Decken, die Aufenthaltsräume nach unten gegen die Außenluft abschließen, sind noch wesentlich größere zusätzliche Wärmedämmungen notwendig.

Tafel B 30: Fußboden-Schichten und ihre Fußwärme-Beurteilung

	Gehschichten (Oberschicht)	Unterschichten	Beurteilung des Bodens bei	
			kurzzeitiger Berührung (Gehen)	längerdauernder Berührung (Stehen)
1	Holzriemenböden	beliebig	besonders fußwarm	besonders fußwarm
	Holzparkett über 18 mm	beliebig	ausreichend fußwarm bis besonders fußwarm	besonders fußwarm
2	Korkparkett über 5 mm Dicke	beliebig	besonders fußwarm	besonders fußwarm
	Korkparkett unter 5 mm Dicke	Estrich mit Rohdichte unter 1000 kg/m³	besonders fußwarm	besonders fußwarm
		Zementestrich, Asphaltestrich u. dgl.	besonders fußwarm	ausreichend fußwarm
3	KunstharzSpachtelbelag	Estrich mit Raumgewicht unter 1000 kg/m³	ausreichend fußwarm	ausreichend fußwarm
		Zementestrich, Asphaltestrich	nicht ausreichend fußwarm	nicht ausreichend fußwarm
4	Bahnenbeläge 2,5 bis 3,5 mm Dicke (z. B. Kunststoffbahnen, Waltonlinoleum u. dgl.	Steinholzestrich	ausreichend fußwarm	ausreichend fußwarm
		Zementestrich, Asphaltestrich	nicht ausreichend fußwarm bis ausreichend fußwarm	nicht ausreichend fußwarm
		Filzpappe Zementestrich, Asphaltestrich und dgl.	ausreichend fußwarm	ausreichend fußwarm
		Preßkorkplatten, Schaumstoffschichten (2 bis 3 mm) auf Zementestrich und dgl.	ausreichend fußwarm	ausreichend fußwarm
	Korklinoleum von 3,5 mm Dicke und mehr	Estriche unter 1000 kg/m³	besonders fußwarm	besonders fußwarm
		Zementestrich, Asphaltestrich	besonders fußwarm	ausreichend fußwarm
5	textile Teppichböden	beliebig	besonders fußwarm	ausreichend fußwarm

	Gehschichten (Oberschicht)	Unterschichten	Beurteilung des Bodens bei	
			kurzzeitiger Berührung (Gehen)	längerdauernder Berührung (Stehen)
6	Steinzeugfliesen in Mörtelbett	Zementestrich	nicht ausreichend fußwarm	nicht ausreichend fußwarm
		Steinholzestrich	nicht ausreichend fußwarm	nicht ausreichend fußwarm
7	Terrazzoböden, Zementestriche, begehbare Asphaltestriche	–	nicht ausreichend fußwarm	nicht ausreichend fußwarm
8	begehbare Steinholzestriche	–	nicht ausreichend fußwarm	nicht ausreichend fußwarm

2.2.2.2 Fußböden

2.2.2.2.1 *Wärmedämmung*

Die vor allem bei Massivdecken notwendige zusätzliche Wärmedämmung wird am zweckmäßigsten durch den ohnehin notwendigen Fußbodenaufbau erbracht. Um einen Überblick über die mit Fußbodenkonstruktionen erzielbaren Wärmedämmungen zu geben, sind in Tafel B 29 die Wärmedurchlaßwiderstände einiger Fußböden zusammengestellt.

Die Zusammenstellung zeigt, daß bei dünnen Bahnenbelägen, unmittelbar begehbaren Estrichen und dgl. nennenswerte Wärmedämmungen nur erreicht werden, wenn diese auf ausreichend dicken Dämmplatten oder Dämm-Matten verlegt sind. Mit Holzfußböden aller Art lassen sich spürbare Dämmungen erzielen.

2.2.2.2.2 *Ausführung fußwarmer Böden*

Bei den Decken in Wohnhäusern insbesondere in Wohn- Schlaf- und Kinderzimmern zweckmäßig auch in Küchen, Fluren und Bädern, wird, außer der Einhaltung der Wärmedämmung nach DIN 4108 ein Fußboden geringer Wärmeableitung im Sinne der Ausführungen von Abschnitt 1.2.4.1 empfohlen. Solche Böden sind Holzfußböden aller Art, Korkparkett, textile Teppichböden, sowie Bahnenbeläge auf Estrichen mit einer Rohdichte unter 1 000 kg/m^3 oder auf Dämmplatten aller Art. Estriche mit höherer als der oben genannten Rohdichte (Zementestrich, Asphaltestrich und dgl.) können nur dann befriedigen, wenn zwischen Estrich und Gehbelag wenigstens eine Filzpappe oder dgl. verlegt wird.

In Tafel B 30 sind für verschiedene Gehschichten und Fußbodenunterschichten die Fußwärmebeurteilungen dieser Böden zusammengestellt. Die Beurteilung der Böden ist hierbei für kurzzeitige Berührung (Berührungszeit bis zu 1 Minute), also im wesentlichen für das Gehen, und für längerdauernde Berührung (bis 10 Minuten) also für das Stehen auf dem Boden, mit nackten Füßen erfolgt.

2.2.2.3 Der gesamte Deckenaufbau

Decken im Wohnungsbau müssen außer der Wärmedämmung nach DIN 4108 einen ausreichenden Luft- und Trittschallschutz aufweisen. Aus diesem Grunde werden vielfach schwimmende Estriche verwendet. Die schalltechnischen Forderungen werden oft schon durch Verwendung relativ dünner weichfedernder Schichten unter dem Estrich erfüllt. Diese Dicken der Dämmschichten genügen aber oft nicht, um die wärmetechnischen Anforderungen, vor allem bei Kellerdecken, zu erfüllen. Die Bemessung der Dämmschicht bei schwimmenden Estrichen muß daher auch vom wärmetechnischen Standpunkt aus erfolgen.

In Tafel B 31 sind die erforderlichen Dicken der Dämmstoffe für Wohnungstrenndecken und Kellerdecken verschiedener Art bei Verwendung von dünnen Bahnenbelägen auf schwimmenden Estrichen zusammengestellt. Bei Benützung von anorganischen Fasermatten und -platten, Hartschaumplatten und dgl., mit einer Wärmeleitfähigkeit λ von 0,040 W/(m · K), sind Dämmschichten von 10 bis 30 mm Dicke bei Massivplattendecken aus Normalbeton und solche von 5 bis 25 mm Dicke bei Hohlkörperdecken mit Füllkörpern aus Leichtbeton (Wärmedurchlaßwiderstand der Rohdecke 0,22 m² · K/W) erforderlich.

Tafel B 31: **Wärmeschutztechnisch ausreichende Wohnungstrenndecken und Kellerdecken bei Verwendung eines schwimmenden Estrichs auf Massivplattendecke bzw. Hohlkörperdecke**

Deckenaufbau		Notwendige Dicke der Dämmschicht (Faserstoffe als Matten oder Platten, Hartschaumplatten oder dergleichen $\lambda = 0,040$ W/(m·K))	
Rohdecke	Decke mit Fußbodenaufbau	bei Kellerdecken	bei Wohnungstrenndecken*)
		mm	mm
14 cm Massivplattendecke (1/Λ=0,07 m²·K/W)	2,5 mm Bahnenbelag Filzpappe 35 mm Zementestrich Dämmschicht 140 mm Normalbeton 15 mm Putz	30	10
20 cm Stahlbeton-Fertigbalkendecke mit Füllkörpern aus Leichtbeton (1/Λ=0,22 m²·K/W)	2,5 mm Bahnenbelag Filzpappe 35 mm Zementestrich Dämmschicht Decke 15 mm Putz	25	5

*) in nicht zentralbeheizten Gebäuden

Bei Kellerdecken kann auch ein Teil der erforderlichen Dämmung durch unter der Decke angebrachte Dämmschichten erbracht werden. Bei Massivdecken unter nicht ausgebauten Dachgeschossen muß die notwendige Wärmedämmung durch unterseitig angebrachte und verputzte Dämmplatten oder durch oberseitig verlegte Dämmstoffe, wenn notwendig mit darüberliegendem Zementestrich, durch Schlackenschüttung auf der Decke oder dgl. erreicht werden[11]).

[11]) bei unterseitiger Anbringung von Dämmschichten sind akustische Gesichtspunkte (s. Teil A, Abschn. 4,411) besonders zu beachten.

Die außerordentlich hohen Werte der Wärmedämmung, die bei Decken über Durchfahrten und dgl. notwendig sind, lassen sich in der Regel durch den Fußbodenaufbau zusammen mit der Decke nicht erreichen. Bei solchen Decken müssen zusätzlich zu den in Tafel B 31 angegebenen Dämmschichten, weitere von 35 mm Dicke ($\lambda = 0{,}040$ W/(m $\cdot$ K)) angeordnet werden. Bei Verwendung von Dämmstoffen höherer Wärmeleitfähigkeit (z. B. Holzwolle-Leichtbauplatten) sind Schichtdicken dieser Stoffe von 90 mm erforderlich.

Bei Verwendung von Holzfußböden genügen geringere Wärmedämmschichten bzw. können diese, bei Benützung entsprechender Rohdecken, ganz entfallen, sofern sie nicht aus akustischen Gründen notwendig sind.

2.2.3 Dächer

Bei Steildächern aller Art, die mit Ziegeln, Wellasbestplatten oder dgl. gedeckt sind, braucht an das Dach keine Anforderung hinsichtlich des Wärmeschutzes gestellt zu werden, da die Decken, Dachschrägen und Abseitenwände unter dem Dach den notwendigen Wärmeschutz erbringen müssen. Bei nicht belüfteten Flachdächern, Terrassendecken und dgl. wurde in DIN 4108 der Wärmedurchlaßwiderstand dieser Bauteile mit mindestens 1,10 m$^2 \cdot$ K/W festgelgt. Beim nicht durchlüfteten Flachdach, das vielfach aus einer Betondecke besteht, muß eine Wärmedämmschicht diese Tragkonstruktion vor allzu großen Wärmebewegungen schützen, um Rissebildungen zu vermeiden. Aus diesem Grunde muß die Wärmedämmschicht über der zu schützenden Decke angebracht werden sofern nicht die Decke unter Zwischenlage von Gleitschichten frei beweglich aufgelegt werden kann. Dies geht aus den Diagrammen über den jährlichen Temperaturverlauf in Flachdachkonstruktionen mit ober- bzw. unterseitig angebrachter Wärmedämmschicht nach Messungen von Künzel und Frank[12]) hervor (Abb. B 36).

Man erkennt, daß bei obenliegender Dämmschicht die Mitteltemperatur der Betonplatte etwa um 30 °C zwischen Sommer und Winter schwankt, während bei unterliegender Dämmschicht die Temperaturunterschiede in der Betonplatte bis zu etwa 55 °C betragen können.

Die großen Temperaturschwankungen der Betondecke bei unterseitiger Wärmedämmschicht können durch Aufbringen einer Kiesschicht auf dem Dach wesentlich gemildert werden, wie Messungen an bekiesten und nicht bekiesten Flachdächern mit unterseitiger Wärmedämmschicht gezeigt haben (s. Abb. B 37).

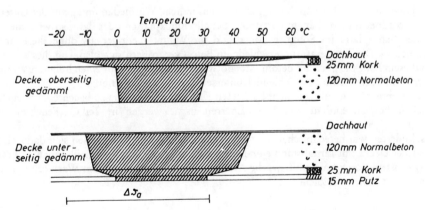

Abb. B 36: Jahresschwankung der Temperaturen in nichtbelüfteten Flachdächern mit oberseitig und unterseitig wärmegedämmten Dächern (nach Künzel und Frank).
$\Delta\vartheta_a$: jährliche Schwankung der Außenlufttemperatur.

[12]) Künzel, H. und Frank, W.: „Untersuchungen über die Temperaturverhältnisse in Flachdächern unterschiedlicher Konstruktion" boden, wand und decke, Heft 12/1964.

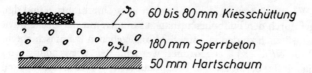

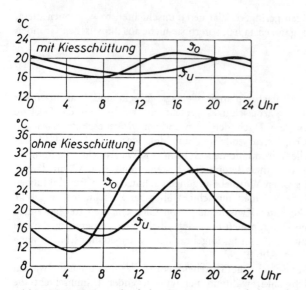

Abb. B 37: Tagesverlauf der Temperatur auf der Oberseite (ϑ_o) und der Unterseite (ϑ_u) einer Sperrbetondecke mit unterseitiger Wärmedämmschicht mit und ohne Kiesschüttung an einem strahlungsreichen Sommertag nach Messung des Instituts für Bauphysik im Auftrage der Firma Woermann AG., Frankfurt.

Wird bei obenliegender Dämmschicht noch eine zusätzliche Wärmedämmung auf der Unterseite der Decke angeordnet (untergehängte Putzdecke, Schallschluckplatten oder dgl.), so wird die Temperatur in der Betonplatte im Sommer höher und im Winter niedriger als ohne diese unterseitige Dämmung sein. Die Temperaturunterschiede im Beton vergrößern sich also. Um dies zu vermeiden, muß in diesem Falle die über der Betonplatte notwendige Dämmschicht einen höheren Wärmedurchlaßwiderstand aufweisen als bei fehlender unterseitiger Wärmedämmung.
Die im Zusammenhang mit dem nicht belüfteten Flachdach besonders zu beachtenden feuchtigkeitstechnischen Fragen, Einbau von Dampfsperren usw., werden in Teil C (Feuchte) eingehend behandelt.
Die geschilderten wärmetechnischen Schwierigkeiten bei Flachdächern lassen sich dadurch mildern, daß über der Decke mit Luftabstand eine Dachschale angebracht wird, die übermäßige Erwärmung der Tragkonstruktion vermeidet bzw. die Abführung der ihr zugestrahlten Wärmeenergie über den belüfteten Luftraum ermöglicht.

2.2.4 Fenster

2.2.4.1 Wärmedurchgang

Die Fenster sind im allgemeinen die wärmetechnisch schwächsten Stellen in den Außenflächen eines Bauwerkes. Während der Wärmedurchgangskoeffizient k einer nach DIN 4108 genügenden

Außenwand ($1/\Lambda = 0{,}55$ m$^2 \cdot$ K/W) 1,39 W/(m$^2 \cdot$ K) beträgt, liegen die entsprechenden Werte bei Fenstern je nach ihrer Ausführung zwischen etwa 2 bis 3,5 W/(m$^2 \cdot$ K) bei Doppel- und Verbundfenstern und bei 5,2 W/(m$^2 \cdot$ K) bei Einfachfenstern. Durch ein Einfachfenster strömt also unter sonst gleichen Bedingungen nahezu viermal so viel Wärme wie durch eine gleich große Wandfläche.

Der Wärmedurchgangskoeffizient k_F eines Fensters wird durch die Wärmedurchgangskoeffizienten k_V der Verglasung und k_R des Rahmens sowie die Flächenanteile F_V/F_F und F_R/F_F der Verglasung und des Rahmens an der Fensterfläche F_F bestimmt:

$$k_F = F_V/F_F \cdot k_V + F_R/F_F \cdot k_R \qquad (B\ 23)$$

In Tafel B 32 sind die Rechenwerte der Wärmedurchgangskoeffizienten von Verglasungen allein und von Fenstern aus diesen Verglasungen in Rahmen verschiedener Art nach DIN 4108, Teil 4, zusammengestellt. Die Werte beziehen sich auf Flächenanteile F_V/F_F der Verglasungen von etwa 0,65 bis 0,7 (65 bis 70%).

Tafel B 32: **Rechenwerte der Wärmedurchgangskoeffizienten für Verglasungen (k_V) und für Fenster und Fenstertüren einschließlich Rahmen (k_F) unter Verwendung von Normalglas nach DIN 4108, Teil 4.**

Beschreibung der Verglasung	Verglasung k_V W/(m$^2 \cdot$ K)	Fenster und Fenstertüren einschließlich Rahmen k_F für Rahmenmaterialgruppe W/(m$^2 \cdot$ K)				
		1	2.1	2.2	2.3	3
Einfachverglasung	5,8			5,2		
Isolierglas mit Luftabstand 6 bis 8 mm	3,4	2,9	3,2	3,3	3,6	4,1
Isolierglas mit Luftabstand größer 8 bis 10 mm	3,2	2,8	3,0	3,2	3,4	4,0
Isolierglas mit Luftabstand größer 10 bis 16 mm	3,0	2,6	2,9	3,1	3,3	3,8
Isolierglas mit 2 Luftzwischenräumen von 6 bis 8 mm	2,4	2,2	2,5	2,6	2,9	3,4
Isolierglas mit 2 Luftzwischenräumen größer 8 bis 10 mm	2,2	2,1	2,3	2,5	2,7	3,3
Isolierglas mit 2 Luftzwischenräumen größer 10 bis 16 mm	2,1	2,0	2,3	2,4	2,7	3,2
Doppelverglasung mit 20 bis 100 mm Scheibenabstand	2,8	2,5	2,7	2,9	3,2	3,7
Doppelverglasung aus Einfachglas und Isolierglas (Luftzwischenraum 10 bis 16 mm) mit 20 bis 100 mm Scheibenabstand	2,0	1,9	2,2	2,4	2,6	3,1
Doppelverglasung aus 2 Isolierglaseinheiten (Luftzwischenraum 10 bis 16 mm) mit 20 bis 100 mm Scheibenabstand	1,4	1,5	1,8	1,9	2,2	2,7

Die Einstufung der Rahmen in die Rahmenmaterialgruppen 1 bis 3 wird hierbei wie folgt vorgenommen:

Gruppe 1:   Fenster mit Rahmen aus Holz, Kunststoff und Holzkombinationen ohne besonderen Nachweis oder Wärmedurchgangskoeffizienten des Rahmens $k_R > 2{,}0$ W/(m$^2 \cdot$ K).

Gruppe 2.1: Fenster mit Rahmen aus wärmegedämmten Metall- oder Betonprofilen mit $k_R <$ 2,8 W/(m$^2 \cdot$ K).

Gruppe 2.2: Fenster mit Rahmen aus wärmegedämmten Metall- oder Betonprofilen k_R zwischen 2,8 und 3,5 W/(m$^2 \cdot$ K).

Gruppe 2.3: Fenster mit Rahmen aus wärmegedämmten Metall- oder Betonprofilen mit k_R zwischen 3,5 und 4,5 W/(m$^2 \cdot$ K).

Gruppe 3:   Fenster mit Rahmen aus Beton, Stahl und Aluminium sowie wärmegedämmten Metallprofilen, die nicht in die Gruppen 2.1 und 2.3 eingestuft werden können, ohne besonderen Nachweis

Für Fenster mit Sondergläsern (z. B. bedampfte Gläser) werden die Wärmedurchgangskoeffizienten k_V aufgrund von Prüfzeugnissen hierfür anerkannter Prüfanstalten festgelegt.

2.2.4.2 Luftdurchgang

Die in Tafel B 32 angegebenen Werte der Wärmedurchgangskoeffizienten von Fenstern beziehen sich auf den Wärmedurchgang durch dichte Fenster. Der Wärmedurchgang durch ein Fenster wird aber – bei Bestehen eines Luftdruckunterschiedes zu beiden Seiten des Fensters – auch durch den Luftdurchgang durch Fugen des Fensters (zwischen Rahmen und Flügel sowie am Anschluß an die Wand) bestimmt (s. Abschnitt 1.3) Aus diesem Grunde wird der Fugendurchlaßkoeffizient a_n je nach Beanspruchungsgruppe des betreffenden Gebäudes auf 2,0 bzw. 1,0 m^3/(h$\cdot$m$\cdot$daPa$^{2/3}$) begrenzt.

In Tafel B 33 sind einige Richtwerte der Fugendurchlaßkoeffizienten a_n für Fenster normaler Flügelabmessungen und einwandfreier Ausführung zusammengestellt.

Tafel B 33:   Fugendurchlaßkoeffizienten a_n von Fenstern nach DIN 4701.

Fensterart und Ausführung	a_n m^3/(h $\cdot$ m $\cdot$ daPa$^{2/3}$)
Holz- und Kunststoffenster:	
Einfachfenster	3,0
Verbundfenster	2,5
Doppel- und Einfachfenster mit besonderer Dichtung	2,0
Stahl- und Metallfenster:	
Einfachfenster	1,5
Verbundfenster	1,5
Doppel- und Einfachfenster mit besonderer Dichtung	1,2

Diese Werte sind Richtwerte. Bei Fenstern mit besonderer Dichtung aus Kunststoffen, Gummi und dgl. können kleinere a_n-Werte als die angegebenen erreicht werden.

Nach DIN 4701 Teil 4 sind die in Tafel B 34 angegebenen Konstruktionsmerkmale von Fenstern und Fenstertüren Voraussetzung um die Anforderungen an die Fugendichtheit der Fenser in den verschiedenen Beanspruchungsgruppen zu erfüllen.

Der Einfluß der Luftdurchlässigkeit der Fugen eines Fensters auf dessen gesamten Wärmedurchgang ist naturgemäß umso größer, je größer der Luftdruckunterschied am Fenster ist. Dieser wächst aber mit zunehmender Windgeschwindigkeit stark an (s. Abschnitt B 1.3).

Tafel B 34: **Konstruktionsmerkmale von Fenstern und Fenstertüren in Abhängigkeit von der Beanspruchungsgruppe nach DIN 18055, Teil 2**

Konstruktionsmerkmale	Beanspruchungsgruppe; a_n
Holzfenster (auch Doppelfenster) mit Profilen nach DIN 68121 ohne Dichtung	**A** $2,0 \geqq a_n > 1,0 \text{ m}^3/$ $(\text{h} \cdot \text{m} \cdot \text{daPa}^{2/3})$
alle Fensterkonstruktionen (bei Holzfenstern mit Profilen nach DIN 68 121) mit alterungsbeständiger, leicht auswechselbarer Dichtung	**B, C**
fest eingebaute Fenster ohne Öffnungsmöglichkeiten	$a_n \leqq 1,0 \text{ m}^3/(\text{h} \cdot \text{m} \cdot \text{daPa}^{2/3})$

Man kann die Luftdurchlässigkeit eines Fensters in einem äquivalenten Wärmedurchgangskoeffizienten $k_{\ddot{a}}$ (entsprechend dem k-Wert des dichten Fensters) erfassen. Dieser Wert $k_{\ddot{a}}$ unterscheidet sich um so mehr vom Wärmedurchgangskoeffizienten k des dichten Fensters, je größer die Fugendurchlässigkeit a und die Druckdifferenz zu beiden Seiten des Fensters ist. Die Zusammenhänge zwischen $k_{\ddot{a}}$ und der Druckdifferenz sind für verschiedene Werte von a_n in Abb. B 34 dargestellt. Dabei ist die Fugenlänge des Fensters zu 4 m je m² Fensterfläche angenommen. Man ersieht aus diesen Diagrammen, daß bei undichten Fenstern bei Windanfall die Wärmeverluste in erster Linie durch den Luftdurchgang bedingt sind. Die Fensterart tritt unter diesen Umständen in ihrer Auswirkung auf den Wärmeverlust zurück.

Abb. B 38: Äquivalenter Wärmedurchgangskoeffizient $k_{\ddot{a}}$ bei Doppelfenstern ($k_f = 3,5 \text{ W}/(\text{m}^2 \cdot \text{K})$) unter Berücksichtigung des Luftdurchganges durch die Fensterfugen ($a_n = 1$, 2 und 5), abhängig von der Druckdifferenz zu beiden Seiten des Fensters.

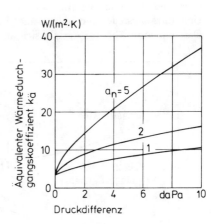

2.2.5 Türen

Die gleichen Überlegungen wie bei den Fenstern gelten sinngemäß auch für Außentüren, also insbesondere Balkontüren und dgl., Richtwerte für den Wärmedurchgangskoeffizienten k sind in Tafel B 35 zusammengestellt.

Die Luftdurchlässigkeit von Türen kann, soweit deren Ausführung der von Fenstern entspricht, nach Tafel B 34 angenommen werden. Türen ohne Schwelle (Innentüren) weisen Fugendurchlässigkeiten a_n in der Größenordnung von 40 $\text{m}^3/(\text{h} \cdot \text{m} \cdot \text{daPa}^{2/3})$, solche mit Schwelle Werte um etwa 15 $\text{m}^3/(\text{h} \cdot \text{m} \cdot \text{daPa}^{2/3})$ je m Fugenlänge auf.

Tafel B 35: Wärmedurchgangskoeffizienten *k* für Türen nach DIN 4701

Türenart und -Ausführung	Wärmedurchgangskoeffizient *k* W/(m² · K)
Außentür aus Holz oder Kunststoffen	3,5
Metalltür	5,8
Balkontür, Holz mit Glasfüllung, einfache Tür	4,7
Balkontür, Holz mit Glasfüllung, doppelte Tür	2,3

2.3 Wärmeschutz und wirtschaftliche Gesichtspunkte

Die in Abschnitt 2.1 erörterten Anforderungen an den Wärmeschutz der Bauteile basieren in erster Linie auf hygienischen Bedingungen (Tauwasserfreiheit der Bauteile, Fußwärme, Raumklima).
Legt man der wärmeschutztechnischen Bemessung der Bauteile wirtschaftliche Überlegungen zugrunde, so führt dies entweder zu ganz bestimmten Werten des Wärmeschutzes, dem sogenannten „wirtschaftlich optimalen Wärmeschutz", dessen Über- und Unterschreiten wirtschaftliche Nachteile bedingt oder aber zu möglichst hohem Wärmeschutz, um den Energieverbrauch für die Beheizung der Bauten so niedrig wie möglich zu halten.

2.3.1 Wirtschaftlich optimaler Wärmeschutz

Die Erhöhung der Wärmedurchlaßwiderstände der Außenbauteile eines Gebäudes führt zu einer Senkung des Heizenergieverbrauches und damit zu einer Minderung der jährlich anfallenden Betriebskosten des Gebäudes. bei höherer Wärmedämmung kann die Heizanlage kleiner dimensioniert und damit in den Anlagekosten gesenkt werden. Gleichzeitig steigen aber die Kosten der Umschließungsteile und damit die Erstellungskosten des Gebäudes. Aus der schematischen Darstellung in Abb. B 39 ergibt sich aufgrund der gegenläufigen Tendenz der Heizungskosten und

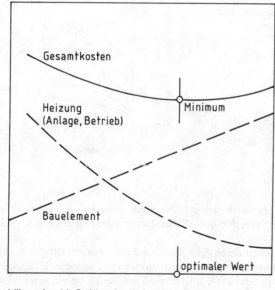

Abb. B 39: Optimierung des Wärmedurchlaßwiderstandes eines Bauelementes (schematische Darstellung)

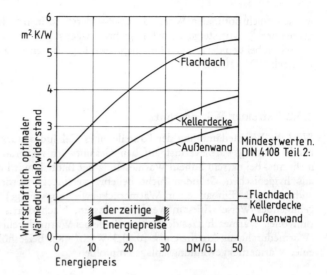

Abb. B. 40: Wirtschaftlich optimaler Wärmedurchlaßwiderstand für verschiedene Außenbauteile in Abhängigkeit vom Energiepreis nach Werner, Gertis und Erhorn

der Kosten der Außenbauteile ein Minimum der Gesamtkosten bei einem bestimmten Wärmedurchlaßwiderstand des betrachteten Bauelementes, dem „wirtschaftlich optimalen Wärmedurchlaßwiderstand".

Dieser optimale Wärmedurchlaßwiderstand ist insbesondere von den Energiekosten abhängig. Für Außenwände, Flachdach und Kellerdecke ist in Abb. B 40 der Zusammenhang zwischen dem

Tafel B 36: Wärmeschutztechnische Größen – früher übliche und neue Einheiten –

| Benennung | Formel-zeichen | Einheitenzeichen | | Umrech-nungsfaktor |
		neue Einheiten	früher übliche Einheiten	
Temperatur	ϑ, T	°C, K	°C, K	1
Temperaturdifferenz	$\Delta\vartheta, \Delta T$	°C, K	grd. °C	1
Wärmemenge	Q	J (1 J = 1 Ws)	kcal	$4{,}1868 \cdot 10^3$
Wärmestrom	$\Phi, \dot{Q}$	W	kcal/h	1,163
Transmissionswärmeverlust	$\dot{Q}_T$	W	kcal/h	1,163
Wärmestromdichte	q	W/m²	kcal/(m²·h)	1,163
Wärmeleitfähigkeit	λ	W/(m·K)	kcal/(m·h·°C)	1,163
Rechenwert der Wärmeleitfähigkeit	λ_R	W/(m·K)	kcal/(m·h·°C)	1,163
Wärmedurchlaßkoeffizient	Λ	W/(m²·K)	kcal/(m²·h·°C)	1,163
Wärmedurchlaßwiderstand	$1/\Lambda$	m²·K/W	m²·h·°C/kcal	0,860
Wärmeübergangskoeffizient	α	W/(m²·K)	kcal/(m²·h·°C)	1,163
Wärmeübergangswiderstand	$1/\alpha$	m²·K/W	m²·h·°C/kcal	0,860
Wärmedurchgangskoeffizient	k	W/(m²·K)	kcal/(m²·h·°C)	1,163
Wärmedurchgangswiderstand	$1/k$	m²·K/W	m²·h·°C/kcal	0,860
spez. Wärmekapazität	c	J/(kg·K)	kcal/(kg·°C)	$4{,}1868 \cdot 10^3$
Fugendurchlaßkoeffizient	a_n	m³/(h·m(daPa$^{2/3}$))	m³/(h·m(kp/m²)$^{2/3}$)	1
Gesamtenergiedurchlaßgrad	g	1[+]	–	–
Abminderungsfaktor	z	1[+]	–	–

[+] steht für das Verhältnis zweier gleicher Einheiten

wirtschaftlich optimalen Wärmedurchlaßwiderstand in $m^2 \cdot k/W$ und dem Energiepreis in DM/GJ gezeichnet[13]). Mit steigendem Energiepreis wächst der optimale Wärmedurchlaßwiderstand stark an. Schon bei den derzeitigen Energiepreisen liegt er weit über den Werten des Mindestwärmeschutzes nach DIN 4108 Teil 2.

2.3.2 Extremer Wärmeschutz

Wird die Wärmedämmung der Bauteile eines Gebäudes stark erhöht, so wirkt sich der gleichbleibende Lüftungswärmeverlust auf den Gesamtwärmeverbrauch des Gebäudes anteilig mehr und mehr aus. Bei extrem hohem Wärmeschutz der Bauteile wird man daher der Frage der Lüftung, die aus hygienischen Gründen nicht beliebig verringert werden darf, besondere Aufmerksamkeit widmen (z. B. Einbau einer Wärmerückgewinnungsanlage) um den erhöhten Wärmeschutz in genügender Weise wirksam werden zu lassen. Nach Gertis und Erhorn[13]) liegt die Grenze des sinnvollen Wärmeschutzes der Außenwände bei Wärmedurchlaßwiderständen von etwa 3 $m^2 \cdot K/W$ (Wärmedurchgangskoeffizient k rd. 0,3 $W/(m^2 \cdot K)$). Bei erhöhtem Wärmeschutz wird der Einbau einer Wärmerückgewinnungsanlage empfohlen.

[13]) Werner, H. und Gertis, K.: Wirtschaftlich optimaler Wärmeschutz von Einfamilienhäusern. Ges. Ing. 97 (1976), S. 21/31 und 97/103.

Gertis, K. und Esdorn, H.: Superdämmung oder Wärmerückgewinnung? Wo liegen die Grenzen des energiesparenden Wärmeschutzes? Bauphysik 3 (1981), S. 50/56.

Walter Schüle

Teil C Feuchteschutz

Eine „trockene Wohnung" ist das Ziel jeden Wohnungsbaues. Feuchte Wände und Decken führen zu Schimmel- und sonstigem Pilzbefall, der nicht nur unschön, sondern – wegen der Pilzsporen, die Anlaß zu Allergie-Erkrankungen der Atmungswege sein können – auch gesundheitsschädlich ist. In Räumen mit feuchten Außenbauteilen ist ein behagliches Raumklima auch bei Heizung kaum zu erzielen. Die Beheizung solcher Räume erfordert, wegen des infolge der Feuchte verringerten Wärmeschutzes der Wände, einen erhöhten Brennstoffaufwand. Aus diesen Gründen ist schon beim Entwurf und bei der Erstellung der Bauten, aber besonders auch beim Betrieb der Wohnungen dafür Sorge zu tragen, daß das Ziel, die „trockene Wohnung", erreicht und auf die Dauer gehalten wird.

1 Grundlagen und physikalische Zusammenhänge

1.1 Luft und Feuchte

Die Luft kann bei bestimmter Temperatur nur eine ganz bestimmte Menge Wasserdampf enthalten. Dieser Sättigungsgehalt an Wasserdampf ist in hohem Maße von der Temperatur abhängig. Er steigt mit zunehmender Temperatur stark an (Abb. C 1). Dem Sättigungsgehalt an Wasserdampf in der Luft ist ein Sättigungsdampfdruck zugeordnet, der ebenfalls mit zunehmender Temperatur in gleichem Maße wie die maximal aufnehmbare Wasserdampfmenge ansteigt (Tafel C 1).

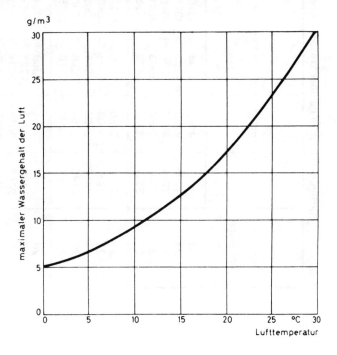

Abb. C 1: Maximaler Wassergehalt der Luft, abhängig von der Temperatur (Luftdruck 1004 mbar = 10040 daPa).

Tafel C 1:   Sättigungsdruck in Pa über Wasser – bzw. Eis – in Abhängigkeit von der Temperatur

Temperatur °C	Wasserdampfsättigungsdruck Pa									
	.0	.1	.2	.3	.4	.5	.6	.7	.8	.9
30	4244	4269	4294	4319	4344	4369	4394	4419	4445	4469
29	4006	4030	4053	4077	4101	4124	4148	4172	4196	4219
28	3781	3803	3826	3848	3871	3894	3916	3939	3961	3984
27	3566	3588	3609	3631	3652	3674	3695	3717	3739	3759
26	3362	3382	3403	3423	3443	3463	3484	3504	3525	3544
25	3169	3188	3208	3227	3246	3266	3284	3304	3324	3343
24	2985	3003	3021	3040	3059	3077	3095	3114	3132	3151
23	2810	2827	2845	2863	2880	2897	2915	2932	2950	2968
22	2645	2661	2678	2695	2711	2727	2744	2761	2777	2794
21	2487	2504	2518	2535	2551	2566	2582	2598	2613	2629
20	2340	2354	2369	2384	2399	2413	2428	2443	2457	2473
19	2197	2212	2227	2241	2254	2268	2283	2297	2310	2324
18	2065	2079	2091	2105	2119	2132	2145	2158	2172	2185
17	1937	1950	1963	1976	1988	2001	2014	2027	2039	2052
16	1818	1830	1841	1854	1866	1878	1889	1901	1914	1926
15	1706	1717	1729	1739	1750	1762	1773	1784	1795	1806
14	1599	1610	1621	1631	1642	1653	1663	1674	1684	1695
13	1498	1508	1518	1528	1538	1548	1559	1569	1578	1588
12	1403	1413	1422	1431	1441	1451	1460	1470	1479	1488
11	1312	1321	1330	1340	1349	1358	1367	1375	1385	1394
10	1228	1237	1245	1254	1262	1270	1279	1287	1296	1304
9	1148	1156	1163	1171	1179	1187	1195	1203	1211	1218
8	1073	1081	1088	1096	1103	1110	1117	1125	1133	1140
7	1002	1008	1016	1023	1030	1038	1045	1052	1059	1066
6	935	942	949	955	961	968	975	982	988	995

°C	.0	.1	.2	.3	.4	.5	.6	.7	.8	.9
5	872	878	884	890	896	902	907	913	919	925
4	813	819	825	831	837	843	849	854	861	866
3	759	765	770	776	781	787	793	798	803	808
2	705	710	716	721	727	732	737	743	748	753
1	657	662	667	672	677	682	687	691	696	700
0	611	616	621	626	630	635	640	645	648	653
-0	611	605	600	595	592	587	582	577	572	567
-1	562	557	552	547	543	538	534	531	527	522
-2	517	514	509	505	501	496	492	489	484	480
-3	476	472	468	464	461	456	452	448	444	440
-4	437	433	430	426	423	419	415	412	408	405
-5	401	398	395	391	388	385	382	379	375	372
-6	368	365	362	359	356	353	350	347	343	340
-7	337	336	333	330	327	324	321	318	315	312
-8	310	306	304	301	298	296	294	291	288	286
-9	284	281	279	276	274	272	269	267	264	262
-10	260	258	255	253	251	249	246	244	242	239
-11	237	235	233	231	229	228	226	224	221	219
-12	217	215	213	211	209	208	206	204	202	200
-13	198	197	195	193	191	190	188	186	184	182
-14	181	180	178	177	175	173	172	170	168	167
-15	165	164	162	161	159	158	157	155	153	152
-16	150	149	148	146	145	144	142	141	139	138
-17	137	136	135	133	132	131	129	128	127	126
-18	125	124	123	122	121	120	118	117	116	115
-19	114	113	112	111	110	109	107	106	105	104
-20	103	102	101	100	99	98	97	96	95	94

Tafel C 2: Taupunkttemperatur ϑ_s in °C von Luft verschiedener Temperatur ϑ und relativer Feuchte φ in %

Taupunkttemperaturen ϑ_s in °C bei einer relativen Luftfeuchte φ_i von

Lufttemperatur ϑ [°C]	45 %	50 %	55 %	60 %	65 %	70 %	75 %	80 %	85 %	90 %	95 %
−10	−18,62	−17,45	−16,62	−15,68	−14,78	−13,95	−13,15	−12,50	−11,95	−11,10	−10,60
− 5	−14,00	−12,95	−11,95	−10,93	−10,00	− 8,93	− 8,26	− 7,60	− 6,94	− 6,18	− 5,61
− 2	−11,29	−10,06	− 9,00	− 7,94	− 7,10	− 6,26	− 5,45	− 4,67	− 3,85	− 3,15	− 2,93
± 0	− 9,45	− 8,21	− 7,10	− 6,10	− 5,16	− 4,26	− 3,38	− 2,59	− 1,99	− 1,42	− 0,67
2	− 7,77	− 6,56	− 5,43	− 4,40	− 3,16	− 2,48	− 1,77	− 0,98	− 0,26	+ 0,47	+ 1,20
4	− 6,11	− 4,88	− 3,69	− 2,61	− 1,79	− 0,88	− 0,09	+ 0,78	+ 1,62	+ 2,44	+ 3,20
6	− 4,49	− 3,07	− 2,10	− 1,05	− 0,08	+ 0,85	+ 1,86	+ 2,72	+ 3,62	+ 4,48	+ 5,38
8	− 2,69	− 1,61	− 0,44	+ 0,67	+ 1,80	+ 2,83	+ 3,82	+ 4,77	+ 5,66	+ 6,48	+ 7,32
10	− 1,26	+ 0,02	+ 1,31	+ 2,53	+ 3,74	+ 4,79	+ 5,82	+ 6,79	+ 7,65	+ 8,45	+ 9,31
12	+ 0,35	+ 1,84	+ 3,19	+ 4,46	+ 5,63	+ 6,74	+ 7,75	+ 8,69	+ 9,60	+10,48	+11,33
14	+ 2,20	+ 3,76	+ 5,10	+ 6,40	+ 7,58	+ 8,67	+ 9,70	+10,71	+11,64	+12,55	+13,36
15	+ 3,12	+ 4,65	+ 6,07	+ 7,36	+ 8,52	+ 9,63	+10,70	+11,69	+12,62	+13,52	+14,42
16	4,07	5,59	6,98	8,29	9,47	10,61	11,68	12,66	13,63	14,58	15,54
17	5,00	6,48	7,92	9,18	10,39	11,48	12,54	13,57	14,50	15,36	16,19
18	5,90	7,43	8,83	10,12	11,33	12,44	13,48	14,56	15,41	16,31	17,25
19	6,80	8,33	9,75	11,09	12,26	13,37	14,49	15,47	16,40	17,37	18,22
20	7,73	9,30	10,72	12,00	13,22	14,40	15,48	16,46	17,44	18,36	19,18

21	8,60	10,22	11,59	12,92	14,21	15,36	16,40	17,44	18,41	19,27	20,19
22	9,54	11,16	12,52	13,89	15,19	16,27	17,41	18,42	19,39	20,28	21,22
23	10,44	12,02	13,47	14,87	16,04	17,29	18,37	19,37	20,37	21,34	22,23
24	11,34	12,93	14,44	15,73	17,06	18,21	19,22	20,33	21,37	22,32	23,18
25	12,20	13,83	15,37	16,69	17,99	19,11	20,24	21,35	22,27	23,30	24,22
26	13,15	14,84	16,26	17,67	18,90	20,09	21,29	22,32	23,32	24,31	25,16
27	14,08	15,68	17,24	18,57	19,83	21,11	22,23	23,31	24,32	25,22	26,10
28	14,96	16,61	18,14	19,38	20,86	22,07	23,18	24,28	25,25	26,20	27,18
29	15,85	17,58	19,04	20,48	21,83	22,97	24,20	25,23	26,21	27,26	28,18
30	16,79	18,44	19,96	21,44	23,71	23,94	25,11	26,10	27,21	28,19	29,09
32	18,62	20,28	21,90	23,26	24,65	25,79	27,08	28,24	29,23	30,16	31,17
34	20,42	22,19	23,77	25,19	26,54	27,85	28,94	30,09	31,19	32,13	33,11
36	22,23	24,08	25,50	27,00	28,41	29,65	30,88	31,97	33,05	34,23	35,06
38	23,97	25,74	27,44	28,87	30,31	31,62	32,78	33,96	35,01	36,05	37,03
40	25,79	27,66	29,22	30,81	32,16	33,48	34,69	35,86	36,98	38,05	39,11
45	30,29	32,17	33,86	35,38	36,85	38,24	39,54	40,74	41,87	42,97	44,03
50	34,76	36,63	38,46	40,09	41,58	42,99	44,33	45,55	46,75	47,90	48,98

In der Mehrzahl der Fälle enthält die Luft geringere Wasserdampfmengen als dem Sättigungsgehalt entspricht. Zur Kennzeichnung des Wassergehaltes der Luft dient die relative Feuchte φ. Diese Größe ergibt sich aus der in der Luft enthaltenen Wasserdampfmenge W (g/m^3) und der Sättigungsmenge W_s (g/m^3) bzw. dem Wasserdampfteildruck (Partialdruck) p (Pa) und dem Sättigungsdruck p_s (Pa) zu:

$$\varphi = \frac{W}{W_S} = \frac{p}{p_s} \qquad\qquad (C\ 1)$$

Luft, die mit Wasserdampf gesättigt ist, besitzt demnach die relative Feuchte 1,0 gleich 100%.
Beim Erwärmen feuchter Luft sinkt, sofern dem betreffenden Luftvolumen weder Feuchtigkeit zugeführt, noch entzogen wird, die rel. Luftfeuchte, da das Verhältnis der absoluten, in der Luft enthaltenen Wasserdampfmenge zur Sättigungsmenge abnimmt. Im umgekehrten Falle, also beim Abkühlen feuchter Luft unter diesen Bedingungen (Gleichbleiben des absoluten Feuchtegehaltes der Luft), erhöht sich die relative Luftfeuchte. Wird die Temperatur soweit erniedrigt, bis die relative Luftfeuchte den Wert von 100% erreicht, so muß sich bei weiterer Abkühlung Wasserdampf aus der Luft abscheiden, da dann die Luft bei der betreffenden Temperatur die in ihr enthaltene Wassermenge nicht mehr in Dampfform halten kann. Der Wasserdampf scheidet sich dann in Form von Nebel aus bzw. schlägt sich auf festen Gegenständen als Tauwasser nieder. Die Temperatur, bei der dies geschieht, wird daher als Taupunkttemperatur oder als Taupunkt der Luft bezeichnet. Die Taupunkttemperatur wird durch die Lufttemperatur und deren Wasserdampfgehalt bzw. die relative Feuchte bestimmt. Sie liegt um so näher bei der Lufttemperatur, je höher die Luftfeuchtigkeit ist. Der Zusammenhang zwischen Taupunkttemperatur und relativer Luftfeuchte für die Luft von 15 °C, 20 °C und 25 °C, ist aus Abb. C 2 zu ersehen. Tafel C 2 gibt die Taupunkttemperaturen der Luft bei verschiedener Temperatur und relativer Feuchte an.

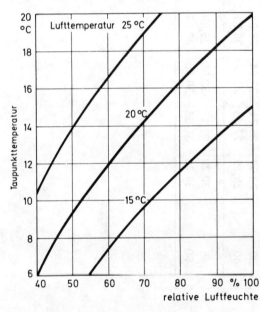

Abb. C 2: Taupunkttemperatur (Taupunkt) von Luft von 15 °C, 20 °C und 25 °C, abhängig von der relativen Luftfeuchte.

1.2 Baustoff und Feuchte

1.2.1 Feuchte der Baustoffe

Baustoffe besitzen in der Regel einen mehr oder weniger großen Wassergehalt. Zur Kennzeichnung der im Baustoff enthaltenen Wassermenge dient die massenbezogene oder die volumenbezogene Feuchte, die beide in Prozent angegeben werden. Die massenbezogene Feuchte u_m eines Stoffes in %, vielfach als Gew.-% bezeichnet, ergibt sich aus dem Gewicht (Masse) G_F des Stoffes in feuchtem Zustande und dem Trockengewicht G_{tr} derselben Stoffprobe zu

$$u_m = \frac{G_F - G_{tr}}{G_{tr}} \qquad (C\ 2)$$

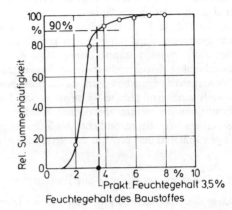

Abb. C 3: Zur Bestimmung des praktischen Feuchtegehaltes eines Baustoffes: Summenhäufigkeit des volumenbezogenen Feuchtegehaltes von Gasbetonaußenwänden aufgrund von 45 Einzelmeßwerten von Wohngebäuden (nach Künzel).

Tafel C 3:   **Praktischer Feuchtegehalt von Baustoffen nach DIN 4108, Teil 4, 1985**

Stoff	Praktischer Feuchtegehalt	
	Volumen-bezogen u_v %	masse-bezogen u_m %
Ziegel	1,5	–
Kalksandsteine	5	–
Beton mit geschlossenem Gefüge mit dichten Zuschlägen	5	–
Beton mit geschlossenem Gefüge mit porigen Zuschlägen	15	–
Leichtbeton mit haufwerksporigem Gefüge mit dichten Zuschlägen	5	–
Leichtbeton mit haufwerksporigem Gefüge mit porigen Zuschlägen	4	–
Gasbeton	3,5	–
Gips, Anhydrit	2	–
Gußasphalt, Asphaltmastix	~0	~0
Anorganische Stoffe in loser Schüttung, expandiertes Gesteinsglas	–	5
Mineralische Faserdämmstoffe	–	1,5
Schaumglas	~0	~0
Holz, Spanplatten u. dgl., Organische Faserdämmstoffe	–	15
Pflanzliche Faserdämmstoffe	–	15
Korkdämmstoffe	–	10
Schaumkunststoffe aus Polystyrol, Polyurethan (hart)	–	5

Aus dem Wert u_m und der Rohdichte ϱ_R des Stoffes in kg/m^3 ergibt sich die volumenbezogene Feuchte u_v (Vol.-%) zu:

$$u_v = \frac{u_m \cdot \varrho_R}{1000} \qquad \text{(C 3)}$$

Der Wassergehalt der Baustoffe, der sich im Laufe der Zeit in diesen einstellt, hängt von der Art und dem Aufbau des Stoffes, den Umgebungsverhältnissen (mittlere Lufttemperatur und rel. Luftfeuchte) und der Benützungsart der betreffenden Räume (Küchen, Wohnräume usw.), sowie der Orientierung der Bauteile (z. B. Wetterseite) ab. Umfangreiche Untersuchungen zu dieser Frage haben ergeben, daß man unter durchschnittlichen Verhältnissen mit ganz bestimmten „praktischen Feuchten"[1]) der Baustoffe rechnen kann. Dabei zeigt es sich, daß diese Feuchte bei anorganischen Stoffen zweckmäßig als volumenbezogener Wassergehalt, bei organischen Stoffen aber als massenbezogener Wassergehalt angegeben wird, da dann die praktischen Feuchten der Stoffe ganzer Materialgruppen jeweils annähernd gleiche Werte aufweisen. Diese Werte sind in Tafel C 3 zusammengestellt. Bei der Ermittlung der volumenbezogenen Feuchten von Lochsteinen, Hohlblocksteinen und dgl. ist die Scherben- bzw. Betonrohdichte der Steine zugrunde zu legen, da die Feuchte bei solchen Stoffen im festen Material und nicht in den verhältnismäßig großen Lufträumen enthalten ist.

1.2.2 Tauwasserbildung auf Bauteilen

Liegt die Oberflächentemperatur auf der Innenseite von Bauteilen (Wände, Decken, Fenster usw.) unter der Taupunkttemperatur der Raumluft, so tritt auf diesen Flächen Tauwasser auf. Dies kann vorkommen bei wärmetechnisch ungenügend bemessenen Außenbauteilen im Dauerzustand der Beheizung, beim Anheizen von Räumen, deren Wände ausreichend bemessen sind, aber sich nicht genügend schnell erwärmen sowie wenn die Luftfeuchtigkeit in den betreffenden Räumen zu hoch ist. Diese drei Fälle sollen im folgenden eingehender behandelt werden.

1.2.2.1 Wärmedämmung von Bauteilen und Tauwasserbildung

Im Dauerzustand der Beheizung ist die Oberflächentemperatur eines Bauteils durch seine Wärmedämmung (Wärmedurchlaßwiderstand $1/\Lambda$ bzw. Wärmedurchgangskoeffizient k) und die Lufttemperaturen zu beiden Seiten bestimmt (s. Teil B, Abschnitt 1.1.5).

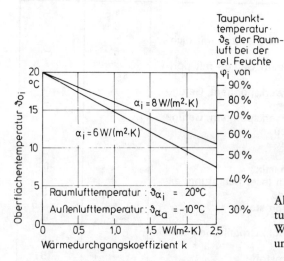

Abb. C 4: Raumseitige Oberflächentemperatur ϑ_{oi} von Außenwänden, abhängig von ihrem Wärmedurchgangskoeffizienten k bei $\alpha_i = 6$ und 8 W/(m^2 · K) und $\alpha_a = 23$ W/(m^2 · K).

---

[1]) Unter praktischer Feuchte versteht man nach einem Vorschlag von J. S. Cammerer den Wassergehalt der bei der Untersuchung genügend ausgetrockneter Bauten, die zum dauernden Aufenthalt von Menschen dienen, in 90% aller Fälle nicht überschritten wurde (s. Abb. C 3).

Auf Grund der nach dem genannten Abschnitt zu berechnenden Oberflächentemperatur und dem Vergleich mit der Taupunkttemperatur der Raumluft kann festgestellt werden, ob in dem betreffenden Fall mit Tauwasserbildung auf der Oberfläche zu rechnen ist (s. Abb. C 4).

Andererseits läßt sich die notwendige Mindest-Wärmedämmung eines Bauteils ohne Schwierigkeit errechnen, die notwendig ist, um bei bestimmten Temperatur- und Feuchteverhältnissen Tauwasserbildung zu vermeiden.

Bezeichnet man mit ϑ_{La} und ϑ_{Li} die Lufttemperaturen zu beiden Seiten des Bauteils, mit ϑ_s die Taupunkttemperatur der Raumluft, so ergibt sich der höchstzulässige Wärmedurchgangskoeffizient k_{zul} bzw. der Mindestwert des Wärmedurchlaßwiderstandes $1/\Lambda_{min}$ zu:

$$k_{zul} = \alpha_i \cdot \frac{\vartheta_{Li} - \vartheta_s}{\vartheta_{Li} - \vartheta_{La}} \tag{C 4}$$

$$1/\Lambda_{min} = 1/\alpha_i \cdot \frac{\vartheta_{Li} - \vartheta_{La}}{\vartheta_{Li} - \vartheta_s} - (1/\alpha_i + 1/\alpha_a) \tag{C 5}$$

Bei der praktischen Durchführung der Rechnung wird der Wärmeübergangskoeffizient α_i auf der Innenseite des Bauteils mit 6 W/(m²·K), der auf der Außenseite mit 23 W/(m²·K) angenommen. Setzt man diese Werte in die vorstehenden Gleichungen ein, so lauten sie:

$$k_{zul} = \frac{6 \cdot (\vartheta_{Li} - \vartheta_s)}{(\vartheta_{Li} - \vartheta_{La})}$$

$$1/\Lambda_{min} = \frac{0{,}17 \cdot (\vartheta_{Li} - \vartheta_{La})}{(\vartheta_{Li} - \vartheta_s)} - 0{,}21$$

Der notwendige Wärmedurchlaßwiderstand $1/\Lambda_{min}$ bzw. der maximal zulässige Wärmedurchgangskoeffizient k_{max} von Außenwänden zur Vermeidung von Tauwasserbildung auf der Innenoberfläche ist in Abb. C 5 abhängig von der rel. Luftfeuchte im Raum, für Außentemperaturen von − 10 °C und eine Innentemperatur und 20 °C dargestellt.

Die anfallende Tauwassermenge auf Oberflächen, deren Temperatur unter dem Taupunkt der Raumluft liegt, ist um so größer, je höher die rel. Luftfeuchte im Raume und je niedriger die Temperatur der betreffenden Oberfläche ist. Abb. C 6 zeigt diese Zusammenhänge für eine Lufttemperatur von 20 °C in den bei Wohnungen hauptsächlich vorkommenden Bereichen der rel. Luftfeuchte.

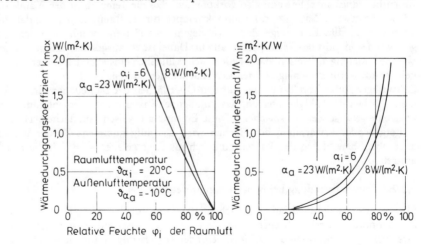

Abb. C 5: Maximaler Wärmedurchgangskoeffizient k_{max} bzw. kleinster Wärmedurchlaßwiderstand $1/\Lambda_{min}$ von Außenwänden um raumseitige Tauwasserbildung zu vermeiden, abhängig von der rel. Feuchte φ_i der Raumluft bei verschiedenen Werten von α_i.

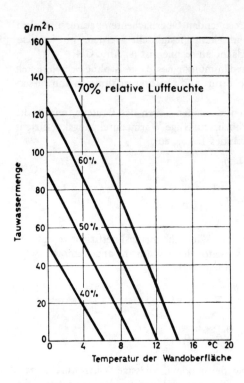

Abb. C 6: Anfallende Tauwassermenge auf Wandoberflächen abhängig von der Oberflächentemperatur, bei einer Lufttemperatur von 20 °C und verschiedenen relativen Luftfeuchten.

1.2.2.2 Tauwasserbildung auf Bauteilen beim Anheizen der Räume

Wird ein ausgekühlter Raum wieder beheizt, so steigt in der Regel die Lufttemperatur im Raume ziemlich schnell an. Die Oberflächen der Wände, Decken usw. erwärmen sich aber im allgemeinen wesentlich langsamer. Es kann also vorkommen, daß die Temperatur der Wand- oder Deckenoberfläche eine gewisse Zeit unter der Taupunkttemperatur der Raumluft liegt, so daß auf diesen Flächen Tauwasser anfällt. Erst einige Zeit nach Beginn des Heizens, wenn die Flächen genügend warm geworden sind, hört der Tauwasseranfall auf. Dabei ist vorausgesetzt, daß die Bauteile eine so große Wärmedämmung aufweisen, daß bei dem sich schließlich einstellenden Dauerzustand der Beheizung kein Tauwasserniederschlag auf den Oberflächen der Bauteile erfolgt.

Zeitweiliger Anfall von Tauwasser auf den Oberflächen der Bauteile ist dann unbedenklich, wenn diese Flächen die Fähigkeit haben, das anfallende Wasser ohne Tropfenbildung aufzunehmen und über eine gewisse Zeit zu speichern. Diese Eigenschaft weisen Putzflächen, Holz und dgl. auf. Bei weitergehender Erwärmung der Flächen wird das aufgenommene Wasser wieder an den Raum abgegeben, bzw. durch den Bauteil hindurch ins Freie geleitet, so daß keine Feuchtigkeitsschäden auftreten.

1.2.2.3 Tauwasserbildung bei hoher Raumluftfeuchte

Ebenso, wie eine zu niedrige Oberflächentemperatur auf Bauteilen, Einrichtungsgegenständen und dgl. bei normalen rel. Luftfeuchten im Raum zu Tauwasserbildung auf diesen Flächen führt, kann dies auch auftreten, wenn die Luftfeuchte in den betreffenden Räumen allzu hoch ist. Damit muß in Küchen und Bädern gerechnet werden; aber auch in stark belegten Schlafräumen tritt dies zeitweilig auf. In solchen Fällen muß durch ausreichende Lüftung dafür gesorgt werden, daß die Feuchte in den Räumen nicht zu hoch ansteigt (Näheres s. Abschnitt 2.5).

1.2.3 Wasserdampfdiffusion durch Baustoffe und innere Kondensation

Trennt eine Baustoffschicht bzw. ein Bauteil zwei Räume verschiedener Temperatur und Luftfeuchte, so liegen in der Regel zu beiden Seiten der Trennschicht verschiedene Teildrücke des Wasserdampfes vor. Unter dem Druckunterschied bewegt sich der Wasserdampf durch poröse Baustoffe hindurch. Dieser Vorgang, die Wasserdampfdiffusion, die in den luftgefüllten Poren des Stoffes erfolgt, wird in vielen Fällen von einer Wasserbewegung in den wassergefüllten kleinsten, miteinander durch enge Kapillaren verbundenen Poren begleitet. Diese beiden gleichzeitig erfolgenden Vorgänge erschweren die Behandlung des Problems der Feuchtigkeitsbewegung in einem porösen Stoff. In vielen Fällen genügt aber die Betrachtung des Diffusionsvorganges allein, um Aufschluß über das Verhalten eines Bauteils beim Vorliegen von Wasserdampfdruckunterschieden zu seinen beiden Seiten zu gewinnen. Vor allem interessiert die Frage nach innerer Kondensation, d. h. des Ausfallens des Wassers im Inneren von Bauteilen, das durch Diffusion in diese eingedrungen ist.

1.2.3.1 Grundgleichungen für die Dampfdiffusion durch Bauteile

In dem im Bauwesen vorwiegend interessierenden Temperaturgebiet bis zu etwa 30 °C kann die Dampfdiffusion durch einen ebenen Bauteil (Decke, Wand oder dgl.) nach einer Gleichung berechnet werden, die in ihrem Aufbau formal der Gleichung für den Wärmedurchgang durch einen Bauteil entspricht (s. Teil B, Abschnitt 1.1.4).

Benützt man folgende Bezeichnungen:

G = durch Diffusion transportierte Wassermenge in kg
A = Fläche in m^2
t = Zeit in h
p_1, p_2 = Teildampfdrücke zu beiden Seiten des Bauteils in Pa
k_D = Wasserdampfdurchgangskoeffizient des Bauteils in kg/($m^2 \cdot h \cdot Pa$),

so gilt die Gleichung:

$$G = k_D A (p_1 - p_2) \cdot t \tag{C 6}$$

bzw.

$$I = \frac{G}{t} = k_D A (p_1 - p_2) \tag{C 7}$$

Der Wasserdampfdiffusionsdurchgangskoeffizient k_D läßt sich aus den Wasserdampfdiffusionsleitkoeffizienten $\delta_1, \delta_2 \ldots \delta_n$ in kg/(m $\cdot$ h $\cdot$ Pa) den Dicken $s_1, s_2 \ldots \ldots s_n$ in m, der im Sinne des Dampfstromes hintereinanderliegenden Stoffschichten und den Wasserdampfdiffusionsübergangskoeffizienten β_1 und β_2 zu beiden Seiten des Bauteils in kg/(m $\cdot$ h $\cdot$ Pa) wie folgt errechnen

$$k_D = \frac{1}{1/\beta_i + s_1/\delta_1 + s/\delta_2 + \ldots + s_n/\delta_n + 1/\beta_2} \tag{C 8}$$

Die Ausdrücke s/δ in dieser Gleichung stellen Wasserdampfdiffusionsdurchlaßwiderstände dar, die anaolog zum obigen mit $1/\Delta$ bezeichnet werden:

$$1/\Delta = s_1/\delta_1 + s_2/\delta_2 + \ldots \ldots s_n/\delta_n \tag{C 9}$$

Bei der Mehrzahl der praktischen Rechnungen über den Dampfdurchgang durch Baustoffe und Bauteile kann man die Wasserdampfdiffusionsübergangswiderstände *$1/\beta_1$ und $1/\beta_2$* wegen ihrer Kleinheit gegenüber den Dampfwiderständen der festen Stoffe vernachlässigen, so daß dann anstelle des Dampfdiffusionsdurchgangskoeffizienten k_D der Dampfdiffusionsdurchlaßkoeffizient Δ tritt.

Zur exakten physikalischen Kennzeichnung eines Stoffes hinsichtlich seines Verhaltens bei Dampfdiffusion dient die Diffusionswiderstandszahl μ. Diese Größe gibt an, um wieviel mal größer der Diffusionswiderstand einer Stoffschicht ist als der einer gleich dicken Luftschicht unter denselben Bedingungen. Die Diffusionswiderstandszahl μ ist bei trockenen, grobporigen Stoffen eine reine Materialeigenschaft, die nicht, wie die in der obigen Gleichung benutzten Größen k_D, δ und Δ von Temperatur und Druck beeinflußt wird. In der Praxis kann man aber im Temperaturbereich zwischen -20 und $+20\,°C$ den Einfluß des Druckes außer acht lassen. Bei dieser Vereinfachung läßt sich der Wasserdampfdiffusionsdurchlaßwiderstand $1/\Delta$ aus der Diffusionswiderstandszahl μ nach folgender Formel errechnen [2]):

$$1/\Delta = 1{,}5 \cdot 10^6 \cdot \mu \cdot s \; (m^2 \cdot h \cdot Pa/kg) \tag{C 10}$$

Eine weitere Größe zur Kennzeichnung der Diffusionseigenschaft einer Stoffschicht ist die diffusionsäquivalente Luftschichtdicke $s_d = \mu \cdot s$ in m. Es ist dies die Dicke einer Luftschicht in m, die denselben Diffusionswiderstand aufweist, wie die Stoffschicht der Dicke s mit der Diffusionswiderstandszahl μ.

1.2.3.2 Zahlenwerte

Zur Durchführung von Rechnungen über den Dampfdurchgang durch Bauteile und zur Ermittlung der Dampfdruckverhältnisse in diesen, benötigt man Zahlenwerte über die Diffusionswiderstandszahlen μ der Stoffe, sowie die Dampfübergangszahlen β.

1.2.3.2.1 *Diffusionswiderstandszahlen von Baustoffen*

In Tafel C 4 sind Richtwerte der Diffusionswiderstandszahlen von Bau- und Dämmstoffen zusammengestellt.

Bei sehr dünnen Schichten, wie z. B. Anstrichen, Farben und dgl., ist die Angabe der Diffusionswiderstandszahl μ als Kenngröße für das Verhalten bei Dampfdurchgang durch den Stoff oft nicht möglich, da die Dicke der betreffenden Schicht nicht bekannt ist und auch oft nur schwer oder überhaupt nicht ermittelt werden kann. In solchen Fällen muß der betreffende Stoff durch seinen Wasserdampfdiffusionsdurchlaßwiderstand $1/\Delta$ bzw. den Wasserdampfdiffusionsdurchlaßkoeffizienten Δ oder die diffusionsäquivalente Luftschichtdicke $\mu \cdot s$ gekennzeichnet werden, die bei einer Bestimmung des Dampfdurchganges durch eine Schicht, auch ohne Kenntnis der Schichtdicke ermittelt werden können[3]).

In Tafel C 5 sind diffusionsäquivalente Luftschichtdicken einiger Anstriche[4]) zusammengestellt. Die angegebenen Werte wurden an Anstrichen gemessen, die entsprechend den Anweisungen der Hersteller und aus meßtechnischen Gründen auf einem Papieruntergrund hergestellt worden waren. Durch andere Untergründe, vor allem Putze und dgl., wird die Dampfdurchlässigkeit des Anstriches wegen der Rauhigkeit und Saugfähigkeit stark beeinflußt, da bei diesen Untergründen die Ausbildung eines gleichmäßigen Anstrichfilms erschwert ist.

[2]) Cammerer, J. S., „Die Berechnung der Wasserdampfdiffusion in den Wänden". Ges.-Ing. 73 (1952). S. 393.

[3]) Schüle, W., „Die Prüfung der Wasserdampfdurchlässigkeit von Baustoffen" im Handbuch der Werkstoffprüfung, 3. Band, S. 773. Berlin/Heidelberg 1957.

[4]) Frank, W., „Untersuchungen über die Wasserdampfdurchlässigkeit von Anstrichen". Ges.-Ing. 80 (1959) S. 360, sowie Schriftenreihe der Forschungsgemeinschaft Bauen und Wohnen, Bericht 61/1959.

Tafel C 4: **Richtwerte der Wasserdampfdiffusionswiderstandszahlen von Bau- und Dämmstoffen nach DIN 4108, Teil 4**

Stoff	Richtwert der Wasserdampfdiffusionswiderstandszahl μ
Putze, Mörtel, Estriche	
Kalkmörtel, Kalkzementmörtel, Zementmörtel, Zementestrich	15/35
Gipsmörtel, Kalkgipsmörtel, Gipsputz	10
Betone	
Normalbeton, Leichtbeton und Stahlleichtbeton mit geschlossenem Gefüge	70/150
Gasbeton, Leichtbeton haufwerksporig mit nichtporigen Zuschlägen	5/10
Leichtbeton haufwerksporig mit porigen Zuschlägen	5/15
Bauplatten	
Asbestzementplatten	20/50
Gas-, Leichtbeton-, Gipsbauplatten	5/10
Gipskartonplatten	8
Mauerwerk	
Mauerziegel-, Gasbetonblockstein-, Leichtbetonvoll-, -loch- und Hohlblockstein, Kalksandsteinmauerwerk	5/10
Vollklinker-, Hochlochklinkermauerwerk	50/100
Hüttensteinmauerwerk	70/100
Wärmedämmstoffe	
Holzwolle-Leichtbauplatten	2/5
Korkdämmstoffe	5/10
Schaumkunststoffe	
Polystyrol-Partikelschaum, je nach Rohdichte	20/50 bis 40/100
Polystyrol-Extruder Schaum	80/300
Polyurethan-Hartschaum	30/100
Phenolharz-Hartschaum	30/50
Mineralische und pflanzliche Faserdämmstoffe	1
Schaumglas n. DIN 18174	praktisch dampfdicht
Holz- und Holzwerkstoffe	
Holz aller Art	40
Sperrholz	50/400
Holzspan-Flachpreßplatten	50/100
Holzspan-Strangpreßplatten	20
harte Holzfaserplatten	70
poröse Holzfaserplatten	5
Abdichtungsstoffe und Abdichtungsbahnen	
Asphaltmastix, Dicke $\geqq$ 10 mm	praktisch dampfdicht
Bitumendachbahnen n. DIN 52128	10 000/80 000
nackte Bitumenbahnen n. DIN 52129	2 000/20 000
Glasvliesbitumendachbahnen n. DIN 52143	20 000/60 000

Fortsetzung S. 224

Tafel C 4:   Fortsetzung

Stoff	Richtwert der Wasser-dampfdiffusionswider-standszahl μ
Kunststoff-Dachbahnen nach	
DIN 16730, PVC weich	10 000/25 000
DIN 16731, PIB	400 000/1 750 000
DIN 16732, Teil 1, ECB, 2,0 K	50 000/75 000
DIN 16732, Teil 2, ECB, 2,0	70 000/100 000
PVC-Folien, Dicke $\geq$ 0,1 mm	20 000–50 000
Polyäthylenfolien, Dicke $\geq$ 0,1 mm	100 000
Aluminium-Folien, Dicke $\geq$ 0,05 mm	praktisch dampfdicht
andere Metallfolien, Dicke $\geq$ 0,1 mm	praktisch dampfdicht
Sonstige Stoffe	
Mosaik aus Glas und Keramik	100/300
wärmedämmender Putz	5/20
Kunstharzputz	50/200

Tafel C 5:   Diffusionsäquivalente Luftschichtdicken s_d von Anstrichen

Anstrich	Diffusionsäquivalente Luftschichtdicke $s_d = \mu \cdot s$
–	m
Chlorkautschuklacke	2,5 bis 8,3
Polyvinylchloridlacke	2,6 bis 5,1
Öl-Lacke	2,1 bis 2,9
Ölfarben	1,0 bis 2,6
Binderfarben, ölfrei	0,06 bis 0,5
ölhaltig	0,03 bis 0,06
Leimfarben	0,03 bis 0,04
Mineralfarben	ca. 0,04
Kalkanstriche	ca. 0,03

1.2.3.2.2 *Wasserdampfdiffusionsübergangskoeffizienten*

Die Wasserdampfdiffusionsübergangskoeffizienten β sind von den jeweiligen Temperaturverhältnissen (Luft- und Wandtemperatur) in den Räumen sowie von der Luftbewegung abhängig. Nach den von Illig[5]) für die Praxis zusammengestellten Werten kann man – sofern bei einer Rechnung die Wasserdampfübergangskoeffizienten überhaupt berücksichtigt werden müssen – mit den Werten der Tafel C 6 rechnen. In dieser Tabelle sind auch die Kehrwerte der Wasserdampfübergangskoeffizienten, also die Übergangswiderstände, angegeben.

---

[5]) Illig, W., „Die Größe der Wasserdampfübergangszahl bei Diffusionsvorgängen in Wänden von Wohnungen, Stallungen und Kühlräumen". Ges.-Ing. (1952), S. 124.

**Tafel C 6:   Wasserdampfübergangskoeffizienten β und Wasserdampfüber-
gangswiderstände $1/\beta$ für praktische Rechnungen**

– – –	β	$1/\beta$
– – –	$kg/(m^2 \cdot h \cdot Pa)$	$m^2 \cdot h \cdot Pa/kg$
In Räumen bei einer Lufttemperatur von 10 bis 20 °C und einem Temperaturunterschied zwischen Luft und Wand von 5 bis 10 °C	$12 \cdot 10^{-5}$	8300

Im Freien bei Lufttemperaturen zwischen – 20 und 30 °C
    bei Windstille
    bei durchschnittlicher Luftbewegung (5 m/s)
    bei Sturm (25 m/s)
	
	$34 \cdot 10^{-5}$
	$63 \cdot 10^{-5}$
	
	$256 \cdot 10^{-5}$
		
		2900
		1600
		
		390

1.2.3.3 Durchführung feuchtetechnischer Rechnungen

Im folgenden wird die Durchführung feuchtetechnischer Rechnungen, wie Ermittlung der notwendigen Wärmedämmung von Bauteilen zur Vermeidung von Tauwasserbildung, Ermittlung der Dampfdruckverhältnisse in Bauteilen im Hinblick auf etwa zu erwartende innere Kondensation und dgl., an Beispielen behandelt und erläutert.

1.2.3.3.1 *Erforderliche Wärmedämmung zur Vermeidung von Tauwasserbildung*

Beispiel:

Ein vollklimatisierter Fabrikationsraum wird ständig auf einer Temperatur von 25 °C bei einer rel. Luftfeuchtigkeit im Raum von 70% gehalten. Eine Tauwasserbildung auf den Wandoberflächen im Raum muß bis zu Außentemperaturen bis – 20 °C vermieden werden. Welche Wärmedämmung (Wärmedurchlaßwiderstand $1/\Lambda$ bzw. Wärmedurchgangskoeffizient k) müssen die Außenwände des Raumes besitzen?
Aus Tafel C 2 wird der Taupunkt ϑ_s der Raumluft entnommen: $\vartheta_s = 19,1$ °C
Nach den Gleichungen (C 4) bzw. (C 5) ergeben sich der höchstzulässige Wärmedurchgangskoeffizient k_{zul} bzw. der Mindestwert des Wärmedurchlaßwiderstandes $1/\Lambda_{min}$ zu:

$$k_{zul} = \frac{6(25 - 19,1)}{25 + 20} = 0,79 \ W/(m^2 \cdot K)$$

$$1/\Lambda_{min} = \frac{25 + 20}{6(25 - 19,1)} - 0,21 = 1,06 \ m^2 \cdot K/W$$

1.2.3.3.2 *Wasserdampfdurchgang durch Bauteile*

Beispiel:

15 cm dicke Normalbetonwand, auf der Außenseite 3,5 cm Holzwolle-Leichtbauplatten, beiderseits je 2 cm Putz (Abb. C 7). Auf der Innenseite der Wand wird ein beheizter Raum mit einer Lufttemperatur von 20 °C und einer rel. Luftfeuchte von 50% angenommen. Die Lufttemperatur auf der Außenseite betrage – 10 °C, die rel. Luftfeuchte 80%.

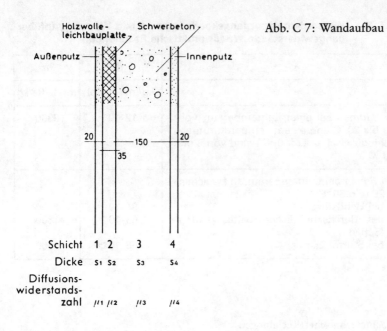

Abb. C 7: Wandaufbau

1.2.3.3.2.1 Dampfdurchlaßwiderstand und Dampfdurchgangskoeffizient

Für die Wandschichten des Beispiels nach Abb. C 7 ergeben sich nach Tafel C 4 die in Tafel C 7 zusammengestellten Werte der Diffusionswiderstandszahlen μ_n und Dampfdurchlaßwiderstände $1/\Delta$.

Tafel C 7: Berechnung des Dampfdurchlaßwiderstandes der Wand nach Abb. C 7

Schicht	Wandaufbau Material	Dicke s_n	Diffusionswiderstandszahl μ_n	Dampfdurchlaßwiderstand $1/\Delta$
		m	–	$m^2 \cdot h \cdot Pa/kg$
1	Kalkputz	0,02	10	$0,3 \cdot 10^6$
2	Holzwolleleichtbauplatten	0,035	2	$0,105 \cdot 0^6$
3	Normalbeton	0,15	70	$15,75 \cdot 10^6$
4	Gipsputz	0,02	10	$0,3 \cdot 10^6$
	Dampfdurchlaßwiderstand der Wand:			$16,46 \cdot 10^6$

Der Dampfdurchlaßwiderstand der gesamten Wand beträgt $1/\Delta = 16,46 \cdot 10^6 \, m^2 \cdot h \cdot Pa/kg$, der Dampfdiffusionsdurchlaßkoeffizient $\Delta = 0,061 \cdot 10^{-6} \, kg/(m^2 \cdot h \cdot Pa)$.
Nach Tafel C 6 werden für die Dampfübergangswiderstände $1/\beta$ folgende Werte angenommen:

$$\text{innen: } 1/\beta_i = 8300 \, m^2 \cdot h \cdot Pa/kg,$$
$$\text{außen: } 1/\beta_a = 1600 \, m^2 \cdot h \cdot Pa/kg.$$

Der Dampfdurchgangskoeffizient k_D der Wand ergibt sich dann zu:

$$k_D = \frac{1}{(0{,}083 + 16{,}46 + 0{,}016) \cdot 10^6} = \frac{1}{16{,}56 \cdot 10^6}$$
$$= 0{,}060 \cdot 10^{-6} \text{ kg/(m}^2 \cdot \text{h} \cdot \text{Pa)}.$$

Der Dampfdurchgangskoeffizient k_D unterscheidet sich praktisch nicht vom Dampfdiffusionsdurchlaßkoeffizienten Δ. Wie schon erwähnt, können daher bei solchen Rechnungen die Dampfübergangswiderstände $1/\beta_i$ und $1/\beta_a$ unberücksichtigt bleiben.

1.2.3.3.2.2 Dampfdurchgang

Die durch die Wand diffundierende Wasserdampfmenge ergibt sich aus dem Dampfdurchgangskoeffizienten k (bzw. bei Vernachlässigung des Dampfüberganges zu beiden Seiten des Dampfdurchlaßkoeffizienten Δ) und der Dampfdruckdifferenz zu beiden Seiten der Wand (Gleichung C 6). Aus Tafel C 1 ergeben sich die Sättigungsdampfdrücke p_s für die Temperaturen zu beiden Seiten der Wand. Entsprechend der Definition der relativen Luftfeuchte ergeben sich die Dampfdrücke zu beiden Seiten der Wand:

$$\text{außen: } p_a = \frac{80}{100} \cdot 260 = 208 \text{ Pa,}$$

$$\text{innen: } p_i = \frac{50}{100} \cdot 2340 = 1170 \text{ Pa.}$$

Der stündliche Wasserdampfdurchgang durch 1 m^2 der Wand, die Diffusionsstromdichte i beträgt dann:

$$i = 0{,}060 \cdot 10^{-6} \cdot (1170 - 208) = 57{,}7 \cdot 10^{-6} \text{ kg/(m}^2 \cdot \text{h)}.$$

1.2.3.3.3 *Kondensation im Innern von Bauteilen*

Die in Abschnitt 1.2.3.1 angegebene Gleichung (C 7) zur Berechnung des Diffusionsstroms i gilt nur für Konstruktionen, in denen der Wasserdampf nicht kondensiert. Eine Kondensation im Innern des Bauteils tritt dann ein, wenn der Dampfteildruck den Sättigungsdruck erreicht. Um entscheiden zu können, ob in einem Bauteil mit Wasserdampfkondensation infolge von Dampfdiffusion gerechnet werden muß, muß der Verlauf des Dampfdruckes (Dampfteildruck und Sättigungsdruck) in dem Bauteil ermittelt werden.

1.2.3.3.3.1 Dampfdruckverteilung in Bauteilen

Bei der Berechnung der Dampfdruckverteilung in der Wand (Abb. C 7) werden die Dampfübergangskoeffizieten β_i und β_a nicht berücksichtigt.

1.2.3.3.3.2 Sättigungsdampfdrücke

Die Sättigungsdampfdrücke p_s in der Wand werden auf Grund der Temperaturverteilung in dieser aus Tafel C 1 entnommen (s. Tafel C 8).

1.2.3.3.3.3 Dampfdruckverlauf im Bauteil

Der Dampfdruckabfall Δp_n an den Schichten des Bauteils ergibt sich aus dem Verhältnis des jeweiligen Dampfdurchlaßwiderstandes $1/\Delta_n$ und dem Gesamtdurchlaßwiderstand $1/\Delta$ zu

$$\Delta p_n = \frac{1/\Delta_n}{1/\Delta} (p_i - p_a) \tag{C 11}$$

227

Für das behandelte Beispiel ergeben sich die in Tafel C 8 zusammengestellten Werte Δp_n und schließlich die zu erwartenden Dampfdrücke p_n an den jeweiligen Oberflächen der Schichten (s. Abb. C 8).

Tafel C 8:   Dampfdruckverhältnisse in der Wand nach Abb. C 8

Schicht	Wandaufbau Material	Sättigungs-dampfdruck p_s	Dampfdruck-abfall Δp_n	Dampfdruck p_n
		Pa	Pa	Pa
−	Außenluft	260	−	p_a: 208
1	Kalkputz	p_{s1}: 308	17	p_1: 208
		p_{s2}: 330		p_2: 225
2	Holzwolle-leichtbauplatte	p_{s2}: 330	6	p_2: 225
		p_{s3}: 1170		p_3: 231
3	Normalbeton	p_{s3}: 1170	920	p_3: 231
		p_{s4}: 1403		p_4: 1151
4	Gipsputz	p_{s4}: 1403	17	p_4: 1151
		p_{s5}: 1640		p_5: 1168
−	Innenluft	2340	−	p_i: 1168

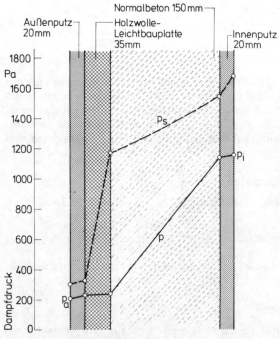

Abb. C 8: Dampfdruckverlauf p und Sättigungsdampfdruck p_s in der Wand nach Abb. C 7
Luftverhältnisse zu beiden Seiten der Wand:
    außen: − 10 °C, 80%,
    innen: 20 °C, 50%.

Unter den der Rechnung zugrunde gelegten Verhältnissen ist eine Wasserdampfkondensation im Innern der Wand nicht zu erwarten, da der errechnete Dampfdruck p_n an keiner Stelle sich gleich oder größer als der Sättigungsdampfdruck p_{sn} ergibt.

Bei einer Wandausfühung bei der die Holzwolle-Leichtbauplatte zwischen Innenputz und Betonschicht angeordnet wird, ergeben sich die in Abb. C 9 gezeichneten Dampfdruckverläufe. Man erkennt, daß in diesem Falle der errechnete Dampfdruck in der Holzwolle-Leichtbauplatte den Sättigungsdampfdruck erreicht. In diesem Falle wird daher mit innerer Kondensation zu rechnen sein.

Die Stelle, an der Kondensation auftritt und die zu erwartende Kondensatmenge läßt sich aus dem Diagramm der Abb. C 9 nicht entnehmen. Eine Methode, die es gestattet, die Kondensationsstelle anzugeben und die Kondensatmenge zu errechnen, hat Glaser[6]) angegeben. Dabei wird die Tatsache berücksichtigt, daß der nach dem Vorigen berechnete Dampfdruckverlauf in einer Konstruktion nur dann zutrifft, wenn keine Kondensation im Innern des Bauteils auftritt.

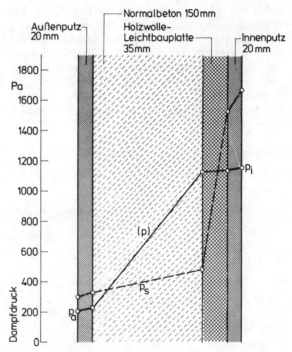

Abb. C 9: Dampfdruckverlauf p und Sättigungsdruck p_s in einer Wand mit innenliegender Holzwolleleichtbauplatte.
  außen: − 10 °C, 80%,
  innen: 20 °C, 50%.

In den Wandbereichen, in denen sich die Feuchtigkeit abscheidet, folgt der Dampfdruck dem Verlauf des örtlichen Sättigungsdruckes. Der Dampfdruck kann an keiner Stelle größer als der Sättigungsdruck sein. Scheidet sich Feuchtigkeit in einer Schicht aus, so verläuft der wahre Dampfdruck im Gegensatz zu Abb. C 9 in der Weise, daß der Teil des Dampfdruckverlaufes im trockenen Bereich sich an die Linie des Sättigungsdampfdruckes anschließt. Dadurch ergibt sich ein wesentlich kleinerer Durchfeuchtungsbereich als nach Abb. C 9 zu erwarten war.

[6]) Glaser, H., „Graphisches Verfahren zur Untersuchung von Diffusionsvorgängen". Kältetechnik 11 (1959), S. 345/349.

1.2.3.3.3.4 Das „Glaser-Diagramm" zur Bestimmung von Kondensation und Austrocknung bei Bauteilen

Die Untersuchung von Bauteilen auf Kondensation im Innern und Austrocknung erfolgt nach dem graphischen Verfahren von Glaser mittels eines Diffusions-Diagramms („Glaser-Diagramm").

Auf der Abszisse des Diagramms wird die Summe der Wasserdampfdiffusionsdurchlaßwiderstände $1/\Delta$ der Baustoffschichten aufgetragen, auf der Ordinate der Wasserdampfdruck p. In das Diagramm wird über den Diffusionsdurchlaßwiderständen der aufgrund der rechnerisch ermittelten Temperaturverteilung bestimmte Wasserdampfsättigungsdruck und der Wasserdampfteildruck eingetragen. Wegen des nichtlinearen Zusammenhanges zwischen Sättigungsdruck und Temperatur ist der Kurvenzug des Sättigungsdruckes mehr oder weniger gekrümmt. Der Verlauf des Teildruckes im Bauteil ergibt sich in dem Diffusionsdiagramm als Verbindungslinie der Dampfdrucke p_i und p_a zu beiden Seiten des Bauteils (Abb. C 10).

Überschreitet die Gerade des Teildampfdruckes den Kurvenzug des Sättigungsdruckes nicht, so ist unter den angenommenen Verhältnissen nicht mit Kondensation in dem Bauteil zu rechnen (siehe Abb. C 10 links). Überschneidet die Gerade des Teildampfdruckes dagegen den Kurvenzug des Sättigungsdruckes (siehe Abb. C 10 rechts), so ergibt sich der Dampfdruckverlauf im Bauteil durch den Verlauf der Tangenten von den Drücken p_i und p_a an die Kurve des Sättigungsdruckes (siehe Abb. C 10 rechts und C 11). Die Berührungsstellen der Tangenten mit dem Kurvenzug des Sättigungsdruckes ergeben den Bereich, innerhalb dessen Kondensation im Bauteil erwartet werden muß. Bei Schichtwänden erfolgt die Kondensation in der Regel in einer Ebene (siehe Abb. C 10 rechts).

Mit den Bezeichnungen der Abbildungen C 10 und C 11 ergibt sich die Kondensatmenge im Bauteil wie folgt:

Kondensation in einer Ebene (Abb. C 10 rechts):

Diffusionsstromdichte i_i vom Raum in den Bauteil bis zur Ebene der Kondensation:

$$i_i = \frac{p_i - p_{sw}}{1/\Delta_i} \; (kg/(m^2 \, h))$$
(C 12)

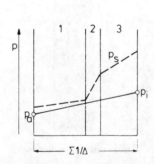 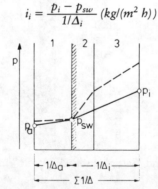

Abb. C 10: Diffusionsdiagramm eines Bauteils ohne (links) und mit Wasserdampfkondensation in einer Ebene (rechts).

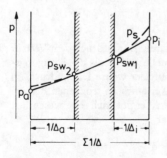

Abb. C 11: Diffusionsdiagramm eines Bauteils mit Wasserdampfkondensation in einem Bereich:

Diffusionsstromdichte i_a von der Kondensationsebene ins Freie:

$$i_a = \frac{p_{sw} - p_a}{1/\Delta_a} \ (kg/(m^2 \ h))$$
(C 13)

Die Kondensatmenge W_K, die während der Kondensationsdauer t_K (h) in der Ebene kondensiert, ergibt sich zu:

$$W_K = (i_i - i_a) \cdot t_K \ (kg/m^2)$$
(C 14)

Kondensation in einem Bereich (Abb. C 11):

Von p_i und p_a werden die Tangenten an die Kurve des Sättigungsdruckes gezeichnet, die diese Kurve in den Punkten p_{sw1} und p_{sw2} berühren.
Die Diffusionsstromdichten i_i und i_a ergeben sich dann zu:

$$i_i = \frac{p_i - p_{sw1}}{1/\Delta_i} \ (kg/(m^2 \ h))$$
(C 15)

$$i_a = \frac{p_{sw2} - p_a}{1/\Delta_a} \ (kg/(m^2 \ h))$$
(C 16)

Die Kondensatmenge W_K während der Kondensationsdauer t_K ergibt sich zu:

$$W_K = (i_i - i_a) \cdot t_K \ (kg/m^2)$$
(C 17)

Die Austrocknung während der warmen Jahreszeit der durch Diffusion im Bauteil kondensierten Wassermenge läßt sich ebenfalls mittels des Diffusionsdiagramms bestimmen.
In der Kondensationsebene beziehungsweise im Kondensationsbereich herrscht Sättigungsdruck p_{sw} (Abb. C 12). Von p_i und p_a sind die Geraden an den Punkt p_{sw} zu zeichnen. Die Diffusionsstromdichten von diesem Punkt nach beiden Seiten ergeben sich zu:

$$i_i = \frac{p_{sw} - p_i}{1/\Delta_i} \ (kg/(m^2 \ h))$$
(C 18)

$$i_a = \frac{p_{sw} - p_a}{1/\Delta_a} \ (kg/(m^2 \ h))$$
(C 19)

Die während der Trocknungsdauer t_{tr} (h) aus dem Bauteil abführbare Wassermenge W_{tr} ergibt sich zu:

$$W_{tr} = (i_i + i_a) \cdot t_{tr} \ (kg/m^2)$$
(C 20)

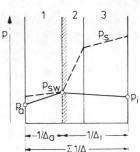

Abb. C 12: Diffusionsdiagramm eines Bauteils während der Austrocknung nach Wasserdampfkondensation in einer Ebene.

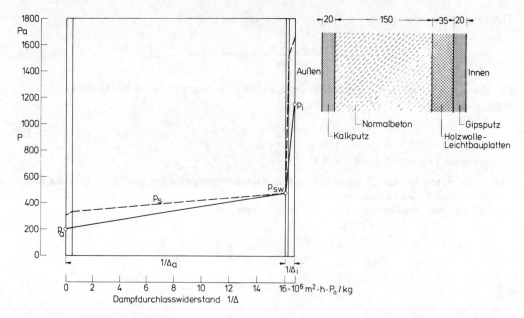

Abb. C 13: Diffusionsdiagramm einer Außenwand nach Glaser (s. auch Abb. C 9). Luftverhältnisse zu beiden Seiten der Wand:
    außen: − 10 °C, 80%,
    innen: 20 °C, 50%.

Bei Kondensation in einem Bereich ergeben sich analoge Verhältnisse. Für die Wand mit innenliegender Holzwolle-Leichtbauplatte wurde das Glaser'sche Verfahren durchgeführt (Aufbau der Wand nach Abb. C 9). Das Diffusionsdiagramm nach Glaser für diese Wand ist in Abb. C 13 gezeichnet. Dabei wurden die nachstehenden Luftverhältnisse zu beiden Seiten der Wand angenommen:

$$\text{außen: } - 10\,°C, 80\%;$$
$$\text{innen: } \quad 20\,°C, 50\%.$$

Aus dem Diffusionsdiagramm entnimmt man:

$$p_{sw} = 480\ \text{Pa},$$
$$1/\Delta_i = 0{,}405 \cdot 10^6\ \text{m}^2 \cdot \text{h} \cdot \text{Pa/kg},$$
$$1/\Delta_a = 16{,}1 \cdot 10^6\ \text{m}^2 \cdot \text{h} \cdot \text{Pa/kg}.$$

Unter diesen Verhältnissen ergeben sich die Diffusionsstromdichten i_i und i_a sowie die Kondensatmenge W_K wie folgt:

$$i_i = \frac{1170 - 480}{0{,}405 \cdot 10^6} = 1704 \cdot 10^{-6}\quad \text{kg/(m}^2 \cdot \text{h)},$$
$$i_a = \frac{480 - 208}{16{,}1 \cdot 10^6} = \quad 17 \cdot 10^{-6}\quad \text{kg/(m}^2 \cdot \text{h)},$$

$$W_K = (1704 - 17) \cdot 10^{-6} \cdot t_k = 1687 \cdot 10^{-6} \cdot t_k \quad \text{kg/m}^2$$
$$= (1{,}687 \cdot t_k \quad \text{g/m}^2).$$

1.2.3.3.4 *Beurteilung des klimabedingten Feuchteschutzes von Bauteilen*

Zur Beurteilung des Verhaltens von Bauteilen, bezüglich einer Kondensation im Innern und der möglichen Austrocknung, müsen die raum- und außenklimatischen Verhältnisse, sowie die Andauer von Kondensation und Trocknung bekannt sein. Zur Zeit werden im wesentlichen hierzu zwei Verfahren praktiziert. Das zur Untersuchung der Bauteile von Fertighäusern vor längerer Zeit entwickelte und nunmehr, mit geringen Änderungen, in DIN 4108, Teil 3 bzw. Teil 5 festgelegte Verfahren[7]) und ein von Jenisch angegebenes „modifiziertes Verfahren"[8]).

1.2.3.3.4.1 Verfahren nach DIN 4108

In Teil 3 der DIN 4108 sind die Anforderungen und Klimabedingungen festgelegt, die die Voraussetzung für die Beurteilung von Bauteilen bezüglich des klimabedingten Feuchteschutzes sind. Teil 5 der Norm erläutert die erforderlichen diffusionstechnischen Berechnungen, die in den vorstehenden Abschnitten dieser Schrift behandelt worden sind.

1.2.3.3.4.1.1 Anforderungen

Eine Tauwasserbildung in Bauteilen ist unschädlich, wenn durch Erhöhung des Feuchtegehaltes der Bau- und Dämmstoffe der Wärmeschutz und die Standsicherheit der Bauteile nicht gefährdet werden. Diese Voraussetzungen liegen dann vor, wenn die nachstehenden Bedingungen erfüllt sind.

- Das während der Tauperiode (Kondensationsperiode) im Innern des Bauteils anfallende Wasser muß während der Verdunstungsperiode (Trocknungsperiode) wieder an die Umgebung abgegeben werden können.
- Die Baustoffe, die mit dem Tauwasser in Berührung kommen, dürfen nicht geschädigt werden (z. B. durch Korrosion, Pilzbefall).
- Bei Dach- und Wandkonstruktionen darf eine Tauwassermasse von insgesamt $1{,}0 \, \text{kg/m}^2$ nicht überschritten werden. Dies gilt nicht für die beiden folgenden Bedingungen.
- Tritt Tauwasser an Berührungsflächen von kapillar nicht wasseraufnahmefähigen Schichten auf, so darf zur Begrenzung des Ablaufens oder Abtropfens eine Tauwassermasse von $0{,}5 \, \text{kg/m}^2$ nicht überschritten werden (z. B. Berührungsflächen von Faserdämmstoff – oder Luftschichten einerseits und Dampfsperr- oder Betonschichten andererseits).
- Bei Holz ist eine Erhöhung des massebezogenen Feuchtegehaltes um mehr als 5%, bei Holzwerkstoffen um mehr als 3% unzulässig (Holzwolle-Leichtbauplatten und Mehrschicht-Leichtbauplatten aus Schaumkunststoffen und Holzwolle sind hiervon ausgenommen).

1.2.3.3.4.1.2 Klimabedingungen

In nicht klimatisierten Wohn- und Bürogebäuden sowie in vergleichbar genutzten Gebäuden werden der Berechnung die folgenden Annahmen zugrunde gelegt.

Tauperiode

Außenklima	− 10 °C, 80% relative Luftfeuchte
Innenklima	20 °C, 50%, relative Luftfeuchte
Dauer	1440 Stunden (60 Tage)

Verdunstungsperiode
Wandbauteile und Decken unter nicht ausgebauten Dachräumen

Außenklima	12 °C, 70% relative Luftfeuchte
Innenklima	12 °C, 70% relative Luftfeuchte

---

[7]) Cämmerer, W., Berechnung der Wasserdampfdurchlässigkeit und Bemessung des Feuchtigkeitsschutzes von Bauteilen aus der Bauforschung, Heft 51 (1968), S. 55/77.
[8]) Jenisch, R., Berechnung der Feuchtigkeitskondensation in Außenbauteilen und die Austrocknung, abhängig vom Außenklima. Ges.-Ing. 97 (1971), S. 257/262 und 299/307.

Klima im Tauwasserbereich   12 °C, 100% relative Luftfeuchte
Dauer   2160 Stunden (90 Tage)

Dächer, die Aufenthaltsräume gegen die Außenluft abschließen
Außenklima   12 °C, 70% relative Luftfeuchte
Temperatur der
Dachoberfläche   20 °C
Innenklima   12 °C, 70% relative Luftfeuchte
Klima im Tauwasserbereich Tem-
peratur   Entsprechend dem Temperaturgefälle von außen nach innen
rel. Luftfeuchte   100%
Dauer   2160 Stunden (90 Tage)

Bei schärferen Klimabedingungen (z. B. Schwimmbäder, klimatisierte Räume, extremes Außen-klima) sind die vorstehenden Annahmen nicht zulässig[9]). In diesen Fällen sind das tatsächliche Raumklima und das Außenklima am Standort des Gebäudes mit deren zeitlichem Verlauf zu berücksichtigen (z. B. „Modifiziertes Rechenverfahren", Abschnitt 1.2.3.3.4.2).

Tafel C 9:   Mittlere Jahresmittel der Außenlufttemperatur einiger Orte

Ort	Jahresmittel der Außentemperatur
Aachen	9,2 °C
Augsburg	8,2 °C
Berlin	8,4 °C
Braunschweig	8,8 °C
Bremen	8,9 °C
Clausthal	5,8 °C
Essen	9,3 °C
Frankfurt/M.	9,6 °C
Freiburg	9,5 °C
Hamburg	8,5 °C
Hannover	8,7 °C
Kaiserslautern	8,9 °C
Karlsruhe	9,9 °C
Kassel	8,4 °C
Kiel	7,6 °C
Köln	9,5 °C
München	7,4 °C
Nürnberg	8,7 °C
Oberstdorf	6,0 °C
Regensburg	7,7 °C
Stuttgart	10,0 °C

[9]) Jenisch, R. u. Schüle, W., „Untersuchung verschiedener Verfahren zur Beurteilung des klimabedingten Feuchtigkeitsschutzes. Ber. a. d. Bauforschung Heft 102 (1975), S. 31/41.

Tafel C 10: Anzahl der Stunden t_{kr} in denen ein Tagesmittelwert der Außentemperatur während eines Jahres unterschritten wird und Mittelwert ϑ_{ak} der Außentemperatur für diese Zeit

Temperaturbereich ϑ_{ax} °C	Braunschweig t_k h	Braunschweig ϑ_{ak} °C	Bremen t_k h	Bremen ϑ_{ak} °C	Clausthal t_k h	Clausthal ϑ_{ak} °C	Hamburg t_k h	Hamburg ϑ_{ak} °C	Karlsruhe t_k h	Karlsruhe ϑ_{ak} °C	München t_k h	München ϑ_{ak} °C	Münster t_k h	Münster ϑ_{ak} °C
29,0 bis 29,9	–	–	–	–	–	–	–	–	–	–	–	–	–	–
28,0 bis 28,9	–	–	–	–	–	–	–	–	–	–	–	–	–	–
27,0 bis 27,9	–	–	–	–	–	–	–	–	8760	10,1	8760	8,2	–	–
26,0 bis 26,9	–	–	8760	9,0	–	–	–	–	8758	10,1	8758	8,2	8760	9,2
25,0 bis 25,9	8760	9,0	8753	9,0	–	–	8760	8,7	8741	10,0	8750	8,2	8758	9,1
24,0 bis 24,9	8753	8,9	8741	9,0	8760	6,0	8753	8,7	8712	10,0	8738	8,1	8738	9,1
23,0 bis 23,9	8726	8,9	8712	8,9	8753	6,0	8738	8,6	8664	9,9	8722	8,1	8712	9,1
22,0 bis 22,9	8669	8,8	8674	8,9	8741	6,0	8712	8,6	8580	9,8	8690	8,0	8671	9,0
21,0 bis 21,9	8597	8,6	8616	8,8	8719	5,9	8662	8,5	8450	9,6	8604	7,9	8594	8,9
20,0 bis 20,9	8486	8,5	8518	8,6	8681	5,8	8594	8,4	8263	9,3	8486	7,7	8494	8,7
19,0 bis 19,9	8318	8,2	8374	8,4	8630	5,8	8486	8,3	8018	9,0	8309	7,4	8354	8,5
18,0 bis 18,9	8105	7,9	8196	8,2	8546	5,6	8302	8,0	7709	8,5	8057	7,1	8174	8,3
17,0 bis 17,9	7826	7,6	7951	7,9*	8426	5,4	8071	7,7	7349	8,0	7771	6,6	7934	8,0
16,0 bis 16,9	7500	7,1	7651	7,5	8268	5,2	7759	7,3	6938	7,5	7423	6,1	7610	7,6
15,0 bis 15,9	7118	6,6	7274	7,0	8083	5,0	7368	6,8	6547	7,0	7054	5,6	7241	7,1
14,0 bis 14,9	6684	6,1	6814	6,4	7824	4,6	6895	6,3	6144	6,4	6694	5,1	6802	6,6
13,0 bis 13,9	6233	5,4	6310	5,8	7524	4,2	6372	5,6	5746	5,8	6329	4,5	6324	6,0
12,0 bis 12,9	5803	4,8	5858	5,2	7183	3,8	5904	5,0	5381	5,3	5940	3,9	5861	5,4
11,0 bis 11,9	5431	4,3	5462	4,7	6768	3,2	5498	4,4	5026	4,8	5542	3,3	5446	4,8
10,0 bis 10,9	5074	3,8	5083	4,2	6338	2,7	5150	3,9	4668	4,3	5218	2,8	5066	4,3
9,0 bis 9,9	4754	3,4	4728	3,7	5878	2,1	4831	3,5	4325	3,8	4894	2,3	4682	3,8
8,0 bis 8,9	4375	2,8	4385	3,2	5474	1,5	4498	3,0	3955	3,3	4586	1,8	4325	3,4
7,0 bis 7,9	4039	2,4	4003	2,7	5107	1,0	4142	2,6	3554	2,7	4277	1,3	3938	2,9
6,0 bis 6,9	3619	1,8	3583	2,2	4776	0,6	3761	2,1	3170	2,1	3936	0,8	3509	2,3
5,0 bis 5,9	3230	1,2	3118	1,5	4423	0,1	3324	1,5	2777	1,5	3598	0,2	3041	1,7

Tafel C 10:   Fortsetzung

Temperaturbereich ϑ_{ax} (°C)	Braunschweig t_k (h)	Braunschweig ϑ_{ak} (°C)	Bremen t_k (h)	Bremen ϑ_{ak} (°C)	Clausthal t_k (h)	Clausthal ϑ_{ak} (°C)	Hamburg t_k (h)	Hamburg ϑ_{ak} (°C)	Karlsruhe t_k (h)	Karlsruhe ϑ_{ak} (°C)	München t_k (h)	München ϑ_{ak} (°C)	Münster t_k (h)	Münster ϑ_{ak} (°C)
4,0 bis 4,9	2806	0,6	2652	0,8	4063	-0,4	2880	0,9	2378	0,8	3250	-0,3	2582	1,0
3,0 bis 3,9	2378	-0,1	2227	0,1	3691	-0,9	2424	0,2	2006	0,1	2880	-0,9	2124	0,2
2,0 bis 2,9	1994	-0,8	1812	-0,6	3269	-1,4	2018	-0,5	1618	-0,7	2513	-1,6	1745	-0,5
1,0 bis 1,9	1603	-1,6	1435	-1,4	2839	-2,0	1574	-1,3	1303	-1,5	2143	-2,3	1385	-1,3
0,0 bis 0,9	1222	-2,6	1102	-2,3	2366	-2,7	1207	-2,2	1003	-2,4	1757	-3,1	1039	-2,2
-0,0 bis -0,9	926	-3,6	809	-3,4	1922	-3,5	886	-3,2	761	-3,3	1402	-4,0	766	-3,2
-1,0 bis -1,9	713	-4,6	614	-4,2	1502	-4,3	670	-4,0	564	-4,3	1126	-4,9	574	-4,0
-2,0 bis -2,9	545	-5,5	461	-5,2	1162	-5,1	482	-5,0	418	-5,2	886	-5,8	410	-5,1
-3,0 bis -3,9	425	-6,4	338	-6,1	857	-6,1	362	-5,8	314	-6,1	694	-6,7	305	-6,0
-4,0 bis -4,9	334	-7,2	245	-7,1	636	-7,0	259	-6,8	238	-7,0	540	-7,6	221	-6,9
-5,0 bis -5,9	250	-8,0	178	-8,1	473	-7,8	190	-7,6	178	-7,8	415	-8,6	173	-7,6
-6,0 bis -6,9	182	-9,0	134	-9,0	346	-8,7	132	-8,5	130	-8,7	324	-9,5	118	-8,5
-7,0 bis -7,9	130	-10,0	98	-9,9	240	-9,7	91	-9,4	96	-9,5	250	-10,3	84	-9,3
-8,0 bis -8,9	98	-10,8	72	-10,8	175	-10,4	60	-10,4	62	-10,6	194	-11,2	50	-10,5
-9,0 bis -9,9	72	-11,7	53	-11,6	108	-11,7	46	-11,0	46	-11,3	151	-11,9	36	-11,4
-10,0 bis -10,9	55	-12,3	38	-12,4	77	-12,6	34	-11,6	31	-12,2	110	-12,8	24	-12,3
-11,0 bis -11,9	43	-12,8	29	-13,1	58	-13,2	19	-12,4	17	-13,6	84	-13,5	17	-13,1
-12,0 bis -12,9	29	-13,5	19	-13,9	43	-13,8	10	-13,2	12	-14,5	55	-14,6	12	-13,7
-13,0 bis -13,9	17	-14,2	12	-14,7	26	-14,7	2	-15,5	10	-15,0	38	-15,5	5	-15,5
-14,0 bis -14,9	9	-14,8	7	-15,5	14	-15,7	2	-15,5	7	-15,5	26	-16,4	5	-15,5
-15,0 bis -15,9	2	-15,5	5	-16,0	7	-16,8	2	-15,5	5	-16,0	19	-17,1	2	-16,5
-16,0 bis -16,9	–	–	2	-16,5	2	-19,5	–	–	2	-16,5	14	-17,7	2	-16,5
-17,0 bis -17,9	–	–	–	–	2	-19,5	–	–	–	–	7	-18,8	–	–
-18,0 bis -18,9	–	–	–	–	2	-19,5	–	–	–	–	5	-19,5	–	–
-19,0 bis -19,9	–	–	–	–	2	-19,5	–	–	–	–	5	-20,5	–	–
-20,0 bis -20,9	–	–	–	–	–	–	–	–	–	–	2	-20,5	–	–

1.2.3.3.4.2 Modifiziertes Rechenverfahren

Das modifizierte Rechenverfahren gestattet die Beurteilung der Bauteile unter beliebigen, konstanten raumklimatischen Bedingungen unter Berücksichtigung der außenklimatischen Verhältnisse am Standort des betreffenden Gebäudes.

Das Verfahren benutzt ebenfalls die von Glaser angegebene Methode und gestattet in einem Arbeitsgang zu entscheiden, ob unter den zugrunde gelegten konstruktiven und raumklimatischen Verhältnissen mit einer Wiederaustrocknung der während des Jahres möglicherweise innerhalb des Bauteils kondensierenden Wassermenge im selben Jahr gerechnet werden kann. Ergibt sich bei der Untersuchung nach dem Glaser'schen Verfahren unter Zugrundelegung der Jahresmitteltemperatur des Standortes (s. Tafel C 9) des betreffenden Gebäudes als Außentemperatur keine Kondensation im Innern des Bauteils, so kann eine Wiederaustrocknung des bei tieferen Außentemperaturen anfallenden Kondensates im Laufes des Jahres erwartet werden. Die jährliche Kondensatmenge läßt sich errechnen, wenn die Außentemperatur, bei deren Unterschreiten eine Kondensation innerhalb des Bauteils einsetzt („Grenztemperatur" ϑ_{ax}), sowie die Kondensationsdauer t_k und die mittlere Außentemperatur ϑ_{ak} während dieser Zeit bekannt sind.

Die Grenztemperatur kann rechnerisch bestimmt werden. Die Kondensationsdauer und die mittlere Außentemperatur während dieser Zeit können aus der Häufigkeitssummenkurve der Tagesmittel der Außenlufttemperaturen des Standortes errechnet werden[10]. In Tafel C 10 sind die Ergebnisse dieser Rechnung für einige Standorte zusammengestellt.

---

[10]) Reidat, R., Klimadaten für Bauwesen und Technik (Lufttemperatur). Berichte des deutschen Wetterdienstes Nr. 64 (Band 9), 1960.

2 Praktischer Feuchteschutz

Beim Aufbau eines Hauses werden – vor allem durch Mörtel und Verputz, zum Teil auch durch feuchte Mauersteine – mehr oder weniger große Feuchtemengen in das Mauerwerk gebracht. Diese Feuchte verschwindet im Laufe der Zeit während der Austrocknung des Baues mehr und mehr, doch kann auch ein Wiederfeuchtwerden der Bauteile erfolgen, das durch folgende Ursachen bedingt ist:

Aufsteigende Feuchte aus dem Baugrund;
Durchfeuchtung von außer her, infolge von Schlagregen;
Kondenswasserbildung auf den Innenoberflächen der Bauteile;
Diffusion von Wasserdampf ins Innere der Bauteile und Kondensation in den Bauteilen.

Die durch die vorstehenden Ursachen hervorgerufenen Feuchteschäden sowie die erforderlichen Abhilfemaßnahmen sollen im folgenden im Zusammenhang mit den wichtigsten Bauelementen behandelt werden.

2.1 Fundamente, Bodenfeuchte und Grundwasser

Die Bodenfeuchte steigt durch Kapillarwirkung in Fundamenten und Mauern hoch, bis Gleichgewicht zwischen den nachgelieferten und dem von den Wandoberflächen verdunstenden Wasser besteht. Die Durchfeuchtungshöhe der Wände hängt daher vom Kapillarleitvermögen der Baustoffe, dem Grundwasserspiegel und den darüberliegenden Bodenschichten ab.
Soweit die Fundamente nicht über dem Grundwasserspiegel liegen, ist dieser in der Umgebung des Bauwerks zu senken. Die Umfassungs- und Innenwände des Bauwerks sind gegen das seitliche Eindringen der Bodenfeuchte und gegen aufsteigende Feuchte durch Sperranstriche auf der Außenseite der Fundamente bzw. des Mauerwerks sowie durch Sperrschichten zwischen Fundament und Mauerwerk abzusperren. Ausführliche Angaben hierüber finden sich in DIN 4117 „Sperrschichten gegen Bodenfeuchtigkeit für Hochbauten, Richtlinien für die Ausführung", sowie bei Begge[11]).

2.2 Außenwände

Außenwände können durch Regen, Tauwasserbildung auf den Innenoberflächen und Kondensation infolge Dampfdiffusion mehr oder weniger stark durchfeuchtet werden.

2.2.1 Schlagregen und Außenwände

2.2.1.1 Wasseraufnahme durch Schlagregen

In wind- und regenreichen Gegenden, vor allem in Küstennähe, aber auch in besonders exponierten Lagen, wird oft eine mehr oder weniger starke Durchfeuchtung der Wetterseiten durch eindringendes Regenwasser beobachtet. Hierdurch kann der Feuchtegehalt einer Wand so stark erhöht werden, daß schließlich auf der Wandinnenseite feuchte Stellen auftreten (Feuchtedurchschlag) oder gar die Wand auf ihrer ganzen Fläche durchnäßt wird.
Für die Durchfeuchtung einer Wand infolge Schlagregens spielt naturgemäß die Wasserdichtheit des Mauerwerks (Steine, einschließlich der Lager- und Stoßfugen) eine wesentliche Rolle. Unverputzte Mauern sind im Hinblick auf die Regendurchlässigkeit besonders empfindlich. Hier ist vor allem die exakte handwerkliche Ausführung (volle Lager- und Stoßfugen, sorgfältiger Fugenverstrich usw.) entscheidend. Bei solchen Wänden erfolgt häufig der Wasserdurchtritt entlang der Lagerfugen schon zu einem Zeitpunkt, an dem die Steine selbst erst wenige Zentimeter tief durchfeuchtet sind.

---

[11]) Begge H. E., „Abdichtungen gegen Grundwasser und Feuchtigkeit im Hochbau". Karlsruhe 1951.

Bei verputzten Wänden bestimmt die Wasserdurchlässigkeit des Außenputzes weitgehend die Durchfeuchtung der Mauern bei Schlagregen. Risse in Putz und Wandmaterial begünstigen den Wasserdurchtritt. Die Wasserdurchlässigkeit des Außenputzes entscheidet über die Ausdehnung einer Durchfeuchtung ins Wandinnere hinein. Die kapillaren Eigenschaften des Wandmaterials machen sich vor allem in dem Verhalten unmittelbar nach der Beregnung und beim Wiederaustrocknen bemerkbar. So zeigen Stoffe mit starker Kapillarleitfähigkeit im allgemeinen eine Verlagerung der eingedrungenen Feuchte ins Wandinnere, also eine Verbreiterung des durchfeuchteten Wandgebietes nach der Beregnung und im Laufe der Wiederaustrocknung, während bei Wänden aus Materialien geringer Kapillarleitfähigkeit diese Verlagerung der eingedrungenen Feuchtigkeit nicht zu beobachten ist.

Die naheliegendste Abhilfemaßnahme gegen Schlagregen ist die außenseitige Bekleidung der Wände. In vielen Fällen werden die Wetterseiten der Gebäude durch Schindeln oder Blech, wasserdichte Anstriche oder dgl., geschützt. Da diese Maßnahmen oft ästhetisch nicht befriedigen, verwendet man vor allem in Norddeutschland zweischalige Hohlwände, bei denen die äußere Wandschale den Wetterschutz zu übernehmen hat, während die Innenschale zusammen mit dem Luftraum als Wärmeschutz dient. Diese Maßnahme hat sich gut bewährt. Die Außenschale solcher Wände zeigt – vor allem bei Wetterseiten – erhebliche Feuchtegehalte, während die Innenschale praktisch trocken bleibt.

Kommt weder eine Außenverkleidung, noch eine Zweischalenbauart in Frage, so kann bei genügender Wanddicke wenigstens das „Durchschlagen" der Wände bei Schlagregen vermieden werden. Wände auf Wetterseiten, die keinen besonderen Regenschutz aufweisen, sollen keinesfalls unter 30 cm dick ausgeführt werden.

Alle Maßnahmen mit dem Ziel, das Eindringen von Schlagregen in Wände zu verhindern, müssen so gewählt werden, daß die „Atmungsfähigkeit" der Wände nicht wesentlich behindert wird, d. h. die Wände müssen in der Lage sein, Feuchtigkeit hindurchwandern zu lassen und auf der Außenseite an die Luft abzugeben. Ist diese Eigenschaft – infolge dichten Außenputzes, eines porenverschließenden und wasserdampfdichten Anstriches auf der Wandaußenseite – nicht mehr vorhanden, so kann die Wand nur noch ungenügend austrocknen und die vom Hausinnern her eindringende Feuchte nur schwer wieder abgeben. Daher müssen Anstriche auf Wandaußenseiten sowie Außenputze mit wasserabweichenden Zusatzmitteln eine genügende Durchlässigkeit für Wasserdampf aufweisen, dürfen also die bestehenden Poren nicht völlig verschließen. Um trotzdem ein Eindringen von Regen in die Wände zu verhindern, müssen diese Zusatz- bzw. Anstrichstoffe die Benetzungseigenschaften der Wandbaustoffe in der Weise ändern, daß etwa auftreffendes Wasser abläuft und nicht in die Poren des Putzes bzw. der Mauersteine eingesogen wird.

Tafel C 11: Wasseraufnahmekoeffizienten einiger Stoffe

Material	Wasseraufnahmekoeffizient w $\mathrm{kg/(m^2 \cdot h^{0,5})}$
Vollziegel	20 bis 30
Kalksandvollstein	4 bis 8
Bimsbeton	1,5 bis 2,5
Gasbeton	4 bis 8
Gipsbauplatten	35 bis 70
Weißkalkputz	7
Kalkzementputz	2 bis 4
Zementputz	2 bis 3
Kunststoffdispersionsbeschichtung	0,05 bis 0,2

Zur Kennzeichnung von Baustoffoberflächen (z. B. Außenputz, Beschichtungen, Mauersteine) im Hinblick auf ihr Verhalten bei Beregnung, ist der Wasseraufnahmekoeffizient w bestimmend[12]). Als Materialwert kennzeichnet er den zeitlichen Verlauf der Wasseraufnahme eines Materials vom trockenen Zustand bis zur Durchfeuchtung unter der Voraussetzung, daß an der Saugfläche ständig ein Wasserüberschuß vorhanden ist. Für die Wasserabgabe während Trocknungsperioden ist bei wasserhemmenden und wasserabweisenden Oberflächenschichten, deren diffusionsäquivalente Luftschichtdicke s_d maßgebend. Beide Größen bestimmen zusammen das Verhalten einer Schicht im Hinblick auf den Regenschutz.

Als wasserhemmend gelten Schichten, wenn $w \leqq 2$ kg/(m$^2 \cdot$h^{0,5}) und $s_d \leqq 2$ m ist.
Wasserabweisend sind Schichten, wenn das Produkt $w \cdot s_d$ einen Wert von höchstens 0,1 kg/(m$\cdot$h^{0,5}) aufweist, $w \leqq 0,5$ kg/(m$^2 \cdot$h^{0,5}) und $s_d \leqq 2$ m ist.
Wasserdicht sind Schichten, wenn $w \leqq 0,001$ kg/(m$^2 \cdot$h^{0,5}) ist.
In Tafel C 11 sind die Wasseraufnahmekoeffizienten w einiger Stoffe zusammengestellt.

2.2.1.2 Schlagregen-Beanspruchungsgruppen

In DIN 4108, Teil 3 „Klimabedingter Feuchteschutz; Anforderungen und Hinweise für Planung und Ausführung" wird die Frage des Schlagregenschutzes eingehend behandelt.
Die Beanspruchung von Gebäuden oder Gebäudeteilen durch Schlagregen wird durch die Beanspruchungsgruppen I, II und III definiert.

Beanspruchungsgruppe I

Geringe Schlagregenbeanspruchung:
Im allgemeinen Gebiete mit Jahresniederschlagsmengen unter 600 mm sowie besonders windgeschützte Lagen auch in Gebieten mit größeren Niederschlagsmengen.

Beanspruchungsgruppe II

Mittlere Schlagregenbeanspruchung:
Im allgemeinen Gebiete mit Jahresniederschlagsmengen von 600 bis 800 mm sowie windgeschützte Lagen auch in Gebieten mit größeren Niederschalgsmengen. Hochhäuser und Häuser in exponierter Lage in Gebieten, die aufgrund der regionalen Regen- und Windverhältnisse einer geringen Schlagregenbeanspruchung zuzuordnen wären.

Beanspruchungsgruppe III

Starke Schlagregenbeanspruchung:
Im allgemeinen Gebiete mit Jahresniederschlagsmengen über 800 mm sowie windreiche Gebiete mit geringeren Niederschlagsmengen (z. B. Küstengebiete, Mittel- und Hochgebirgslagen, Alpenvorland). Hochhäuser und Häuser in exponierter Lage in Gebieten, die aufgrund der regionalen Regen- und Windverhältnisse einer mittleren Schlagregenbeanspruchung zuzuordnen wären.

Für die Ermittlung der Jahresniederschlagsmengen dient als Anhalt die Regenkarte Abb. C 14.

2.2.1.3 Erfüllung des Schlagregenschutzes – Hinweise

2.2.1.3.1 *Außenwände*

In Tafel C 12 sind Beispiele genormter Wandbauarten in Abhängigkeit von der Schlagregenbeanspruchung nach DIN 4108, Teil 3 zusammengestellt.

---

[12]) Künzel, H. und Schwarz, B., Die Feuchtigkeitsaufnahme von Baustoffen bei Beregnung. Berichte aus der Bauforschung H. 51 (1968), S. 99/113.
Schwarz, B., Die kapillare Wasseraufnahme von Baustoffen. Ges.-Ing. 93 (1972), S. 206/211.

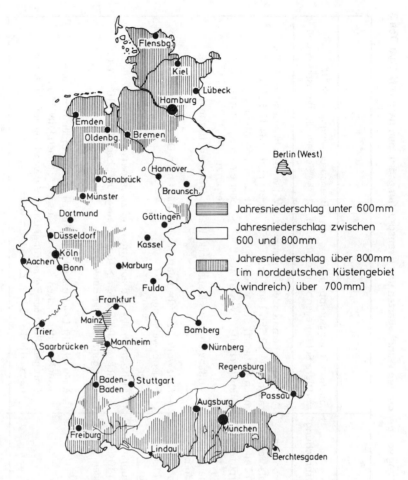

Abb. C 14: Regenkarte zur überschläglichen Ermittlung der durchschnittlichen Jahresniederschlagsmengen nach DIN 4108, Teil 3

2.2.1.3.2 *Fugen und Anschlüsse*

Der Schlagregenschutz des Gebäudes muß auch im Bereich der Fugen und Anschlüsse sichergestellt
sein.
Zur Erfüllung dieser Anforderungen können die Fugen und Anschlüsse entweder durch Fugendich-
tungsmassen (s. DIN 18540, Teil 1 „Abdichten von Außenwandfugen im Hochbau mit Fugendich-
tungsmassen; konstruktive Ausbildung der Fugen") oder durch konstruktive Maßnahmen gegen
Schlagregen abgedichtet werden.
Empfehlungen nach DIN 4108, Teil 3 für die Ausbildung von Fugen zwischen vorgefertigten
Wandplatten in Abhängigkeit von der Schlagregenbeanspruchung gibt Tafel C 13.

2.2.2 Tauwasserbildung auf Wandoberflächen

Bei wärmetechnisch ungenügend bemessenen Außenbauteilen sowie bei übermäßig hoher Luftfeuchte in Räumen, kann auf den Innenoberflächen der Bauteile Tauwasser auftreten. Diese
Erscheinung tritt dann auf, wenn die Temperatur der betreffenden Fläche unter der Taupunkttemperatur der Raumluft liegt (s. Abschnitt 1.2.2).

Tafel C 12: Beispiele für die Zuordnung von genormten Wandbauarten und Beanspruchungsgruppen nach DIN 4108, Teil 3

Spalte	1	2	3
Zeile	Beanspruchungsgruppe I geringe Schlagregenbeanspruchung	Beanspruchungsgruppe II mittlere Schlagregenbeanspruchung	Beanspruchungsgruppe III starke Schlagregenbeanspruchung
1	Mit Außenputz ohne besondere Anforderung an den Schlagregenschutz nach DIN 18 550 Teil 1 (z. Z. noch Entwurf) verputzte – Außenwande aus Mauerwerk, Wandbauplatten, Beton o. a. – Holzwolle-Leichtbauplatten, ausgeführt nach DIN 1102 (mit Fugenbewehrung) – Mehrschicht-Leichtbauplatten, ausgeführt nach DIN 1104 Teil 2 (mit ganzflachiger Bewehrung)	Mit wasserhemmendem Außenputz nach DIN 18 550 Teil 1 (z. Z. noch Entwurf) oder einem Kunstharzputz verputzte – Außenwande aus Mauerwerk, Wandbauplatten, Beton o. a. – Holzwolle-Leichtbauplatten, ausgeführt nach DIN 1102 (mit Fugenbewehrung) oder Mehrschicht-Leichtbauplatten mit zu verputzenden Holzwolleschichten der Dicken ≥ 15 mm, ausgeführt nach DIN 1104 Teil 2 (mit ganzflächiger Bewehrung) – Mehrschicht-Leichtbauplatten mit zu verputzenden Holzwolleschichten der Dicken < 15 mm, ausgeführt nach DIN 1104 Teil 2 (mit ganzflächiger Bewehrung) unter Verwendung von Werkmörtel nach DIN 18 557 (z. Z. noch Entwurf)	Mit wasserabweisendem Außenputz nach DIN 18 550 Teil 1 (z. Z. noch Entwurf) oder einem Kunstharzputz verputzte
2	Einschaliges Sichtmauerwerk nach DIN 1053 Teil 1, 31 cm dick	Einschaliges Sichtmauerwerk nach DIN 1053 Teil 1, 37,5 cm dick	Zweischaliges Verblendmauerwerk mit Luftschicht nach DIN 1053 Teil 1 Zweischaliges Verblendmauerwerk ohne Luftschicht nach DIN 1053 Teil 1 mit Vormauersteinen

3	Außenwände mit angemörtelten Bekleidungen nach DIN 18 515	Außenwände mit angemauerten Bekleidungen mit Unterputz nach DIN 18 515 und mit wasserabweisendem Fugenmörtel
		Außenwände mit angemörtelten Bekleidungen mit Unterputz nach DIN 18 515 und mit wasserabweisendem Fugenmörtel
4		Außenwände mit gefugedichter Betonaußenschicht nach DIN 1045 und DIN 4219 Teil 1 und Teil 2

Tafel C 13: Beispiele für die Zuordnung von Fugenabdichtungsarten und Beanspruchungsgruppen nach DIN 4108, Teil 3 (siehe Abb. C 15)

Spalte	1	2	3	4
Zeile	Fugenart	Beanspruchungsgruppe I geringe Schlagregenbeanspruchung	Beanspruchungsgruppe II mittlere Schlagregenbeanspruchung	Beanspruchungsgruppe III starke Schlagregenbeanspruchung
1	Vertikalfugen			Konstruktive Fugenausbildung
2				Fugen nach DIN 18 540 Teil 1
3	Horizontalfugen	Offene, schwellenförmige Fugen, Schwellenhöhe $h \geq 60$ mm (siehe Abb. C 15)	Offene, schwellenförmige Fugen, Schwellenhöhe $h \geq 80$ mm (siehe Abb. C 15)	Offene, schwellenförmige Fugen, Schwellenhöhe $h \geq 100$ mm (siehe Abb. C 15)
4				Fugen nach DIN 18 540 Teil 1 mit zusätzlichen konstruktiven Maßnahmen, z. B. mit Schwelle $h \geq 50$ mm

Abb. C 15: Schwellenhöhe *h* (s. Tafel C 13)

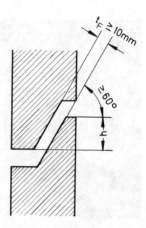

Durch die Wahl genügend wärmedämmender Außenbauteile (Bemessung nach DIN 4108, Wärmeschutz im Hochbau) läßt sich bei normalem Wohnbetrieb, d. h. genügender Beheizung und Vermeidung übermäßiger Feuchtigkeitserzeugung in den Räumen, Tauwasserbildung auf den Wandflächen vermeiden. In Räumen mit großem Wasserdampfanfall (Küchen, Bäder, stark belegte Schlafräume) ist durch ausreichende Lüftung für Abführung der Feuchte zu sorgen, da sonst die Außenwände dieser Räume im Laufe der Zeit übermäßig durchfeuchten.

2.2.2.1 Wärmebrücken in Wänden

Bei Bauten werden häufig Stoffe verschiedener Wärmedämmung in den Bauteilen nebeneinander angeordnet, z. B. Betonstützen neben Ziegelmauerwerk. Auch wenn der mittlere Wärmedurchlaßwiderstand solcher Bauteile den gestellten Forderungen genügt, besteht doch die Möglichkeit, daß der Wärmeschutz an einzelnen Stellen zu gering ist und sich infolgedessen dort auch bei normalem Wohnbetrieb Tauwasser niederschlagen wird. Diese begrenzten Stellen ungenügenden Wärmedurchlaßwiderstandes werden als Wärme- bzw. Kältebrücken bezeichnet. An diesen Stellen schlägt sich die Feuchte aus der Raumluft bevorzugt nieder und führt dort häufig zu einer örtlich begrenzten Schimmel- und Sporenbildung.

Als Wärmebrücken können Mörtelfugen zwischen Mauersteinen geringer Wärmeleitfähigkeit (Abb. C 16), Fensterstürze, Ringanker in Außenwänden (Abb. C 17) und dgl., wirken. Diese Stellen zeigen während der kalten Jahreszeit durch den häufigen Feuchteniederschlag und die dadurch erhöhte Staubhaftung eine dunkle Färbung und sind ein guter Nährboden für Schimmelpilze.

Eine Wärmebrücke wirkt sich um so mehr aus, je größer der Unterschied in der Wärmedämmung des gut wärmeleitenden Materials und der umgebenden Baustoffe ist. Die Feuchteschäden durch Wärmebrücken sind um so ausgeprägter, je höher die Luftfeuchte in den betreffenden Räumen ist. Aus diesem Grunde finden sich solche Schäden besonders häufig in mangelhaft gelüfteten Küchen sowie in Schlafzimmern besonders dann, wenn diese stark belegt sind und wenig gelüftet werden.

Bei Wärmebrücken, die durch ungedämmte oder nicht genügend gedämmte Bauteile, wie Fensterstürze, Ringanker und dgl., verursacht werden, sind zusätzliche Dämmungen – z. B. durch Mehrschichtplatten nach DIN 1104 (Schaumkunststoffplatten mit Beschichtungen aus mineralisch gebundener Holzwolle) mit einer Dicke der Schaumstoffschicht von wenigstens 30 mm – notwendig. Die praktische Ausführung der Wärmedämmung bei einem Fenstersturz zeigt Abb. C 18. Die Dämmplatten sind sowohl vor dem Ringanker als auch an der Unterseite des Sturzes bis zum Fensteranschlag anzubringen.

2.2.2.2 Fenster- und Türleibungen

Fenster und Türen in Außenwänden stellen in der Regel wärmeschutztechnisch besonders schwache Stellen dar und besitzen daher niedrigere Oberflächentemperaturen als die Wände. Hierdurch wird

Abb. C 16: Durchfeuchtung des Innenputzes an den Mörtelfugen. Das Wandmaterial besitzt einen höheren Wärmeschutz als das Mörtelmaterial. Auf der Wandoberfläche über den Mörtelfugen fällt daher bevorzugt Kondenswasser an.

Abb. C 17: Feuchtigkeitsniederschlag und Schimmelbildung auf der Wandfläche entlang dem nicht gedämmten Ringanker in der Außenwand eines Schlafraumes.

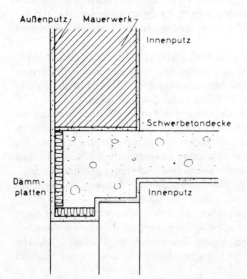

Abb. C 18: Wärmedämmung eines Fenstersturzes.

die an Fenster und Türen angrenzende Luft abgekühlt und kühlt ihrerseits auch die Wand in der unmittelbaren Umgebung, also vor allem an den Leibungen, ab. Hierzu kommt noch, daß an den Leibungen wegen der geringen Bautiefe der Fenster und Türen, nicht die Wand in ihrer ganzen Dicke als Wärmeschutz wirkt, sondern der Wärmedurchgang, gewissermaßen über Eck, möglich ist und so die Oberflächentemperatur an der Leibung und auf der Wandinnenfläche in Fenster- und Türnähe niedriger sein wird, als an der übrigen Wandfläche. Verstärkter Tauwasseranfall, Schimmel- und Sporenbildung an den Leibungen, sind daher in vielen Fällen die Folgen (Abb. C 19). Solche Schäden treten naturgemäß besonders stark auf bei ungenügend beheizten Räumen und solchen mit dauernd hoher Luftfeuchtigkeit, wie Küchen und stark belegten Schlafräumen. Sind Heizkörper unter den Fenstern angeordnet, so kommen die beschriebenen Schäden praktisch nicht vor, da die vom Heizkörper aufsteigende Warmluft die betreffenden Oberflächen ausreichend erwärmt.

Abb. C 19: Feuchtigkeitsniederschlag auf der Fensterleibung bei Außenwänden ausreichenden Wärmeschutzes.

2.2.2.3 Raumecken

Beim Wärmedurchgang durch einen ebenen Bauteil steht jeweils der wärmeaufnehmenden Oberfläche eine ihr gegenüberliegende, gleichgroße wärmeabgebende Fläche gegenüber. Dies trifft bei einer Ecke aus zwei oder drei zusammenstoßenden, aufeinander senkrecht stehenden Wand- bzw. Deckenflächen nicht zu. Hier tritt anstelle der wärmeaufnehmenden Fläche eine Linie oder gar nur ein Punkt, während die Wärmeabgabe auf der kalten Seite auf einer Fläche endlicher Ausdehnung erfolgt. Aus diesem Grunde liegt die Oberflächentemperatur von Außenwänden in Raumecken und Raumwinkeln stets niedriger als auf den freien Wandflächen. Ferner kommt hinzu, daß in Ecken und Winkeln die Wärmeübergangsverhältnisse zwischen Raumluft und Wandoberfläche wegen der dort geringeren Luftbewegung ungünstiger sind als auf der übrigen Wand. Dies führt zu niedrigeren Oberflächentemperaturen in den Ecken. Die Gefahr der Tauwasserbildung ist daher in den Raumecken wesentlich größer als auf den freien Wandflächen. Dies kann dazu führen, daß Tauwasser in den Ecken von Räumen auftritt, deren Wandflächen hiervon frei bleiben, da die Wärmedämmung der Wände ausreichend bemessen ist (s. Abb. C 20), wenn die betreffenden Räume ungenügend beheizt und, wie bei Schlafräumen häufig anzutreffen, stark belegt und wenig gelüftet werden. Ist die Wärmedämmung der Außenwände selbst unzureichend und liegen hinsichtlich Beheizung und Feuchteanfall im Raum ungünstige Verhältnisse vor, so kann bei tiefen Außentemperaturen sogar Eis auf den Wänden in den Zimmerecken auftreten (Abb. C 21).
Um die geschilderten Schäden zu vermeiden, hat sich eine zusätzliche Wärmedämmung der Außenwände in den Raumecken wirksam erwiesen[13]). Man wird solche Maßnahmen wohl nur dann treffen, wenn es sich um Räume handelt, deren Außenwände nur knapp den wärmetechnischen Forderungen der DIN 4108 genügen und in denen mit starker Feuchtigkeitsentwicklung und ungenügender Heizung gerechnet werden muß.

---

[13]) Künzel, H., „Wärme- und feuchtigkeitstechnische Untersuchungen an einem Versuchshaus mit zusätzlicher Wärmedämmung an den Ecken der Außenwände". Ges.-Ing. 80 (1959) S. 317.

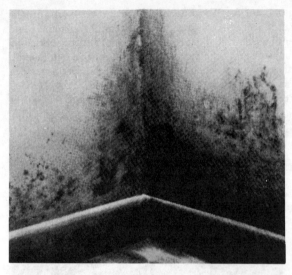

Abb. C 20: Durchfeuchtung mit Schimmelbildung an Außenwänden von Schlafräumen; Wärmedämmung der Außenwände ausreichend nach DIN 4108.

Abb. C 21: Eisbildung in der Ecke eines Raumes mit Außenwänden ungenügender Wärmedämmung.

2.2.2.4 Tauwasserbildung auf Wänden hinter Möbeln

Werden Möbel an Außenwänden aufgestellt, so sind die betreffenden Wandflächen der Luftbewegung im Raum nur unvollkommen oder gar nicht zugänglich. Außerdem stellen die vor den Wänden befindlichen Gegenstände stets einen mehr oder weniger großen Wärmewiderstand dar. Beides führt zu einer Erniedrigung der Wandtemperatur an den verstellten Flächen und damit zu einem erhöhten Tauwasseranfall, da die feuchte Raumluft auch an die Wandstellen hinter den Möbeln gelangen kann.

2.2.3 Kondensation in Wänden

Bei Gebäuden besteht im Winter im allgemeinen ein merklicher Dampfdruckunterschied zwischen innen und außen. Dieser führt, sofern die Wandmaterialien dampfdurchlässig sind, zu einem Dampfstrom durch die Wand, was einen Feuchtigkeitstransport vom Innenraum her in die betreffenden Bauteile hinein bzw. durch diese hindurch zur Folge hat, und unter Umständen zu einer Feuchtigkeitskondensation im Innern des Bauteils führen kann (s. auch Abschnitt 2.3).

Die Erscheinung tritt vor allem bei Schichtwänden auf, in denen Teile hoher Wärmedämmung und großer Wasserdampfdurchlässigkeit (z. B. Dämmstoffe wie Matten, Platten aus Faserstoffen, Holzwolle-Leichtbauplatten und dgl.) mit mehr oder weniger dampfdichten Stoffen abwechseln und die wenig dampfdurchlässigen Materialien nahe der kalten Außenseite der Wände liegen und daher niedrige Temperaturen aufweisen. Liegt die wenig dampfdurchlässige Schicht auf der Warmseite der Konstruktion, so wird eine innere Kondensation infolge Wasserdampfdiffusion weitgehend oder ganz vermieden, da dann nur wenig Wasserdampf in den betreffenden Bauteil eindiffundieren kann und im Innern nur auf Schichten größerer Dampfdurchlässigkeit trifft. Ein „Wasserdampfstau" wird dadurch im allgemeinen vermieden.

Zur Vermeidung innerer Kondensation in Bauteilen gibt es also im Prinzip zwei Wege:

Verhinderung des Eindringens von Wasserdampf in den Bauteil auf der Warmseite;

Ermöglichung eines ausreichenden Wasserdampfdurchganges auf der Kaltseite.

Dies sei an den folgenden Beispielen gezeigt:

Beispiel 1: a: 8 cm Normalbetonplatte, warmseitig mit 10 cm dicker Gasbetonplatte gedämmt.
　　　　　　　b: 8 cm Normalbetonplatte, auf der Kaltseite 10 cm Gasbetonplatte.

Beide Wände haben die gleiche Wärmedämmung. Sie verhalten sich also im Dauerzustand der Beheizung gleich hinsichtlich etwaiger Tauwasserbildung auf der inneren Oberfläche.

Da aber die Wasserdampfdurchlässigkeit des dichten Normalbetons wesentlich geringer ist als die des Gasbetons, weisen die beiden Wandausführungen bei Wasserdampfdiffusion vom Raume zum Freien entscheidende Unterschiede auf.

Errechnet man für die beiden Wände den Verlauf des Sättigungsdampfdruckes p_s sowie die Dampfdruckverteilung auf Grund der Diffusionswiderstandszahlen der Stoffe, so erhält man die in Abb. C 22 dargestellten Verhältnisse. Dabei ist der Dampfdruck über der jeweiligen Dicke der

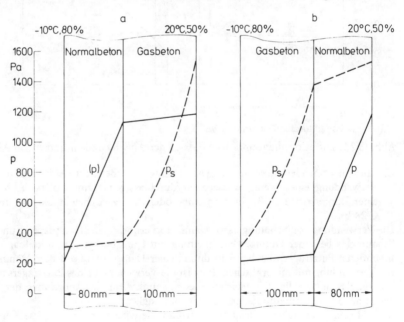

Abb. C 22: Sättigungsdampfdruck p_s und errechneter Dampfdruck p in Schichtwänden.
　　a: Stoff mit großer Dampfdurchlässigkeit auf der Warmseite (Gefahr der Kondensation in der Wand),
　　b: Stoff mit kleiner Dampfdurchlässigkeit auf der Warmseite.

Stoffschichten aufgetragen. Der Rechnung wurden hierbei nachstehende Belastungen der Wand zugrunde gelegt: 50% rel. Luftfeuchte und 20 °C auf der Warmseite; 80% rel. Feuchte u. −10 °C auf der Kaltseite. Man ersieht aus den Diagrammen in Abb. C 22, daß unter den gewählten Bedingungen bei warmseitiger Anbringung der Dämmschicht mit Wasserdampfkondensation im Innern der Wand zu rechnen ist. Die Darstellung dieses Falles nach dem Verfahren von Glaser[14]) zeigt Abb. C 23. Man erkennt, daß eine Kondensation praktisch nur im Gasbeton an der Trennfläche zum Normalbeton zu erwarten ist[14]). Wird dagegen die Dämmschicht auf der Kaltseite angebracht, so besteht auch bei starken feuchtigkeitstechnischen Belastungen keine Gefahr innerer Kondensation. Bei den viel verwendeten Wänden in Sichtbeton, also bei Verwendung eines auf der Kaltseite der Wand liegenden, in der Regel sehr dichten Betons, liegen die Verhältnisse des Beispiels a vor. Da die erforderliche Dämmschicht auf der Innenseite der Wand angebracht werden muß (Sichtbeton), besteht die Gefahr der inneren Kondensation.

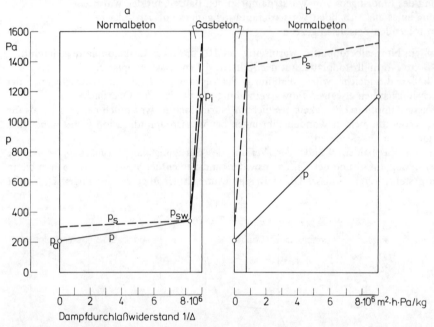

Abb. C 23: Diffusionsdiagramm nach Glaser der Außenwände a und b von Abb. C 22.

Um dies zu vermeiden, kommen folgende Lösungen in Betracht (Abb. C 24):
　　Verwendung eines wenig wasserdampfdurchlässigen Dämmstoffes (Abb. C 24 a). Anordnen einer Dampfsperre (z. B. Bitumenpappe oder dgl.) zwischen Innenputz und Dämmstoff (Abb. C 24 b).
Die Verwendung von Schaumglas als Dämmstoff erübrigt eine Dampfsperre und erspart, da sich das Schaumglas bei einer Dünnbettbeschichtung mit Kunstharzputz unmittelbar verputzen läßt, einen besonderen Putzträger, der bei Anordnung einer Dampfsperre auf dem Dämmstoff notwendig ist. Bei Verwendung mit mineralischem Putz ist die Verwendung eines Putzträgers auch beim Putzen auf Schaumglas notwendig. Die gleichen Gesichtspunkte für die Anordnung der Wärmedämmschicht gelten auch bei Sichtbetonpfeilern, Stützen und dgl.
Bei mäßigen Feuchtigkeitsbelastungen der Bauteile wird man eine gewisse Kondensation im Innern hinnehmen, wenn eine Wiederaustrocknung im Laufe des Jahres angenommen werden kann. Besteht die Wand aus Mauerwerk, das eine gewisse kapillare Saugfähigkeit besitzt, so wird das zwischen

---

[14]) Kondensatmenge etwa 1,1 g/m²h.

raumseitiger Wärmedämmschicht und Mauerwerk anfallende Kondensat vom Mauerwerk aufgesogen, so daß die Feuchtekonzentration an der Kondensationsstelle gesenkt und damit die Gefahr eines Schadens durch das Kondensat weitgehend gemildert bzw. verhindert wird. Eine Dampfsperre ist in diesen Fällen vielfach nicht erforderlich.

Beispiel 2: 2 cm Außenputz auf Draht-Ziegelgewebe,
6 cm Luftspalt, darin etwa 3 cm Mineralwollematte,
5 cm Innenputz auf Draht-Ziegelgewebe.

Die rechnerische Untersuchung einer solchen Wand bei tiefen Außentemperaturen (−10 °C) und hohe rel. Luftfeuchtigkeit im Raum (75% bei 20 °C) zeigt, daß die Gefahr einer inneren

Abb. C 24: Sichtbetonwände mit Wärme- und Feuchtigkeitsschutz.
a: Schaumglas als Wärmedämmschicht; keine Dampfsperre erforderlich.
b: Dämmplatten aus Kork, Polystyrolschaum und dgl. als Wärmedämmschicht. Dampfsperre und Putzträger erforderlich.

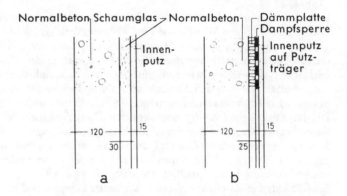

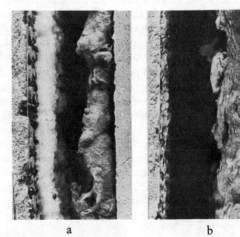

a   b

Abb. C 25: Schichtwände (Beispiel 2, Abschnitt 2.2.3) ohne und mit Dampfsperre nach dreiwöchiger Belastung (außen: −10 °C; innen: 20 °C, 70 bis 75% rel. Feuchte).
a: starke Eisbildung im Innern der Wand ohne Dampfsperre;
b: keine Eisbildung im Innern der Wand mit Dampfsperre.
Aufbau der Wand a: 2 cm Außenputz (Kalk-Zement-Putz) auf Draht-Ziegelgewebe, Luftschicht mit etwa 3 cm dicker Mineralwollematte, 5 cm Innenputz (zweilagiger Gips-Kalk-Putz) auf Draht-Ziegelgewebe.
Aufbau der Wand b: wie a, jedoch mit Dampfsperrschicht (Bitumenpappe) zwischen Innenputz und Mineralwollematte.

Kondensation besteht[15]). Die experimentelle Untersuchung einer solchen Wand im Laboratorium[16]) unter den oben genannten Belastungen hat nach etwa 3-wöchiger Versuchsdauer eine etwa 1 bis 1,5 cm dicke Eisschicht auf der Innenseite des Außenputzes der Wand ergeben (Abb. C 25 a).

Ordnet man bei dieser Wand eine Dampfsperre auf der Innenseite an, so ist eine innere Kondensation nicht mehr zu erwarten. Die Dampfsperrschicht auf der Innenoberfläche ist aber in vielen Fällen unerwünscht und auch unzweckmäßig. Vom bautechnischen Standpunkt aus gesehen, wird die Dampfsperre besser zwischen Innenputz und Dämmstoff gelegt. Bei der im vorliegenden Fall sehr dicken Putzschicht besteht dann zwar an der Sperrschicht in geringem Maße die Gefahr einer Kondensation, doch dürften, dank der Feuchtespeicherfähigkeit dieser Putzschicht etwaige Feuchteniederschläge beim Lüften des Raumes wieder an die Raumluft abgegeben werden und somit nicht schädlich sein. Die experimentelle Untersuchung einer so aufgebauten Wand hat dies erwiesen (Abb. C 25 b).

Bei massiven homogenen Wänden ist die Gefahr der Überfeuchtung durch innere Kondensation von Wasserdampf bei den Verhältnissen im Wohnungsbau gering, da in der Regel solche Wände ein so großes Feuchtespeichervermögen aufweisen, daß die niedergeschlagenen Wassermengen im allgemeinen nur zu einer geringfügigen Feuchteerhöhung in der Wand führen. Ist aber, vor allem bei leichten Massivwänden, wie z. B. aus Gas- und Schaumbeton, die Außenseite wasserdampfdicht abgeschlossen (z. B. durch Fliesen), so können bei starker Feuchtebelastung im Laufe der Zeit unzulässig hohe Feuchteanreicherungen im Wandinnern auftreten.

Die im Küstengebiet häufig angewendeten Zweischalenwände sind ebenfalls Schichtwände, bei denen wegen der gut wasserdampfdurchlässigen und zugleich wärmedämmenden Luftschicht die Möglichkeit der Kondensation auf der Innenseite der Außenschale während der kalten Jahreszeit gegeben ist. Das hohe Feuchtespeichervermögen der Wandschalen verhütet aber bei den Verhältnissen im Wohnungsbau übermäßige Durchfeuchtung der Wände und damit etwaige Schäden.

Bei Gebäuden in Zweischalenbauart, bei denen beheizte und unbeheizte Räume nebeneinanderliegen, kann der durch die innere Wandschale aus dem beheizten Raum in den Luftspalt diffundierende Wasserdampf, der sich bevorzugt auf der äußeren Wandschale am unbeheizten Raum niederschlägt, zu einer völligen Durchfeuchtung der Außenschale am kalten Raum führen[17]). Abb. C 26 zeigt die bis in den Außenputz gehende Durchfeuchtung der äußeren Wandschale in einem solchen Falle. Um dies zu vermeiden, ist ein gegenseitiger Abschluß der Lufträume in den Außenwänden benachbarter Räume mit sehr verschiedenen Temperaturen notwendig.

In Teil 3 der DIN 4108 „Wärmeschutz im Hochbau; klimabedingter Feuchteschutz, Anforderungen und Hinweise für Planung und Ausführung" sind Außenwände mit ausreichendem Wärmeschutz aufgeführt, bei denen sich ein rechnerischer Nachweis des Tauwasseranfalls infolge von Dampfdiffusion erübrigt. Diese Wände können in nicht klimatisierten Wohn- und Bürogebäuden, sowie in vergleichbar genutzten Gebäuden als Außenwände verwendet werden.

Dies sind Mauerwerk nach DIN 1053, Teil 1

– aus künstlichen Steinen ohne zusätzliche Wärmedämmschicht als ein- und zweischaliges Mauerwerk, verblendet oder verputzt oder mit angemörtelter oder angemauerter Bekleidung nach DIN 18515, sowie zweischaliges Mauerwerk mit Luftschicht nach DIN 1053, Teil 1, ohne oder mit zusätzlicher Wärmedämmschicht;

---

[15]) Die Behandlung dieses Falles nach Glaser zeigt, daß die Kondensation lediglich auf der Warmseite der außenliegenden Putzschale zu erwarten ist.

[16]) Schäcke, H. und W. Schüle, „Untersuchungen über Feuchtigkeitsdurchgang und Wasserdampfkondensation bei Baustoffen und Bauteilen". Ges.-Ing. 72 (1951), S. 347 und 393, sowie Schriftenreihe der Forschungsgemeinschaft Bauen und Wohnen, Stuttgart, Bericht 18/1951.
Schäcke, H., „Die Durchfeuchtung von Baustoffen und Bauteilen auf Grund des Diffusionsvorganges und ihre rechnerische Abschätzung". Ges.-Ing. 74 (1953), S. 70 und 167, sowie Schriftenreihe der Forschungsgemeinschaft Bauen und Wohnen, Stuttgart, Bericht 23/1952.

[17]) Reiher, H., „Der Stand der Bauphysik im heutigen Wohnungsbau". Revue Technique Luxembourgeoise, 46 (1954), H. 3.

Abb. C 26: Durchfeuchtung einer zweischaligen Außenwand an den Stellen, an denen der Innenraum nicht beheizt war. Der aus einem Raum mit großem Feuchteanfall durch die innere Wandschale diffundierte Wasserdampf kondensiert – da die Luftschicht ununterbrochen durchläuft – an der kalten Innenoberfläche der an unbeheizte Räume grenzenden Teile der Außenschale und durchfeuchtet diese.

- aus künstlichen Steinen mit außenseitig angebrachter Wärmedämmschicht und einem Außenputz mit mineralischen Bindemitteln oder einem Kunstharzputz, wobei die diffusionsäquivalente Luftschichtdicke $s_d = \mu \cdot s$ der Putze $\leqq 4{,}0$ m ist oder mit hinterlüfteter Bekleidung;
- aus künstlichen Steinen mit raumseitig angebrachter Wärmedämmschicht mit – einschließlich des Innenputzes – $s_d \geqq 0{,}5$ m und einem Außenputz oder mit hinterlüfteter Bekleidung;
- aus künstlichen Steinen mit raumseitig angebrachten Holzwolle-Leichtbauplatten nach DIN 1101, verputzt oder bekleidet, außenseitig als Sichtmauerwerk (keine Klinker nach DIN 105) oder verputzt oder mit hinterlüfteter Bekleidung.
- Wände aus gefügedichtem Leichtbeton nach DIN 4219, Teil 1 und Teil 2, ohne zusätzliche Wärmedämmschicht;
- Wände aus bewehrtem Gasbeton nach DIN 4223 ohne zusätzliche Wärmedämmschicht mit einem Kunstharzputz mit $s_d \leqq 4{,}0$ m oder mit hinterlüfteter Bekleidung oder Vorsatzschale;
- Wände aus haufwerksporigem Leichtbeton nach DIN 4232 beidseitig verputzt oder außenseitig mit hinterlüfteter Bekleidung, ohne zusätzliche Wärmedämmschicht;
- Wände aus Normalbeton oder gefügedichtem Leichtbeton mit außenseitiger Wärmedämmschicht und einem Außenputz mit mineralischen Bindemitteln oder einem Kunstharzputz oder einer Bekleidung oder einer Vorsatzschale;
- Wände in Holzbauart mit innenseitiger Dampfsperrschicht ($s_d \geqq 10$ m), äußerer Beplankung aus Holz oder Holzwerkstoffen ($s_d \leqq 10$ m) und hinterlüftetem Wetterschutz.

2.3 Decken

Bei Decken treten feuchtetechnische Fragen dann auf, wenn durch die Decken Räume sehr verschiedener Temperatur getrennt werden, wie etwa bei Obergeschoßdecken. Bei Wohnungstrenndecken können Schwierigkeiten entstehen, wenn diese über Feuchträumen liegen und oberseitig durch einen Fußbodenbelag dampfdicht abgeschlossen sind. Schließlich kann das Einbinden massiver Decken in die Wände unter Umständen zur Entstehung von Wärmebrücken führen.

2.3.1 Tauwasserbildung an Wärmebrücken bei Decken

Massivdecken mit Betonbalken weisen im allgemeinen am Balken geringere Wärmedurchlaßwiderstände auf als in den Feldern. Werden solche Decken ohne zusätzliche Wärmedämmung als Obergeschoßdecken unter nicht ausgebauten Dachgeschossen verwendet, so treten örtlich verschiedene Oberflächentemperaturen an der Decke auf, die zu Tauwasser und Fleckenbildung auf der Deckenunterseite an den Stellen mit geringerer Wärmedämmung führen können (s. Abb. C 27).

Abb. C 27: Feuchte Streifen auf dem Putz an den Schwerbetonbalken einer Decke unter einem Dachraum. Deckenausführung: Gasbetonplatten zwischen Normalbetonbalken.

Solche Schäden werden bei Stahlbetonbalkendecken vermieden, wenn die Decken unterseitig eine gesonderte Putzschale auf Putzträgern erhalten und oberseitig mit einer Wärmedämmschicht versehen werden.

Massivdecken über dem Keller, die unmittelbar auf dem Betonfundament aufliegen, wirken in der Nähe der Außenwand als Wärmebrücken, besonders dann, wenn die Decke einen Fußbodenbaufbau geringer Wärmedämmung besitzt und die erforderliche Wärmedämmschicht auf der Deckenunterseite angebracht ist (Abb. C 28 a). Aus diesem Grunde kombiniert man zweckmäßig die

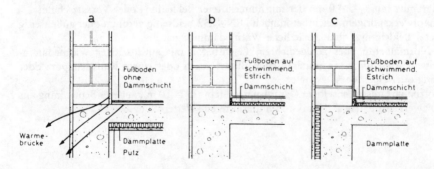

Abb. C 28: Massivbetonplatten als Kellerdecken.
a: untenliegende Dämmschicht: Wärmebrückenwirkung an Decke und Wand in Bodennähe;
b: obenliegende Dämmschicht: nur bei extrem tiefen Temperaturen geringe Wärmebrückenwirkung;
c: obenliegende Dämmschicht und Dämmplatte außenseitig am Betonsockel: keine Wärmebrückenwirkung.

Wärmedämmschicht mit dem Fußboden (Abb. C 28 b) und verringert so die Wärmebrückenwirkung der Schwerbetonteile weitgehend. Wird am Betonsockel außen eine Dämmplatte eingelegt, so ist die Lösung vom wärmetechnischen Standpunkt aus einwandfrei (Abb. C 28 c).

Liegen Teile von Decken oder die ganze Decke über Balkonen, Laubengängen oder Durchfahrten und dgl., so müssen diese Deckenplatten außenseitig mit einer Dämmschicht versehen werden, auch wenn die über der Decke liegende Fußbodenkonstruktion einen genügend hohen Wärmedurchlaßwiderstand aufweist, da sonst an der Deckenunterseite, und in kleinerem Umfange auch an der Außenwand des Raumes unter der Decke in Fußbodennähe, Tauwasserbildung möglich ist (s. Abb. C 29 a und b).

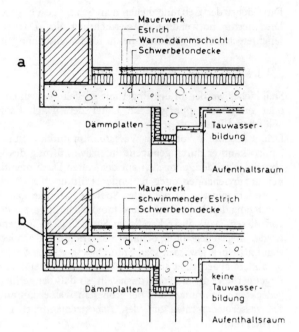

Abb. C 29: Ins Freie auskragende Massivdecken. a: Wärmedämmung über der Rohdecke kann zu Tauwasserbildung an der Decke des Aufenthaltsraumes führen.
b: Wärmedämmschicht an der Außenseite der Decke: Keine Gefahr der Tauwasserbildung.

Durchbetonierte Balkonplatten können ebenfalls Anlaß zu Tauwasserbildung auf der Unterseite der betreffenden Decke im angrenzenden Raume geben. Durch Trennen der Balkonplatte von der Decke könnte dies vermieden werden. Kommt diese Trennung nicht in Betracht, so ist die Decke im Raume auf ihrer Unterseite, von der Außenwand ausgehend, in etwa 1 m Breite mit einer Dämmplatte zu versehen (z. B. 2 cm dicke Kunstharz-Hartschaumplatten).

Untersuchungen[18] haben gezeigt, daß bei ausreichendem Luftwechsel der Räume die Gefahr der Tauwasserbildung auf der Unterseite durchbetonierter Decken verhältnismäßig gering ist. In zentralbeheizten Bauten mit Heizkörpern unter den Fenstern ist die Gefahr der Tauwasserbildung an den genannten Stellen weiterhin verringert.

2.3.2 Innere Kondensation bei Decken

Decken, die unbeheizte oder wenig beheizte Räume von ausgesprochenen Feuchträumen, z. B. Waschküchen, trennen, sind häufig einem erheblichen Wasserdampfdruckgefälle ausgesetzt. Dies hat zur Folge, daß vom Feuchtraum her Wasserdampf in die Decke eindiffundiert und in dieser

[18]) Schüle, W., R. Jenisch und I. Reichardt, „Wirkung von Wärmebrücken im Wohnungsbau". FBW-Blätter, Folge 4, 1970.

kondensiert, wenn die Decke auf der kalten Seite durch einen Fußbodenbelag wasserdampfdicht abgeschlossen wird. Hierdurch sind vor allem sehr leichte Decken mit großen Lufträumen, in denen sich gut dampfdurchlässige Dämmstoffe, wie Mineralwolle und dgl. befinden, gefährdet. Bei Massivdecken aller Art treten keine Schäden auf, da die Dampfdurchlässigkeit solcher Decken in der Regel so gering ist, daß die durch Diffusion in die Decken eindringenden Wassermengen klein genug sind, um von dem Deckenmaterial ohne Schaden aufgenommen zu werden.

2.4 Dächer

Die Dächer der Gebäude dienen dem Schutz gegen Regen, Schnee und dgl. und dem Sonnenschutz. Die hierfür notwendige Wasserdichtheit der Dächer bringt – vor allem beim Flachdach – feuchtetechnische Probleme, die im folgenden behandelt werden.

2.4.1 Steildächer

Steildächer werden in der Regel mit Ziegeln, gewellten oder ebenen Asbestzementplatten, Schiefer oder mit Dachpappe gedeckt. Unter dem Dach befindet sich ein mehr oder weniger großer belüftbarer Raum.

Dringt Feuchte in Form von Wasserdampf durch die unter dem Dachraum liegende Decke in diesen ein, so kann er durch genügend intensive Lüftung des Dachraumes (z. B. Fensterlüftung) ins Freie abgeführt werden, ohne sich auf der kalten Dachinnenfläche niederzuschlagen.

Bei unzureichender oder fehlender Lüftung des Dachraumes erweist sich das Ziegeldach als besonders günstig, da die vielen Spalten zwischen den Ziegeln einen ausreichenden Wasserdampfdurchgang durch die Dachhaut ermöglichen. Etwa auf den Ziegeln anfallendes Kondenswasser wird von diesen, dank ihrer kapillaren Saugfähigkeit aufgenommen und bei günstigeren Verhältnissen wieder abgegeben, ohne Schaden anzurichten. Dachdeckungen aus Asbestzementplatten erlauben ebenfalls einen gewissen Dampfdurchgang an den Spalten zwischen den Platten, sofern diese nicht besonders abgedichtet sind. Die Wasseraufnahmefähigkeit der Asbestzementplatten ist aber in der Regel geringer als die von Tonziegeln, so daß bei geringer Belüftung eines mit Asbestzementplatten gedeckten Dachraumes und bei größerem Wasserdampfdurchgang durch die Obergeschoßdecke mit Tauwasserniederschlag auf den Asbestzementplatten und Abtropfen dieses Wassers gerechnet werden muß.

Dichte Dachabdeckungen, wie Schieferdeckung auf einer Bretterschalung unter Zwischenlage von Dachpappe oder Deckung mit Dachpappe auf Holzschalung, verlangen eine gute und ständige Belüftung des Dachraumes, insbesondere dann, wenn sich dieser über Räumen mit hohem Wasserdampfgehalt befindet und die Decke dieser Räume nicht allzu dampfdicht ist. Dies gilt in erster Linie für industrielle Gebäude (Webereien, Spinnereien und dgl.). Bei Wohnbauten ist der Wasserdampfanfall in den Räumen in der Regel so gering bzw. auf kürzere Zeiten beschränkt (Küchen, Bäder), so daß keine Schwierigkeiten für die Abführung der in den Dachraum dringenden Wasserdampfmengen bestehen.

2.4.2 Flachdächer

Unter einem Flachdach, sollen nur solche Dächer verstanden werden, deren Neigung weniger als etwa 15° beträgt. Die Dachhaut solcher Dächer besteht, im Gegensatz zu den Steildächern, nicht aus einzelnen, schuppenartig verlegten Elementen, sondern aus einer über die gesamte Dachfläche geschlossen verlegten, wasserdichten Haut (z. B. Pappen, Metall- oder Kunststoffolien, Blechen und dgl.).

2.4.2.1 Das belüftete Flachdach

Das belüftete Flachdach, auch „Kaltdach" genannt (Abb. C 30) besteht aus der Tragkonstruktion (Decke) mit einer Wärmedämmung gegen Wärmeverluste aus dem Innern des Gebäudes im Winter und gegen Wärmezufluß infolge der Sonnenzustrahlung im Sommer; der Dachschale mit der Dachhaut zum Schutze der Tragkonstruktion und der Wärmedämmschicht gegen Witterungseinflüsse. Der Luftraum zwischen der obersten Geschoßdecke und der Dachschale mit Zu- und Abluftöffnungen, dient der Abführung und dem Austausch der aus der Tragkonstruktion austretenden Feuchte sowie, im Sommer, der sich unter der Dachschale stauenden Wärme.

Beim belüfteten Flachdach bestehen im allgemeinen keine wärme- und feuchtetechnischen Schwierigkeiten, sofern der Luftraum und die ins Freie führenden Lüftungsöffnungen eine gute Durchlüf-

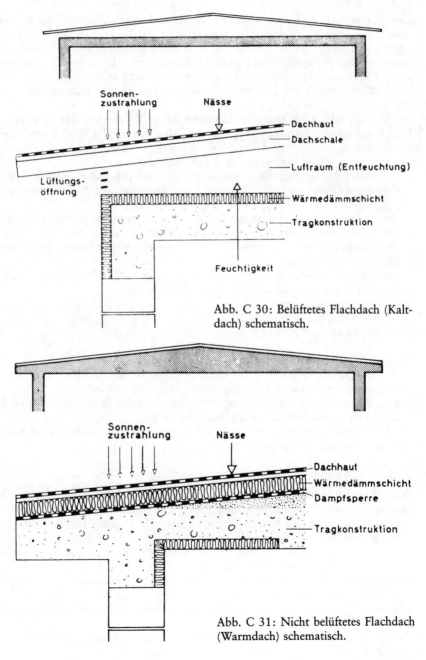

Abb. C 30: Belüftetes Flachdach (Kaltdach) schematisch.

Abb. C 31: Nicht belüftetes Flachdach (Warmdach) schematisch.

257

tung sichern. Um dies sicherzustellen, sind im belüfteten Dachraum mindestens an zwei gegenüberliegenden Dachseiten Öffnungen anzubringen mit einem freien Lüftungsquerschnitt von je mindestens 2‰ der Dachdeckenfläche. Die Höhe des freien Strömungsraumes des belüfteten Daches muß an jeder Stelle mindestens 5 cm betragen.

Die Tragkonstruktion muß einen ausreichenden Wärmeschutz erhalten, um Tauwasserbildung auf ihrer Unterseite zu verhindern. Bei Wohngebäuden ist dies dann gewährleistet, wenn die Forderung der DIN 4108 eingehalten wird (Wärmedurchlaßwiderstand $1/\Lambda$ der Decke mindestens $0{,}90 \text{ m}^2 \cdot \text{K/W}$).

Eine Dampfsperre zwischen Tragkonstruktion und Wärmedämmschicht ist unnötig, wenn eine ausreichende Durchlüftung des Luftraumes unter der Dachschale gesichert ist. Erfahrungsgemäß ergeben sich Schwierigkeiten, wenn die Decke einen Dampfdiffusionsdurchlaßwiderstand aufweist, der einer diffusionsäquivalenten Luftschichtdicke s_d von weniger als 2 m entspricht. In diesen Fällen ist der Diffusionswiderstand der Decke durch Anordnen von Schichten geringer Dampfdurchlässigkeit (z. B. Kunststoffolien, Dachpappen) zwischen Decke und Wärmedämmschicht entsprechend zu erhöhen.

In Teil 3 der DIN 4108 sind Anforderungen an belüftete Dächer zusammengestellt bei deren Einhaltung ein rechnerischer Nachweis des Tauwasseranfalles infolge von Dampfdiffusion nicht erforderlich ist.

Bei Dächern mit einer Neigung $\geq 10°$ beträgt
— der freie Lüftungsquerschnitt der an jeweils zwei gegenüberliegenden Traufen angebrachten Öffnungen mindestens je 2‰ der zugehörigen geneigten Dachfläche, mindestens jedoch 200 cm² je m Traufe;
— die Lüftungsöffnung am First mindestens 0,5‰ der gesamten geneigten Dachfläche;
— der freie Lüftungsquerschnitt innerhalb des Dachbereiches über der Wärmedämmschicht im eingebauten Zustand mindestens 200 cm² je m senkrecht zur Strömungsrichtung und dessen freie Höhe mindestens 2 cm;
— die diffusionsäquivalente Luftschichtdicke s_d der unterhalb des belüfteten Raumes angeordneten Bauteilschichten in Abhängigkeit von der Sparrenlänge a:

$a \leq 10 \text{ m}: s_d \geq 2 \text{ m}$,
$a \leq 15 \text{ m}: s_d \geq 5 \text{ m}$,
$a > 15 \text{ m}: s_d \geq 10 \text{ m}$.

Bei Dächern mit einer Neigung $\leq 10°$ beträgt
— der freie Lüftungsquerschnitt der an mindestens zwei gegenüberliegenden Traufen angebrachten Öffnungen mindestens je 2‰ der gesamten Dachgrundrißfläche;
— die Höhe des freien Lüftungsquerschnitts innerhalb des Dachbereiches über der Wärmedämmschicht im eingebauten Zustand mindestens 5 cm;
— die diffusionsäquivalente Luftschichtdicke s_d der unterhalb des belüfteten Raumes angeordneten Bauteilschichten mindestens 10 m.

2.4.2.2 Nicht belüftetes Flachdach

Das nicht belüftete Flachdach, auch „Warmdach" genannt (Abb. C 31), vereinigt die Funktionen der Tragkonstruktion, der Wärmedämmung und der Dachhaut in einem Bauteil. Dieses Dach ist zugleich die Decke des betreffenden Raumes. Nach DIN 4108 müssen Flachdächer einen Wärmedurchlaßwiderstand $1/\Lambda$ von mindestens $1{,}10 \text{ m}^2 \cdot \text{K/W}$ aufweisen.

Wird eine Tragkonstruktion mit großer Wärmedämmung verwendet oder unter dieser eine zusätzliche Wärmedämmschicht, z. B. in Form einer Akustikdecke angebracht, so ist die über der Dampfsperre anzubringende Wärmedämmung unter Umständen über den oben genannten Mindestwert des Wärmedurchlaßwiderstandes zu erhöhen, um Tauwasserbildung an der Dampfsperre zu vermeiden[19]). Handelt es sich um Flachdächer über Räumen mit ständig hoher Luftfeuchtigkeit

---

[19]) Schüle, W., „Flachdächer mit untergehängten Schallschluckdecken". FBW-Blätter 3 und 4/1973.

(z. B. Industrieräume), so muß die Wärmedämmung des Flachdaches unter dem Gesichtspunkt der Tauwasserfreiheit an der Deckenunterseite bzw. im Innern der Deckenkonstruktion ermittelt werden. Die Diagramme der Abb. C 32 und C 33 gestatten, den notwendigen Wärmedurchlaßwiderstand der Dämmschichten für verschiedene Temperatur- und Feuchteverhältnisse unmittelbar abzulesen.

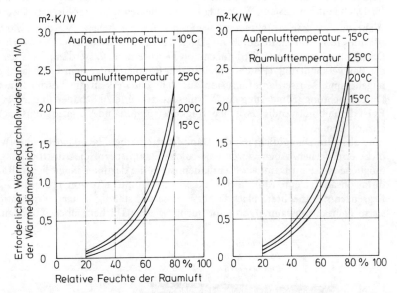

Abb. C 32: Erforderlicher Wärmedurchlaßwiderstand $1/\Lambda_D$ der Wärmedämmschicht über der Dampfsperre eines nicht belüfteten Flachdaches, abhängig von der rel. Feuchte der Raumluft um unter den Luftverhältnissen zu beiden Seiten des Daches eine Kondensation an der Dampfsperre zu verhindern.
Wärmedurchlaßwiderstand der Dachdecke: 0,1 m² · K/W

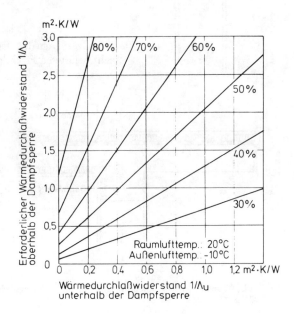

Abb. C 33: Erforderlicher Wärmedurchlaßwiderstand $1/\Lambda_o$ des Teils eines nicht belüfteten Flachdaches oberhalb der Dampfsperre, abhängig vom Wärmedurchlaßwiderstand $1/\Lambda_u$ unterhalb der Dampfsperre, um unter den Luftverhältnissen zu beiden Seiten des Daches eine Kondensation an der Dampfsperre zu verhindern.

Bei der Bauausführung gelangen in der Regel größere Feuchtemengen in die Dachkonstruktion. Am Ort hergestellte Leichtbetone als Wärmedämmschicht enthalten nach der Herstellung große Wassermengen. In geringerem Maße ist dies auch bei in Mörtel verlegten Dämmplatten der Fall. Das Austrocknen dieser Stoffe wäre die Voraussetzung für die Erzielung des notwendigen Wärmeschutzes und die Haltbarkeit der Dachhaut, doch kann ein genügendes Austrocknen vor dem Aufbringen der Dachhaut bei unserer Witterung im allgemeinen nicht vorausgesetzt werden..

Während der kalten Jahreszeit, wenn die Räume beheizt werden, wandert Feuchte mit dem Wärmestrom und kann durch die Dachhaut nicht entweichen. Die Wärmedämmschicht und die Dachhaut müssen gegen Wirkungen von Feuchte und Wasserdampf aus der Tragkonstruktion und der Bauwerksnutzung (Feuchteanfall in den Räumen unter dem Flachdach) geschützt werden. Eine ungehemmte Wasserdampfdiffusion aus dem Bauwerk in die Wärmedämmschicht führt zu ihrer Durchfeuchtung (Minderung des Wärmeschutzes) und zu Schäden in der Dachhaut (Blasenbildung). Es ist deshalb notwendig, zwischen Tragkonstruktion und Wärmedämmschicht eine Dampfsperre anzuordnen.

Eine absolute Dampfdichtheit der Dampfsperre ist bei Flachdächern über Wohn- und Büroräumen nicht erforderlich. Auch würde eine solche Dampfsperre die Austrocknung von Feuchtigkeit, die möglicherweise im Dämmstoff enthalten ist, in die darunter befindlichen Räume unterbinden. Eine diffusionsäquivalente Luftschichtdicke s_d der Dampfsperre von 100 m ist voll ausreichend[20]).

Begrenzen nichtbelüftete Flachdächer Räume mit ständig hoher Luftfeuchtigkeit (z. B. vollklimatisierte Fabrikationsräume), so kann nicht, wie bei Dächern über Wohn- und Büroräumen, damit

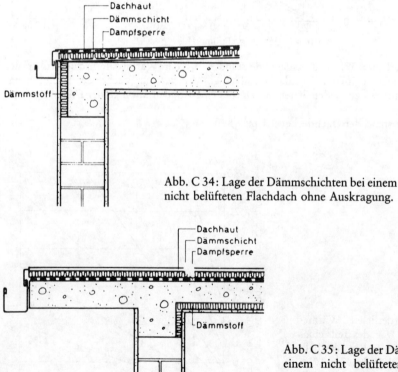

Abb. C 34: Lage der Dämmschichten bei einem nicht belüfteten Flachdach ohne Auskragung.

Abb. C 35: Lage der Dämmschichten bei einem nicht belüfteten, auskragenden Flachdach.

[20]) Schüle, W. und R. Jenisch, „Kondensations- und Austrocknungsverhältnisse bei nicht belüfteten Flachdächern". Bauwelt 62 (1971) S. 1358/1364.

gerechnet werden, daß die unter Winterverhältnissen in der Konstruktion kondensierende Feuchte im Laufe des Sommers wieder austrocknet. In diesem Falle muß eine völlig dampfdichte Dampfsperre eingebaut und ein vollkommen trockener Dämmstoff verwendet werden.

Als Dampfsperren für Flachdächer kommen in Frage:
Dachpappen und Glasvliesdachbahnen genügender Dampfdichtheit ($s_d \geqq 100$ m);
Kunststoffolien entsprechender Dicke mit Bitumenbeschichtung oder zwischen Bitumenpappen; Metallfolien besitzen eine ausgezeichnete Sperrwirkung. Sie werden in Form von Kupfer- und Aluminium-Riffelbändern verwendet. Glatte Folien sind wegen ihrer geringen Dehnfähigkeit weniger geeignet. Bei Verwendung von Aluminiumfolien ist eine einwandfreie beidseitige Bitumenbeschichtung erforderlich, um eine Zerstörung des Metalls durch Korrosion zu vermeiden.

Die Dachkanten, insbesondere dann, wenn diese über den Baukörper auskragen, bilden beim oberseitig gedämmten Dach Wärmebrücken, die zu Tauwasserbildung an der Decke und den oberen Wandteilen in dem unter dem Dach liegenden Raum führen können.
Beim nicht auskragenden Dach muß daher an der seitlichen Außenfläche des Betonteils eine Dämmschicht angebracht werden (Abb. C 34). Bei auskragenden Dächern ist die oft empfohlene Einhüllung des Kragteils zwecklos, sofern es sich nicht um ganz kurze Auskragungen (bis 20 cm) handelt. Die Kragplatte kühlt sich trotz der sie umgebenden Wärmedämmschicht nahezu auf Außentemperatur ab, da ihr bei der großen Abkühlungsfläche durch die dünne Betonplatte relativ wenig Wärme zugeführt wird. Aus diesem Grunde muß bei einer auskragenden Deckenplatte eine Wärmedämmschicht raumseitig angebracht werden, um eine Wärmebrückenwirkung zu verhindern (Abb. C 35).

Nach Teil 3 der DIN 4108 genügen nichtbelüftete Dächer den Anforderungen bezüglich eines Tauwasseranfalles infolge von Dampfdiffusion, wenn die nachstehenden Voraussetzungen gegeben sind:
– Dächer mit einer Dampfsperrschicht ($s_d \geqq 100$ m) unter oder in der Wärmedämmschicht, wobei der Wärmedurchlaßwiderstand der Bauteilschichten unterhalb der Dampfsperrschicht höchstens 20% des Gesamtwärmedurchlaßwiderstandes beträgt;
– Einschalige Dächer aus Gasbeton nach DIN 4223 ohne Dampfsperrschicht an der Unterseite.

2.4.2.3 Das umgekehrte Dach

Beim umgekehrten Dach liegt die Dachabdichtung unter der Wärmedämmschicht, die lose auf die Dachabdichtung (Dachhaut) aufgelegt und durch Bekiesung festgehalten und geschützt wird. Dies ist möglich bei Verwendung eines Dämmstoffes, der bei der notwendigen Festigkeit und Formbeständigkeit nur unwesentliche Wassermengen aufnimmt und somit seine Wärmedämmung hierdurch praktisch nicht ändert.
Als Dämmstoff bei diesen Dächern werden extrudierte Polystyrol-Hartschaumplatten mit Schäumhaut verwendet, die dank ihrer Struktur und der geringen Wasserdampfdurchlässigkeit (μ: 150 bis 300) die gestellten Forderungen erfüllen. Wegen der möglichen Unterströmung der lose liegenden Wärmedämmschicht durch Regen- oder Schmelzwasser ist die Wärmedämmschicht dieses Daches im Mittel etwas geringer als die eines Daches mit obenliegender Dachhaut bei gleicher Dicke der Wärmedämmschicht. Es wird daher empfohlen, die Wärmedämmschicht um etwa 30% höher zu bemessen als beim Dach mit obenliegender Dachhaut. Fragen der Wasserdampfkondensation infolge Dampfdiffusion stellen sich beim umgekehrten Dach nicht.

2.4.2.4 Sperrbetondach

Beim Sperrbetondach wird die Dachdecke aus einem wasserundurchlässigen Beton hergestellt und die notwendige Wärmedämmung durch unterseitig angebrachte Dämmplatten aus Polystyrol-Hartschaum erreicht. Die Dachdecke erhält eine Kiesschüttung, jedoch keine Dachhaut. Um Schäden an dem Bauwerk infolge Bewegungen der Dachdecke durch Temperatureinflüsse zu unterbinden, wird diese unter Zwischenlage von Gleitlagern auf die tragenden Elemente aufgelegt, so daß die Deckenplatte bis auf einen Fixbereich vom Unterbau getrennt ist. Längenänderungen der Betonplatte infolge von Temperaturschwankungen können daher – sofern die Gleitlager ihre Aufgabe erfüllen – ohne Schäden zu verursachen, erfolgen. Eine unzulässige Wasserdampfkondensation im Innern der Dachkonstruktion kann durch Verwendung eines genügend dampfdichten Dämmstoffes und erforderlichenfalls durch eine Dampfsperre auf der Unterseite des Dämmstoffes verhindert werden.

2.5 Die Räume der Wohnungen und die Raumluftfeuchte

Feuchteschäden in Wohnungen können ihre Ursache in ungenügendem Wärmeschutz der Bauteile und in allzu hohen Luftfeuchten in den Räumen haben. Durch Einhalten der wärmetechnischen Forderungen der DIN 4108 können in beheizten Räumen bei normalem Wohnbetrieb Schäden durch Tauwasserbildung auf der Innenoberfläche der Bauteile unterbunden werden. Aus diesem Grunde sollten möglichst alle Räume einer Wohnung beheizbar sein und auch beheizt werden. Diese Forderung läßt sich bei Zentralheizung ohne weiteres erfüllen. Auch Mehrraumheizungen aller Art gestatten, dem Ideal der vollbeheizten Wohnung weitgehend nahezukommen.

Bei Einzelofenheizung dagegen wird vielfach die Heizung auf einen Raum – das Wohnzimmer – beschränkt. Die anderen Räume bleiben kalt bzw. werden durch Öffnung von Verbindungstüren unvollkommen und nur zeitweilig temperiert (Schlafzimmer). Besonders ungünstig ist die alleinige Beheizung der Küche und die Temperierung der übrigen Räume von der Küche aus, da dann die Küchenluft mit ihrem hohen Wasserdampfgehalt in die kalten Räume kommt und das Wasser auf den Wandflächen, Decken und Möbeln kondensiert und so zu starken Feuchteschäden führt. Diese Gefahr ist durch entsprechende Wahl der Wohnungsgrundrisse soweit als möglich zu verringern. Unmittelbare Verbindungen zwischen Küchen und Wohnräumen müssen unbedingt vermieden werden.

Vom feuchtetechnischen Standpunkt aus gesehen sind Küchen und Bäder besonders kritisch, da in diesen Räumen, bedingt durch ihre Benützung, zeitweilig so hohe Luftfeuchten auftreten können, daß eine Tauwasserbildung auf den Oberflächen der Bauteile, auch bei weitestgehender Erhöhung ihrer Wärmedämmung, nicht vermieden werden kann. Aus diesem Grunde muß in diesen Räumen durch richtige und genügend intensive Lüftung dafür gesorgt werden, daß die anfallenden Feuchtemengen entfernt werden.

2.5.1 Küchen

Bei Küchen ist vor allem das Abführen der beim Kochen anfallenden Feuchte wichtig. Der entstehende Wasserdampf, der aus dem Kochgut und bei Gaskochherden auch aus den Abgasen stammt, kann sich zum Teil auf den kalten Raumbegrenzungsflächen, also vorwiegend auf Fenstern und Außenwandflächen, niederschlagen, zum Teil wird er durch die normalen Undichtheiten der Türen und Fenster bzw. durch Lüftung entfernt. Das auf den Wandflächen niedergeschlagene Wasser wird von den Putzflächen aufgenommen, gespeichert und später entweder durch die Wand hindurch ins Freie geleitet oder in den Raum zurückverdunstet. Die hierbei auftretende Durchfeuchtung der Putzflächen und des Mauerwerks darf nicht so groß werden, daß Feuchteschäden der Baustoffe, Schimmelbefall und dgl., auftreten. Außerdem soll eine allzu hohe Luftfeuchte in der Küche vermieden werden, da zu große Luftfeuchte unbehaglich wirkt, die Gefahr der Tauwasserbildung auf den Wänden und den Küchenmöbeln erhöht, sowie den Verderb der Lebensmittel begünstigt.

Eine genügend starke Lüftung ermöglicht grundsätzlich in Küchen die im Vorigen geschilderten Feuchteschäden zu vermeiden, doch stehen einem allzu ausgiebigen Lüften gewisse praktische Schwierigkeiten entgegen. Bei großen Küchen ist eine ausreichende Lüftung während des Kochens durch Öffnen der Fenster erfahrungsgemäß ohne wesentliche Zugbelästigung für die Hausfrau möglich; bei Kleinküchen, in denen sich der Arbeitsplatz stets nahe dem Fenster befindet, bringt dies oft gesundheitliche Nachteile mit sich. Hier wird, wie in vielen beobachteten Fällen festgestellt wurde, wegen der Zugbelästigung während der kalten Jahreszeit das Fenster beim Kochen nicht geöffnet, sondern der Raum nur in den Zeiträumen zwischen den Kochperioden gelüftet.

Vom Standpunkt der Hausfrau aus betrachtet, ist die Lüftung der Küchen z w i s c h e n den K o c h p e r i o d e n am zweckmäßigsten, da dann etwaige mit dem Lüften verbundene Zugerscheinungen bedeutungslos sind. Die Möglichkeit, in dieser Weise zu lüften, setzt allerdings voraus, daß die während des Kochens entstehende Wasserdampfmenge von den raumbegrenzenden Flächen, vor allem von Wand- und Deckenflächen, aufgenommen und bis zum Beginn der Lüftung gespeichert werden kann. Wasserdichte Anstriche, Fliesenbekleidungen und dgl., lassen die niedergeschlagene Feuchtigkeit ablaufen. Die bei Küchen üblichen Putze (Kalkputz, Gipskalkputz) normaler Dicke (1,5 bis 2 cm) nehmen die anfallenden Feuchtigkeitsmengen im allgemeinen ohne weiteres auf.

Theoretische und experimentelle Untersuchungen zur Frage der Lüftung von Küchen[21]) haben Aufschluß über die Zusammenhänge zwischen Lüftungsintensität, Raumgröße und den Feuchteverhältnissen in Küchen gegeben. Die Untersuchungen haben gezeigt, daß, insbesondere bei Kleinküchen, der Frage der Lüftung eine besondere Aufmerksamkeit zu widmen ist. Im einzelnen gelten hinsichtlich der Küchenlüftung folgende Gesichtspunkte:

Je niedriger die Lufttemperatur in der Küche ist, desto längere Lüftungszeiten sind nötig.

Je kleiner die Küche ist, desto länger muß gelüftet werden. (Die auf den Quadratmeter der „wirksamen Oberfläche" entfallende Feuchtemenge ist um so größer, je kleiner die Küche ist.)

Wegen der größeren Feuchtemenge beim Gasbetrieb ist eine längere Lüftungszeit nötig als beim Kochen auf Elektro- und Kohleherd.

Die zur Belüftung einer Küche notwendige Förderleistung der Lüftungseinrichtung ist unabhängig von der Küchengröße, wenn die Lüftungsanlage zur Abführung der beim Kochbetrieb anfallenden Feuchtigkeit dienen soll.

Besitzen die raumbegrenzenden Oberflächen einer Küche nicht die Fähigkeit, Feuchte aufzunehmen und zu speichern, so muß während der Kochzeit so intensiv gelüftet werden, daß die gesamte anfallende Feuchte unmittelbar nach dem Entstehen entfernt wird. Die dazu notwendige Förderungsleistung führt stets zu Zugbelästigungen.

Bei feuchteaufnahmefähigen Flächen in der Küche (z. B. verputzte Wände und Decken) kann die Lüftung auch auf die an die Kochperiode anschließende Zeit ausgedehnt werden.

Bei einer ganztägig ununterbrochen wirkenden Lüftungseinrichtung muß je nach der Art des Kochbetriebes (Elektro- bzw. Kohlebetrieb oder Gasbetrieb) die Lüftungseinrichtung ständig 20 bis 40 m³/h fördern.

Um bei Dauerlüftung eine übermäßige Auskühlung der Küchen zu vermeiden, wird die Luft zweckmäßig der Wohnung und nicht dem Freien entnommen. Dies ist durch Verwendung einer Lüftungseinrichtung möglich, die in der Küche stets einen Unterdruck erzeugt (Elektrolüfter, Schachtlüftung).

Bei kürzeren, die Kochzeit einschließenden Lüftungszeiten, muß die Förderleistung entsprechend Tafel C 14 gewählt werden. In diese Tabelle sind auch die bei Dauerlüftung erforderlichen Lüftungsleistungen eingetragen.

Die in Tafel C 14 genannten Förderleistungen lassen sich mit Fensterlüftung ohne weiteres erzielen. Doch besteht hierbei bei Kleinküchen die Gefahr übermäßiger Auskühlung und des Auftretens zu starker Zugbelästigung. Um dies zu vermeiden, sind bei Kleinküchen dauerndwirkende Lüftungen

[21]) Schüle, W. und H. Schäke, „FBW-Versuchsbauten 1949. Ergänzende bauphysikalische Untersuchungen. Teil B: Überlegungen zur Frage der Küchenlüftung, insbesondere bei Kleinküchen". Schriftenreihe der Forschungsgemeinschaft Bauen und Wohnen, Stuttgart, Bericht 22/1952.

Schüle, W., „Trockene Räume durch ausreichende Lüftung". Heizung – Lüftung – Haustechnik 6 (1955), S. 144.

Heidtkamp, G. und F. Roedler, „Über den Einfluß von Raumgröße und Luftwechsel auf die Durchfeuchtung von Kleinküchen". Ges.-Ing. 78 (1957), S. 45.

Gauger, R. und W. Schüle, „Lüftungsanlagen im Wohnungsbau". Schriftenreihe der Forschungsgemeinschaft Bauen und Wohnen, Stuttgart, Bericht 54/1958.

Tafel C 14: Notwendige Förderleistung von Lüftungseinrichtungen für Küchen

Lüftungszeit	Notwendige Förderleistung der Lüftungseinrichtung (m³/h) bei	
	Gasbetrieb	Elektro- bzw. Kohlebetrieb
5 Stunden (1 Kochperiode)	100	50
7 Stunden (1 Kochperiode)	70	35
9 Stunden (1 Kochperiode)	60	30
Dauerlüftung (2 Kochperioden)	40	20

vorzusehen, bei denen die Feuchtigkeit möglichst in der Nähe ihres Entstehungsortes abgeführt wird (Wrasenabzug über Herd und Spüle, Abluftöffnung über dem Herd) und somit die starke Luftbewegung nur auf einen kleinen Teil der Küche beschränkt bleibt.

2.5.2 Bäder

Beim Bad sind die Verhältnisse hinsichtlich der Lüftung wesentlich einfacher als bei der Küche. Eine Lüftung während der Benutzung scheidet – zumindest während der kalten Jahreszeit – aus. Dafür stehen in der Regel ausreichende Lüftungszeiten zwischen den Benutzungsperioden zur Verfügung. Da es zweckmäßig ist, einen großen Teil der Wandflächen beim Bad so auszuführen, daß keine Feuchte von der Wand aufgenommen werden kann (Ölfarbanstriche, Kachelbekleidung) ist die für die Feuchtespeicherung zur Verfügung stehende Oberfläche in der Regel klein. Doch kann dies bei den großen beim Bad möglichen Erholungszeiten in Kauf genommen werden.

In vielen Fällen werden Bäder nur dann beheizt, wenn sie benutzt werden sollen. Die Oberflächentemperatur der Wände liegt in diesen Räumen dann fast immer so niedrig, daß eine, vor allem beim unbekleideten Körper, unangenehme und gesundheitsschädliche Abstrahlung von diesem an die kalten Wandflächen besteht.

Um in Bädern, vor allem bei unregelmäßigem Heizbetrieb, die Voraussetzung für eine „warme Wand" zu schaffen, sollten die Außenwände solcher Räume einen zusätzlichen Wärmeschutz, möglichst nahe der inneren Wandoberfläche angeordnet, erhalten, der in Form von Dämmplatten oder dgl., aufgebracht ist. Diese Dämmschicht, die natürlich wasserdampfdicht und spritzwasserdicht gegen den Raum zu abgeschlossen werden muß, heizt sich relativ schnell auf und führt so zu einer warmen Wand. Die geringe Wärmespeicherfähigkeit einer solchen Wand ist beim Bad belanglos, da in der Regel so große Pausen zwischen zwei Benutzungsperioden bestehen, daß diese auch nicht bei Anwendung einer stark wärmespeichernden Bauweise überbrückt werden könnten.

Die Fenster stellen in der Regel den wärmeschutztechnisch schwächsten Bauteil eines Raumes da. Ihr – vor allem bei Einfachfenstern – geringer Wärmedurchgangswiderstand führt zu kalten Oberflächen, die sich gerade im Bad in noch stärkerem Maße als die der Wand, unangenehm bemerkbar machen (Wärmeabstrahlung zur Fensterfläche, Bildung von Kaltluftströmungen durch die am Fenster abgekühlte Raumluft). Aus diesem Grunde sollten beim Bad nie Einfachfenster, sondern stets Verbundfenster, Doppelfenster oder dgl., eingebaut werden.

Tafel C 15: Feuchteschutztechnische Größen – früher übliche und neue Einheiten –

Benennung	Formel-zeichen	Einheitenzeichen		Umrech-nungs-faktor
		neue Einheiten	früher übliche Einheiten	
Partialdruck des Wasserdampfes	p, e	Pa, N/m^2 Pa, N/m^2	kp/m^2 Torr	10 133
Sättigungsdruck des Wasser-dampfes	p_s, e_s	Pa, N/m^2 Pa, N/m^2	kp/m^2 Torr	10 133
relative Luftfeuchte	φ, U	1$^+$	–	–
massebezogener Feuchtegehalt fester Stoffe	u_m	1$^+$	–	–
volumenbezo-gener Feuchtege-halt fester Stoffe	u_v	1$^+$	–	–
Diffusionskoeffizient	D	m^2/h	m^2/h	1
Wasserdampf-diffusionsstrom	I	kg/h	kg/h	1
Wasserdampfdiffu-sionsstromdichte	i	kg/(m^2·h)	kg/(m^2·h)	1
Wasserdampfdiffu-sionsdurchlaßkoef-fizient	Δ	kg/(m^2·h·Pa) kg/(m^2·h·Pa)	kg/(m^2·h·(kp/m^2)) kg/(m^2·h·Torr)	0,1 0,0075
Wasserdampfdiffu-sionsdurchlaß-widerstand	1/Δ	m^2·h·Pa/kg m^2·h·Pa/kg	m^2·h·(kp/m^2)/kg m^2·h·Torr/kg	10 133
Wasserdampfdiffu-sionsleitkoeffizient	δ	kg/(m·h·Pa) kg/(m·h·Pa)	kg/(m·h·(kp/m^2)) kg/(m·h·Torr)	0,1 0,0075
Wasserdampf-diffusionswider-standszahl	μ	1$^+$	–	–
Wasserdampfdiffu-sionsäquivalente Luftschichtdicke	s_d	m	m	1
flächenbezogene Wassermenge	W	kg/m^2	kg/m^2	1
Wasseraufnahme-koeffizient	w	kg/(m^2·h$^{1/2}$)	kg/(m^2·h$^{1/2}$)	1

+) steht für das Verhältnis zweier gleicher Einheiten

Karl Gösele
Walter Schüle

Teil D Zusammenfassung
und Beispiele schall- und
wärmeschutztechnisch aus-
reichender Decken und Wände

1 Allgemeines

Früher war die Meinung weit verbreitet, wonach eine Maßnahme, die wärmetechnisch wirkungsvoll ist, automatisch auch für den Schallschutz gut sei. Diese Meinung wurde auch durch den oft verwendeten Werbeslogan für viele Dämmschichten unterstützt, der lautete „Dämmt Hitze, Kälte, Schall".

In den letzten Jahren sind nun öfters Schadensfälle bekannt geworden, wobei zusätzliche Wärmedämm-Maßnahmen zu einer Verschlechterung des Schallschutzes geführt haben, siehe z. B. Teil A, Abschnitt 4.6.4, Bild A 45. Damit stellt sich die Frage, ob die Forderungen nach einem guten Wärme- und Schallschutz sich gleichzeitig optimal erfüllen lassen oder ob man, wenn man einen sehr guten Wärmeschutz will, auf einen guten Schallschutz verzichten muß. Im folgenden soll diese Frage grundsätzlich besprochen werden. Anschließend sollen dann Beispiele für schall- und wärmetechnisch ausreichende Außenwände und Decken behandelt werden.

2 Vergleich der schall- und wärmetechnischen Anforderungen

Zunächst ist festzustellen, daß die in DIN 4108 bzw. DIN 4109 festgelegten Anforderungen an Bauteile gestellt sind. Dabei beziehen sich die wärmetechnischen Forderungen bevorzugt auf Außenbauteile, die schalltechnischen auf Innenbauteile. Trotzdem ergeben sich Berührungspunkte:

a. Bei starkem Außenlärm werden auch schalltechnische Anforderungen an Außenbauteile gestellt.
b. Die Schall-Längsleitung entlang von Außenwänden und Dachdecken kann die Luftschalldämmung im Innern des Hauses beeinflussen.

Dabei ist besonders der Punkt b von Bedeutung. Im folgenden soll anhand der Verhältnisse bei der Außenwand der Zusammenhang zwischen Wärme- und Schallschutz diskutiert werden.

2.1 Einschalige Außenwand

Bei weitgehend homogenen Außenwänden ist bei gegebener Dicke der Wand

● der Wärmedurchlaßwiderstand um so größer, je kleiner die Rohdichte des Wandmaterials ist,
● die Luftschalldämmung und die Längsdämmung um so geringer, je kleiner die Rohdichte ist.

266

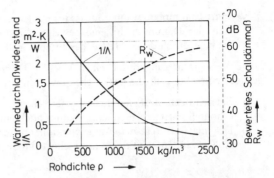

Abb. D 1: Abhängigkeit des Wärmedurchlaßwiderstandes *1/Λ* und des bewerteten
Schalldämm-Maßes *R'_w* einer homogenen
Wand von 240 mm Dicke von der Rohdichte des Wandmaterials.
Wärmedämmung und Schalldämmung verlaufen gegenläufig.

Dies ist in Abb. D 1 verdeutlicht. Die Anforderungen nach einem möglichst hohen Schallschutz
können somit bei einschaligen Außenwänden nur auf Kosten des Wärmeschutzes erfüllt werden und
umgekehrt. Allerdings gibt es einen mittleren Bereich, wo beide Anforderungen noch befriedigend
erfüllt werden können.

2.2 Außenwand mit innenseitiger Bekleidung

Die Verhältnisse werden günstiger, wenn eine Dämmschicht auf der Innenseite der Außenwand, mit
einer entsprechenden Abdeckung, angebracht wird. Dann gilt:

● Wärmedämmung um so größer, je dicker die Dämmschicht und je niedriger die Rohdichte (bis zu
  einer gewissen Grenze).
● Schalldämmung um so größer, je geringer die dynamische Steifigkeit der Dämmschicht, d. h. je
  geringer der E-modul und je größer die Dicke.

Wenn man Dämmschichten mit einer genügend geringen Rohdichte (unter 200 kg/m^3) voraussetzt,
ist für den Wärmeschutz nur die Dicke, für den Schallschutz nur die dynamische Steifigkeit
maßgeblich.
Beide Forderungen widersprechen sich somit nicht, so daß es grundsätzlich möglich ist, sowohl den
Wärme- als auch den Schallschutz der Außenwand sehr gut zu machen.
Schwierigkeiten ergeben sich erst dann, wenn man die Forderung bezüglich der dynamischen
Steifigkeit verletzt. Dies tritt in der Baupraxis häufig auf, weil sich Dämmplatten mit geringem
Raumgewicht und gleichzeitig hoher Steife z. B. Hartschaumplatten leichter verlegen lassen als
Platten geringer Steife wie z. B. Mineralfaserplatten.
Ob wärme- und schalltechnische Forderungen sich gegenseitig ausschließen, hängt somit nur davon
ab, welche Dämmschichten verwendet werden. Ein grundsätzlicher Widerspruch liegt jedoch nicht
vor.

2.3 Außenwand mit außenseitiger Bekleidung

Außenseitige Bekleidungen beeinflussen die Schall-Längsleitung von Außenwänden nicht. Es ist
deshalb für den Schallschutz im Innern eines Hauses nicht von Bedeutung, wie sie ausgeführt
werden. Nur dort, wo die Schalldämmung gegen Außenlärm groß sein soll, ist die Art der
Außenbekleidung auch schalltechnisch von gewisser Bedeutung. Es gilt dabei – allerdings nur
bezüglich der Dämmung gegen Außenlärm – dasselbe wie bei der innenseitigen Bekleidung. Konkret
heißt dies beispielsweise:

● eine vorgehängte Bekleidung (z. B. Zementfaserplatten vor Mineralfaserplatten) bringt eine
  gewisse, nicht sehr große Verbesserung der Schalldämmung gegen Außenlärm,

● Hartschaumplatten mit Kunststoffputz (sog. Thermohaut) ergeben wegen der hohen Steifigkeit der Dämmschicht eine gewisse Verschlechterung der Schalldämmung gegen außen, bedingt durch den in Teil A beschriebenen Resonanzeffekt.[1])

Diese Verschlechterung durch einen solchen Thermoputz (im Prüfstand etwa 5 dB) ist jedoch, genauer betrachtet, für die praktische Anwendung ohne Bedeutung aus folgenden Gründen:

a. Bei den beim Straßenverkehr vorherrschenden tiefen Frequenzen spielen die durch Resonanz erhöhten mittleren Frequenzen kaum noch eine Rolle (1 dB Verschlechterung).

b. Der massive Teil der Außenwand kann schwerer gemacht werden als bei einschaligen Außenwänden, weil der Wärmeschutz durch die Thermohaut übernommen wird.

2.4 Zusammenfassung

Wärme- und Schallschutz verlaufen bei einschaligen Wänden grundsätzlich gegenläufig. Es gibt jedoch für den Normalfall befriedigende Kompromißlösungen.

Bei Außenwänden mit innenseitig angebrachter Wärmedämmung können große Diskrepanzen zwischen beiden Anforderungen auftreten. Dies ist jedoch nicht grundsätzlich bedingt, sondern beruht auf einer in schalltechnischer Hinsicht falsch ausgewählten Dämmschicht.

Bei Außenwänden mit außenliegender Wärmedämmung ist es nicht unbedingt nötig, an die Dämmschicht wegen des Schallschutzes bestimmte Forderungen zu stellen.

---

[1]) Schuhmacher, R. und S. Koch: „Der Schallschutz wärmegedämmter Außenwände". In: Deutsches Architektenblatt Heft 5/1981; Rückward, W.: „Einfluß von Wärmedämmverbundsystemen auf die Luftschalldämmung". In: Bauphysik 2, 1982, S. 54.

3 Ausführungsbeispiele

3.1 Decken[2])

Die folgenden Ausführungsbeispiele erfüllen bezüglich des Wärmeschutzes die Mindestanforderungen nach DIN 4108, Teil 2. Im Hinblick auf die erwünschte Senkung des Heizwärmebedarfes der Gebäude werden nach der Wärmeschutzverordnung vielfach höhere Anforderungen an den Wärmeschutz gestellt und damit größere Dicken der angegebenen Dämmstoffe erforderlich sein. Da diese Anforderungen von der Art des betreffenden Bauwerks abhängig sind (wärmeabgebende Oberfläche und Volumen), können sie ohne nähere Kenntnis des Gebäudes nicht angegeben werden.

3.1.1 Wohnungstrenndecken

An Wohnungstrenndecken werden Anforderungen an den Wärmeschutz ($1/\Lambda \geqq 0{,}35$ bzw. $0{,}17$ $m^2 \cdot K/W$) sowie an den Luft- und den Trittschallschutz gestellt. Die wärmetechnischen Forderungen könnten sowohl durch Dämm-Maßnahmen an der Deckenoberseite als auch durch solche an ihrer Unterseite erfüllt werden. Dies gilt auch für den Luftschallschutz. Die vorliegenden Erfahrungen zeigen jedoch, daß der erforderliche Trittschallschutz durch Maßnahmen an der Deckenunterseite allein nicht erreicht werden kann (zu große Trittschallübertragung von der Decke auf die seitlichen Wände, vgl. Teil A Abb. A 59). Dagegen ist es ohne weiteres möglich, allein durch Maßnahmen an der Deckenoberseite sämtliche gestellten Forderungen zu erfüllen, sofern die Decke nicht zu leicht ist. Dafür kommen schwimmend verlegte Estriche oder Holzfußböden mit einer geeignet gewählten Dämmschicht in Frage. Aus schalltechnischen Gründen muß die Dämmschicht genügend weichfedernd, aus wärmetechnischen Gründen genügend dick sein. Wärmetechnisch hat diese Lösung noch den Vorteil, daß bei intermittierendem Heizbetrieb die Aufheizzeit des Fußbodens meist kleiner ist

Tafel D 1: **Beispiele für schall- und wärmetechnisch ausreichende Wohnungstrenndecken für Mehrfamilienhäuser**

lfd. Nr.	Deckenausführung	Fußboden
1.1	Stahlbetonplattendecke, $\geqq$ 160 mm dick	schwimmender Estrich auf 15 mm Mineralfaserplatten (VM $\geq$ 26 dB S′ $\leq$ 30 MN/m³)
1.2		schwimmender Estrich auf 20 mm Hartschaumplatten nach DIN 18164, (VM $\geq$ 26 dB S′ $\leq$ 30 MN/m³)
2.1	Hohlkörperdecke, mit unterseitiger Verkleidung, 250 kg/m²	schwimmender Estrich auf mindestens 15 mm Mineralfaserplatten oder Kokosfasermatten nach DIN 18165, (VM $\geq$ 28 dB S′ $\leq$ 20 MN/m³)

[2]) Die Ausführungen gelten jeweils nur für Massivdecken, soweit nicht ausdrücklich Holzbalkendecken genannt sind.

als bei anderen Lösungen, was zu günstigeren Verhältnissen bezüglich der Fußwärme führt. Andererseits ergeben sich bei dieser Lösung wärmetechnisch dann gewisse Schwierigkeiten, wenn Decken, die an der Unterseite keine Wärmedämmschicht besitzen, fest mit Balkonplatten o. ä. verbunden sind. Die dann entstehende Wärmebrücke kann unter ungünstigen Verhältnissen zu Wasserdampf-Kondensation an der Deckenunterseite führen (s. Teil C „Feuchtigkeitsschutz", Abschnitt 2.3.1).

Holzbalkendecken sind in Mehrfamilienhäusern mit mehr als zwei Wohnungen aus schalltechnischen Gründen nur dann möglich, wenn die Wände relativ schwer oder nicht-massiv z.B. in Form von Holztafeln ausgeführt werden.
Schwere Massivdecken ohne schwimmenden Estrich, mit Teppichbelag, sind nach DIN 4109 trotz ihres guten Schallschutzes für Wohnbauten nicht zulässig, weil der Teppichbelag später durch einen anderen, weniger trittschalldämmenden Gehbelag ausgetauscht werden könnte.

3.1.2 Dachgeschoßdecken

Von Decken unter nicht ausgebautem Dachgeschoß wird ein ausreichender Luftschallschutz verlangt, außerdem ein ausreichender Trittschallschutz, sofern sich im Dachgeschoß Trockenböden, Bodenkammern oder deren Zugänge befinden. Der verlangte Wärmeschutz ($1/\Lambda \geqq 0{,}90$ m^2 · K/W) könnte auch durch Maßnahmen an der Unterseite der Decken erreicht werden, nicht jedoch der Trittschallschutz. Das früher viel angewandte Anbetonieren von Holzwolle-Leichtbauplatten oder anderen Dämmplatten ähnlicher Art an der Deckenunterseite ist – wie in Teil A, Abschnitt 4.4.1.1 ausgeführt – nicht ratsam, weil dadurch die Luftschalldämmung der Dachgeschoßdecken und – was noch schlimmer ist – auch die Luftschalldämmung der Wohnungstrennwände infolge erhöhter Schall-Längsleitung in horizontaler Richtung unzulässig verschlechtert wird. Vor allem die Forderung nach einem ausreichenden Trittschallschutz in den oben genannten Fällen führt zwangsläufig zu einem schwimmend verlegten Estrich auf der Dachgeschoßdecke.
In Tafel D 2 sind einige typische Ausführungen zusammengestellt, die den geltenden Anforderungen genügen.

3.1.3 Kellerdecken

Von Decken über Kellern, unbeheizten Fluren o. ä. wird ein gegenüber Wohnungstrenndecken auf $1/\Lambda < 0{,}90$ m^2 · K/W erhöhter Wärmedurchlaßwiderstand gefordert. Außerdem ist ein ausreichender Luftschallschutz – wegen der Gefahr des Abhörens von Gesprächen in den Erdgeschoßwohnungen – erforderlich. Ein Trittschallschutz ist nur insoweit nötig, als Trittschallgeräusche nicht in unzulässiger Weise von einer Erdgeschoßwohnung in die andere dringen dürfen. Diese Forderung ist leicht zu erfüllen.

Tafel D 2: **Dachgeschoßdecken mit ausreichendem Wärme-, Luftschall-
und Trittschallschutz, auch für Waschküchen, Trockenböden,
Bodenkammern u. a. zulässig**

lfd. Nr.	Rohdecke	Fußboden
1.1	Stahlbetonplattendecken $\geqq 140$ mm dick	schwimmender Estrich beliebiger Art, auf 30 mm Mineralfaserplatten oder mindestens 35 mm Kokosfaser-matten Dämmschichten jeweils nach DIN 18165, $S' \leq 20$ MN/m³)
1.2		schwimmender Estrich beliebiger Art, auf 30 mm Hartschaumplatten nach DIN 18164, $S' \leq 20$ MN/m³)
2.1	Hohlkörperdecken, einschalig, 300 kg/m² (im Beispiel $1/\Lambda = 0,21$ m²K/W angenommen)	schwimmender Estrich beliebiger Art, auf 30 mm Mineralfaserplatten oder 35 mm Kokosfasermatten nach DIN 18165, $S' \leq 20$ MN/m³)
2.2	Holzbalkendecken mit schwimmendem Estrich nachTafel A 25 Lfde Nr. 4	

Tafel D 3: **Kellerdecken mit ausreichendem Wärme- und Luftschallschutz**

lfd. Nr.	Deckenausführung	Fußboden
1.1	Stahlbetonplattendecken $\geqq 140$ mm dick	beliebige Fußböden und Estriche auf 30 mm Mineralfaserplatten nach DIN 18165, $S' \leq 40$ MN/m³)
1.2		beliebige Fußböden und Estriche auf 30 mm Hartschaumplatten nach DIN 18164, $S' \leq 40$ MN/m³)
2.1	Hohlkörperdecken, einschalig, 250 kg/m² $(1/\Lambda = 0,21$ m²K/W)	beliebige Gehbeläge und beliebige Estriche auf 30 mm Mineralfaserplatten od. 35 mm Kokosfasermatten nach DIN 18165, $S' \leq 20$ MN/m³)

Die Bemessung der Dämmschichten erfolgt in erster Linie nach wärmetechnischen Gesichtspunkten. Ausreichende Deckenkonstruktionen sind in Tafel D 3 genannt.

3.1.4 Decken über offenen Durchfahrten u. ä.

Dabei werden, um eine ausreichend hohe Fußbodentemperatur sicherzustellen, sehr strenge Anforderungen an den Wärmeschutz gestellt ($1/\Lambda \geqq 1{,}75$ m² · K/W). Diese können meist nicht allein durch Maßnahmen an der Deckenoberseite realisiert werden, weil sonst der erforderliche Fußbodenaufbau ziemlich hoch wird. Neben einem schwimmenden Estrich auf der Deckenoberseite werden deshalb in der Regel an der Deckenunterseite noch Bekleidungen angebracht. In DIN 4109, Ausgabe 1989, werden an Decken über Durchfahrten, Einfahrten zu Sammelgaragen u. ä. erhöhte Anforderungen an die Luftschalldämmung ($R_w' = 55$ dB) gestellt. Dies muß bei der Ausbildung der Bekleidungen berücksichtigt werden. Anbetonierte, steife Wärmedämmplatten sind deshalb an der Deckenunterseite aus schalltechnischen Gründen wenig ratsam.

Ausreichend sind die in Tafel D 4 genannten Ausführungen.

Bei Verwendung wenig dampfdurchlässiger Decken (z. B. Stahlbetonplattendecke) muß bei Räumen mit ständig hoher Luftfeuchtigkeit die Frage einer etwa möglichen Feuchtigkeitskondensation

Tafel D 4: Decken über offenen Durchfahrten und dgl. mit ausreichendem Wärme- und Luftschallschutz

lfd. Nr.	Decken-ausführung	Fußbodenaufbau	Zusätzlich notwendige Dämmmaßnahmen auf Deckenunterseite
1.1	Stahlbeton-plattendecke $\geqq 140$ mm dick	Parkettbelag oder Riemenboden auf Lagerhölzern, zwischen den Lagerhölzern mindestens 60 mm Mineralwolle oder Hartschaumplatten	–
1.2		Gehbelag beliebig, Estrich, mindestens 70 mm Hartschaumplatten nach DIN 18164, $S' \leq 20$ MN/m³)	–
1.3		Gehbelag beliebig, Estrich, 20 mm Mineralfaserplatten nach DIN 18165, $S' \leq 20$ MN/m³)	50 mm Mineralfasermatten oder 50 mm Hartschaumplatten*) Putz auf Putzträger
1.4	Hohlkörper-decke ein-schalig ($1/\Lambda =$ 0,21 m²K/W)	Parkettbelag oder Riemenboden auf Lagerhölzern mit untergelegten Dämmstreifen aus Mineralfaserplatten, zwischen den Lagerhölzern mindestens 60 mm Mineralwolleplatten	–
1.5		Gehbelag beliebig, Estrich, mindestens 65 mm Hartschaumplatten nach DIN 18164, $S' \leq 20$ MN/m³)	–
1.6		Gehbelag beliebig, Estrich, 20 mm Mineralfaserplatten nach DIN 18164, $S' \leq 20$ MN/m³)	45 mm Mineralfasermatten oder 45 mm Hartschaumplatten*) Putz auf Putzträger

*) Die Hartschaumplatten dürfen wegen des Luftschallschutzes nicht unmittelbar an die Decke angeklebt und verputzt werden.

infolge Dampfdiffusion geprüft werden (s. Teil C, Abschnitt 1.2.3.3). Die Anordnung einer Dampfsperrschicht (z. B. Bitumenpappe, Kunststoffolie) zwischen Wärmedämmstoff und Fußboden kann erforderlich sein.

3.2 Wände

3.2.1 Außenwände

An Außenwände werden in erster Linie wärmetechnische Anforderungen gestellt, in zweiter Linie jedoch auch schalltechnische und zwar bezüglich des Verhaltens gegen Außenlärm und zum anderen, – mittelbar – bezüglich der Schall-Längsleitung.

Die Anforderungen bezüglich des Schutzes gegen Außenlärm werden von massiven Außenwänden stets erfüllt, sofern der Außenlärmpegel nicht über 70 dB(A) liegt. Dagegen kann es bezüglich der Längsleitung Schwierigkeiten aus folgenden Gründen geben:

a. Die leichte Außenwand hat keine feste Verbindung mit der Wohnungstrennwand.
b. An der Außenwand sind raumseitig verputzte oder bekleidete Wärmedämmplatten angebracht (Resonanzeffekt nach Teil A, Abschnitt 4.3.2.5).
c. Dickenresonanzen bei dicken Außenwänden aus gelochten Steinen niedrigen Raumgewichts (etwa 800 kg/m^3 und weniger).

In den genannten Fällen wird die Schalldämmung der Wohnungstrennwand oder -decke mittelbar durch die erhöhte Längsleitung der Außenwand verschlechtert.

Beispiele für einige wärme- und schalltechnisch befriedigende Ausführungen sind in Tafel D 5 enthalten.

Sie genügen auch den Anforderungen bei starkem Außenlärm (< 70 dB(A)), soweit es sich um Wohnungen, Schulen u. ä. handelt.

Tafel D 5: Beispiele von wärmetechnisch und schalltechnisch ausreichenden Außenwänden

lfd. Nr.	Wandausführung
1	240 mm Leichthochlochziegel, 1000 kg/m^3
2	240 mm Leichtbetonhohlblocksteine, 1000 kg/m^3
	250 mm Gasbetonsteine, 500 kg/m^3
3	120 mm Beton, innenseitig mit Vorsatzschale aus Gipskartonplatten (mit Aluminium-Folie auf Rückseite) auf 30 mm Mineralfaserplatten
4	Beton-Fertigteilplatten mit einbetonierten 50 mm Hartschaumplatten, dicke Betonschale raumseitig, Flächengewicht mindestens 350 kg/m^2

3.2.2 Wohnungstrennwände und Treppenraumwände

Die wärmetechnischen Anforderungen sind geringer als bei Außenwänden; es wird ein Wärmedurchlaßwiderstand $1/\Lambda$ von 0,25 m$^2 \cdot$ K/W in nicht zentralbeheizten Gebäuden verlangt.

In zentralbeheizten Gebäuden genügt bei Wohnungstrennwänden ein Wärmedurchlaßwiderstand $1/\Lambda$ von 0,07 m^2 · K/W. Dieser Wert gilt auch für Treppenraumwände in zentralbeheizten Gebäuden, wenn die Temperatur der Treppenräume auf mindestens 10 °C gehalten wird und die Heizkörper des Treppenraumes nicht abstellbar sind.

Die genannten Forderungen werden von den üblichen Mauerwerkswänden stets ohne zusätzliche Maßnahmen erfüllt. Wände aus Normalbeton genügen ohne Zusatzmaßnahmen nur in Gebäuden mit Zentralheizung.

In schalltechnischer Hinsicht wird von DIN 4109, Ausgabe 1989, ein bewertetes Schallschutz-Maß Luftschallschutzmaß R'_w von mindestens 53 dB gefordert. Bei einschaligen Wänden ist dies bei flächenbezogenen Massen von mindestens 410 kg/m^2, zu erreichen.

Ein erhöhter Schallschutz $R'_w \geqq 55$ dB) kann bei einschaligen Wänden mit einer flächenbezogenen Masse von 500 kg/m^2 erreicht werden.

Die gemeinsame Erfüllung der wärme- und der schalltechnischen Forderungen macht bei Normalbetonwänden in nicht zentralbeheizten Gebäuden Schwierigkeiten. Zusätzliche Maßnahmen zur Verbesserung der Wärmedämmung führen leicht zu einer Verschlechterung des Schallschutzes (vgl. Teil A, Abb. A 34). Wärme- und schalltechnisch ausreichende Wandausführungen sind in der Tafel D 6 enthalten.

**Tafel D 6:   Wärme- und schalltechnisch ausreichende
Wohnungstrennwände und Treppenraumwände**

240 mm	Vollziegel, 1700 kg/m^3
240 mm	Kalksandvollsteine, 1800 kg/m^3 beidseitig verputzt
200 mm	Normalbeton, beidseitig Tapete mit 4 mm Schaumstoff (ausreichend für Wärmedämmgebiet II)
115 mm	Vollziegel oder Kalksandvollsteine mit einer vorgesetzten (freistehenden) Schale aus 50 mm Holzwolle-Leichtbauplatten verputzt;
	mit einer vorgesetzten Schale aus Gipskartonplatten aufgeklebt auf 30 mm Mineralfaserplatten

Normen über den Schall-, Wärme- und Feuchteschutz im Bauwesen

Im folgenden sind Normen aufgeführt, die den Schall- und Wärmeschutz im Bauwesen unmittelbar oder mittelbar berühren.

1. Schalltechnische Normen

DIN 4109   „Schallschutz im Hochbau"

    Blatt 1:   Begriffe, Ausgabe 1962

    Blatt 2:   Anforderungen, Ausgabe 1962

    Blatt 3:   Ausführungsbeispiele, Ausgabe 1962

    Blatt 5:   Erläuterungen, Ausgabe 1963

DIN 4109   „Schallschutz im Hochbau", Ausgabe 1989

    Anforderungen und Nachweise

    Beiblatt 1:   Ausführungsbeispiele und Rechenverfahren

    Beiblatt 2:   Hinweise für Planung und Ausführung, Vorschläge für einen erhöhten Schallschutz
              Empfehlungen für den Schallschutz im eigenen Wohn- und Arbeitsbereich

DIN 52210   „Bauakustische Prüfungen, Luft- und Trittschalldämmung"

    Teil 1:   Meßverfahren, Ausgabe 1984

    Teil 2:   Prüfstände für Schalldämm-Messungen an Bauteilen, Ausgabe 1984

    Teil 3:   Prüfung von Bauteilen in Prüfständen und zwischen Räumen am Bau, Ausgabe 1987

    Teil 4:   Ermittlung von Einzahl-Angaben, Ausgabe 1984

    Teil 5:   Messung der Luftschalldämmung von Außenbauteilen am Bau, Ausgabe 1985

    Teil 6:   Bestimmung der Schallpegeldifferenz, Ausgabe 1989

    Teil 7:   Bestimmung des Schall-Längsdämm-Maßes, Ausgabe 1989

DIN 52212   „Bauakustische Prüfungen; Bestimmung des Schallabsorptionsgrades im Hallraum", Ausgabe 1961

DIN 52214   „Bestimmung der dynamischen Steifigkeit von Dämmschichten für schwimmende Estriche", Ausgabe 1984

DIN 52217   „Flankenübertragung, Begriffe", Ausgabe 1984

DIN 52218   „Prüfung des Geräuschverhaltens von Armaturen und Geräten der Wasserinstallation im Laboratorium"

Teil 1: Meßverfahren, Ausgabe 1986

Teil 2: Anschluß- und Betriebsbedingungen für Auslaufarmaturen, Ausgabe 1986

Teil 3: Anschluß- und Betriebsbedingungen für Durchgangsarmaturen, Ausgabe 1986

Teil 4: Anschluß- und Betriebsbedingungen für Sonderarmaturen, Ausgabe 1986

DIN 52219 „Bauakustische Prüfungen; Messung von Geräuschen der Wasserinstallation in Gebäuden", Ausgabe 1985

DIN 52221 „Bauakustische Prüfungen; Körperschallmessungen bei haustechnischen Anlagen", Ausgabe 1980

DIN IEC 651 „Schallpegelmesser", Ausgabe 1981

DIN 18005 „Schallschutz im Städtebau"

Teil 1: Berechnungsverfahren, Ausgabe 1987

Beiblatt 1 zu Teil 1: Schallschutz im Städtebau, Berechnungsverfahren; Orientierungswerte für die städtebauliche Planung, Ausgabe 1987

DIN 18041 „Hörsamkeit in kleinen bis mittelgroßen Räumen", Ausgabe 1968

VDI 2566 „Lärmminderung an Aufzugsanlagen", Ausgabe 1988

VDI 2058 „Beurteilung von Arbeitslärm in der Nachbarschaft", Blatt 1, Ausgabe 1985

VDI 2715 „Lärmminderung an Warm- und Heißwasser-Heizungsanlagen", Ausgabe 1977

VDI 2571 „Schallabstrahlung von Industriebauten", Ausgabe 1976

2. Wärme- und feuchteschutztechnische Normen

DIN 4108 „Wärmeschutz im Hochbau"

Teil 1: Größen und Einheiten, Ausgabe 1981

Teil 2: Wärmedämmung und Wärmespeicherung; Anforderungen und Hinweise für Planung und Ausführung, Ausgabe 1981

Teil 3: Klimabedingter Feuchteschutz; Anforderungen und Hinweise für Planung und Ausführung, Ausgabe 1981

Teil 4: Wärme- und feuchteschutztechnische Kennwerte, Ausgabe 1985

Teil 5: Berechnungsverfahren, Ausgabe 1981
Beiblatt 1 zu DIN 4108, Inhaltsverzeichnisse; Stichwortverzeichnis, Ausgabe 1982

DIN 52611 „Wärmeschutztechnische Prüfungen"

Teil 1: Bestimmung des Wärmedurchlaßwiderstandes von Wänden und Decken, Prüfung im Laboratorium, Ausgabe 1978

Teil 2:   Bestimmung des Wärmedurchlaßwiderstandes von Wänden und Decken, Weiterbehandlung der Meßwerte für die Anwendung im Bauwesen, Ausgabe 1976

DIN 52612   „Wärmeschutztechnische Prüfungen"

Teil 1:   Bestimmung der Wärmeleitfähigkeit mit dem Plattengerät, Durchführung und Auswertung, Ausgabe 1979

Teil 2:   Bestimmung der Wärmeleitfähigkeit mit dem Plattengerät, Weiterbehandlung der Meßwerte für die Anwendung im Bauwesen, Ausgabe 1984

Teil 3:   Bestimmung der Wärmeleitfähigkeit mit dem Plattengerät, Wärmedurchlaßwiderstand geschichteter Materialien für die Anwendung im Bauwesen, Ausgabe 1979

DIN 52614   „Wärmeschutztechnische Prüfungen; Bestimmung der Wärmeableitung von Fußböden", Ausgabe 1974

DIN 52615   „Wärmeschutztechnische Prüfungen; Bestimmung der Wasserdampfdurchlässigkeit von Bau- und Dämmstoffen, Versuchsdurchführung und Versuchsauswertung", Ausgabe 1987

DIN 52616   „Wärmeschutztechnische Prüfungen; Bestimmung der Wärmeleitfähigkeit mit dem Wärmestrommeßplattengerät", Ausgabe 1977

DIN 52617   „Bestimmung des Wasseraufnahmekoeffizienten von Baustoffen", Ausgabe 1987

DIN 52619   „Wärmeschutztechnische Prüfungen"

Bestimmung des Wärmedurchlaßwiderstandes und des Wärmedurchgangskoeffizienten von Fenstern

Teil 1:   Messung an der Gesamtkonstruktion, Ausgabe 1982

Teil 2:   Messung an der Verglasung, Ausgabe 1985

Teil 3:   Messung an Rahmen, Ausgabe 1985

DIN 1053   „Mauerwerk"

Teil 1:   Berechnung und Ausführung, Ausgabe 1974

DIN 4701   „Regeln für die Berechnung des Wärmebedarfs von Gebäuden", Ausgabe 1983
Teil 1: Grundlagen der Berechnung

Teil 2: Tabellen, Bilder, Algorithmen

3. Stoffnormen

DIN 105   „Mauerziegel"

Teil 2:   Leichthochlochziegel, Ausgabe 1982

Teil 2 E: Leichthochlochziegel; Änderung 1, Ausgabe 1988

DIN 106	„Kalksandsteine"
	Teil 1: Vollsteine, Lochsteine, Blocksteine und Hohlblocksteine, Ausgabe 1980
	Teil 2: Vormauersteine und Verblender, Ausgabe 1980
DIN 18151	„Hohlblöcke aus Leichtbeton", Ausgabe 1987
DIN 18152	„Vollsteine und Vollblöcke aus Leichtbeton", Ausgabe 1987
DIN 18153	„Hohlblocksteine aus Beton", Ausgabe 1979
DIN 4166	„Gasbeton-Bauplatten und Gasbeton-Planbauplatten", Ausgabe 1986
DIN 4223	Bewehrte Dach- und Deckenplatten aus dampfgehärtetem Gas- und Schaumbeton; Richtlinien für Bemessung, Herstellung, Verwendung und Prüfung
DIN 4223 E	„Gasbeton; bewehrte Bauteile", Ausgabe 1978
DIN 4219	„Leichtbeton und Stahlleichtbeton mit geschlossenem Gefüge"
	Teil 1: Anforderungen an den Beton; Herstellung und Überwachung, Ausgabe 1979
	Teil 2: Bemessung und Ausführung, Ausgabe 1979
DIN 4226	„Zuschlag für Beton"
	Teil 1: Zuschlag mit dichtem Gefüge; Begriffe, Bezeichnung und Anforderungen, Ausgabe 1983
	Teil 2: Zuschlag mit porigem Gefüge (Leichtzuschlag); Begriffe, Bezeichnung und Anforderungen, Ausgabe 1983
DIN 4232	„Wände aus Leichtbeton mit haufwerksporigem Gefüge; Bemessung und Ausführung", Ausgabe 1987
DIN 1101	„Holzwolle-Leichtbauplatten, Maße, Anforderungen, Prüfung", Ausgabe 1980
DIN 1101 E	„Holzwolle-Leichtbauplatten und Mehrschicht-Leichtbauplatten aus Hartschaum oder Mineralfasern und Holzwolle als Dämmstoffe für den Wärmeschutz, Schallschutz und Brandschutz im Bauwesen, – Anforderungen, Prüfung, Ausgabe 1988
DIN 1104	„Mehrschicht-Leichtbauplatten aus Schaumkunststoffen und Holzwolle"
	Teil 1: Maße, Anforderungen, Prüfung, Ausgabe 1980
DIN 18164	„Schaumkunststoffe als Dämmstoffe für das Bauwesen"
	Teil 1: Dämmstoffe für die Wärmedämmung, Ausgabe 1979
	E Teil 2: Dämmstoffe für die Trittschalldämmung, Polystyrol-Schaumstoffe, Ausgabe 1989
DIN 18165	„Faserdämmstoffe für das Bauwesen"
	Teil 1: Dämmstoffe für die Wärmedämmung, Ausgabe 1987
	Teil 2: Dämmstoffe für die Trittschalldämmung, Ausgabe 1987

DIN 68750   „Holzfaserplatten; Poröse und harte Holzfaserplatten; Gütebedingungen", Ausgabe 1958

DIN 68752   „Bitumen-Holzfaserplatten; Gütebedingungen", Ausgabe 1974

DIN 68754   „Harte und mittelharte Holzfaserplatten für das Bauwesen"

               Teil 1:   Holzwerkstoffklasse 20, Ausgabe 1976

DIN 68761   „Spanplatten; Flachpreßplatten für allgemeine Zwecke"

               Teil 1:   FPY-Platte, Ausgabe 1986

               Teil 4:   FPO-Platte, Ausgabe 1982

DIN 68763   „Spanplatten; Flachpreßplatten für das Bauwesen; Begriffe, Eigenschaften, Prüfung, Überwachung", Ausgabe 1980

DIN 68764   „Spanplatten; Strangpreßplatten für das Bauwesen"

               Teil 1:   Begriffe, Eigenschaften, Prüfung, Überwachung, Ausgabe 1973

DIN 52128   „Bitumendachbahnen mit Rohfilzeinlage; Begriff, Bezeichnung, Anforderungen", Ausgabe 1977

DIN 52129   „Nackte Bitumenbahnen; Begriff, Bezeichnung, Anforderungen", Ausgabe 1977

DIN 52143   „Glasvlies-Bitumendachbahnen; Begriff, Bezeichnung, Anforderungen", Ausgabe 1985

4. Sonstige Normen

DIN 1053   „Mauerwerk"

               Teil 1:   Rezeptmauerwerk; Berechnung und Ausführung, Ausgabe 1987

               Teil 1 A1:   Rezeptmauerwerk; Berechnung und Ausführung; Änderung 1 zum Entwurf DIN 1053 Teil 1, Ausgabe 1988

               Teil 2:   Mauerwerk nach Eignungsprüfung; Berechnung und Ausführung, Ausgabe 1984

               Teil 3:   Bewehrtes Mauerwerk; Berechnung und Ausführung, Ausgabe 1987

               Teil 4:   Bauten aus Ziegelfertigbauteilen, Ausgabe 1978

DIN 18530   (Vornorm) „Massive Deckenkonstruktionen für Dächer, Richtlinien für Planung und Ausführung", Ausgabe 1974

Die auszugsweise Wiedergabe der Normen erfolgt mit Genehmigung des Deutschen Normenausschusses. Maßgebend ist die jeweils neueste Ausgabe des Normblattes im Normformat A 4, das bei der Beuth-Vertrieb GmbH, 1 Berlin 30 und 5 Köln, erhältlich ist.

Stichwortverzeichnis

BAUVERLAG

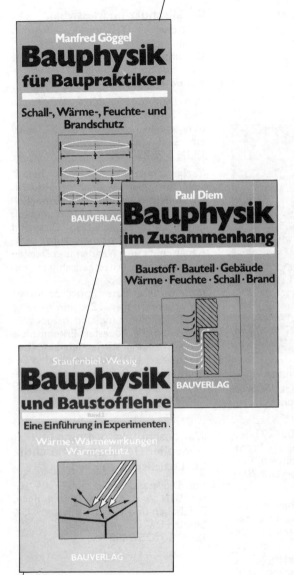